Canty
Konfliktlösungen mit Mathematica®

Springer-Verlag Berlin Heidelberg GmbH

M.J. Canty

Konfliktlösungen mit Mathematica®

Zweipersonenspiele

 Springer

Morton J. Canty
Forschungszentrum Jülich GmbH
Technologiefolgenforschung
52425 Jülich, Deutschland
e-mail: m.canty@fz-juelich.de

Die Deutsche Bibliothek - CIP-Einheitsaufnahme

Konfliktlösungen mit Mathematica [Medienkombination]: Zweipersonenspiele / Morton J. Canty.-
Berlin; Heidelberg; New York; Barcelona; Hongkong; London; Mailand; Paris; Singapur; Tokio:
Springer   ISBN 978-3-540-65827-6   ISBN 978-3-642-57107-7 (eBook)
       DOI 10.1007/978-3-642-57107-7
Buch. 1999   Diskette. 1999

Mathematics Subject Classification (1991): 90D05, 68Q40

ISBN 978-3-540-65827-6

Additional material to this book can be downloaded from http://extras.springer.com

Denn nichts scheint denen trübe, die gewinnen

- William Shakespeare

Vorwort

It turns out that the solution to any linear programming problem always corresponds to a point which lies on the boundary of the region defined for that problem.

           - The *Mathematica* Book

Dieses Zitat, aus Stephen Wolframs enzyklopädischem *Mathematica*-Handbuch entnommen, liefert die Grundlage des Simplexverfahrens, einer Rechenvorschrift, die unter anderem zur numerischen Lösung von endlichen Nullsummenspielen dient. Der Schwerpunkt dieses Buches liegt jedoch bei Lösungstechniken, die über den wohlbekannten Simplex-Algorithmus hinausgehen. Kernstück der Abhandlung ist die Programmierung eines auf dem sogenannten linearen Komplementaritätsproblem (LCP) beruhenden Algorithmus zur Bestimmung der Nash-Gleichgewichte eines endlichen, nichtkooperativen Zweipersonenspiels. Mit diesem *Mathematica*-Programm wird daraufhin eine ganze Reihe von interessanten „Konfliktsituationen" untersucht. Der Algorithmus ist aus prinzipiellen Gründen nicht besonders effizient und nur für Spiele mit einer verhältnismäßig kleinen Anzahl von strategischen Alternativen geeignet. Ein hübscher Aspekt seiner *Mathematica*-Ausführung ist aber, daß Lösungen auch in symbolischer Form abgefragt werden können. Dadurch wird die Struktur der Spiele manchmal ersichtlicher, als wenn nur numerische Ergebnisse vorliegen, und die Verallgemeinerung von speziellen Situationen erheblich erleichtert.

Hier wird kein Anspruch erhoben, eine umfassende Einführung in die Spieltheorie anzubieten. Beispielsweise werden Extensivformspiele wenig und Mehrpersonenspiele oder gar kooperative Spiele überhaupt nicht erwähnt. Durch eine detaillierte Behandlung der Theorie der Zweipersonenspiele in strategischer Normalform und mit Hilfe von vielen, zum Teil recht realistischen Beispielen wurde jedoch versucht, ein Gefühl für die Feinheiten und die Relevanz der Spieltheorie zu vermitteln.

Das Formelle wird anhand von Standardbeispielen illustriert und erklärt, praktische Konflikte werden spieltheoretisch modelliert und mit dem im Text entwickelten algorithmischen Werkzeug gelöst. Mittels einer engen Verknüpfung des Textes mit *Mathematica*-Notebooks, soll dem(der) Leser(in) vor allem ein unterhaltsamer und nachvollziehbarer Zugang zu den grundlegenden Prinzipien dieser Disziplin angeboten werden. Wegen des computeralgebraischen Ansatzes liegt der Schwerpunkt der Darstellung stärker auf dem Experimentieren am Rechner und weniger auf den klassisch-analytischen Lösungstechniken zu den dieses Buch als Ergänzung seinen Beitrag leisten soll: Wenn die für das Experimentieren verwendeten Algorithmen verstanden sind, ist die dahinterliegende Theorie auch besser verstanden.

Was wird mit einer solch betonten algorithmischen Sichtweise eigentlich gewonnen? Auch wenn der berühmte Existenzsatz des John Nash stets rationale Lösungen garantiert, macht er keinerlei Aussage darüber, wie man sie finden soll. Oft muß man eine gute Portion Glück bzw. Intuition besitzen, um überhaupt ein Gleichgewicht eines nichttrivialen Spiels zu erraten. Mit dem Computer haben wir ein sehr nützliches Werkzeug zur Hand, das unsere Intuition unterstützt und eben diese kritische Phase des Erratens um einiges erleichtert, bzw. uns sogar völlig abnimmt. Sehr wichtig ist auch die Tatsache, daß die im Text entwickelten Algorithmen – genügend Rechenkapazität vorausgesetzt – *alle* Gleichgewichte eines Spiels finden. So ist die Gefahr, eine optimale strategische Alternative übersehen zu haben, gebannt. Das „mechanische"Abzählen der Gleichgewichte bietet überdies die Möglichkeit, mit einem *Generate-and-Test*-Verfahren verfeinerte Lösungen, wie z.B. perfekte oder evolutionsstabile Gleichgewichte, vollständig zu bestimmen.

Das erste Kapitel des Buches befaßt sich mit einer kurzen Einführung in die Theorie der Bimatrixspiele und stellt den oben erwähnten LCP-Algorithmus sowie ein entsprechendes *Mathematica*-Programm vor. Das zweite Kapitel zeigt, wie dieses Werkzeug dann eingesetzt werden kann, um einige realistische Konfliktsituationen – sogenannte Inspektionsspiele – zu analysieren. Im dritten und vierten Kapitel wird die Gleichgewichtsauswahltheorie behandelt, in der Verfeinerungen des Gleichgewichtskonzeptes zwecks Eingrenzung der Zahl der infrage kommenden Lösungen diskuttiert werden. Im dritten Kapitel geht es dabei um diejenigen optimalen Verhaltensmuster, die sich bei Tieren durch die Evolution einstellen und die stabil gegenüber „Invasionen" von außen sind. Im vierten Kapitel werden Gleichgewichte eliminiert, die sich vor allem in manchen dynamischen Spielen als gewissermassen unglaubwürdig erweisen. Das fünfte Kapitel vervollständigt die im Laufe der Diskussion oft eingesetzte lineare Optimierungstheorie und liefert einen unabhängigen Existenzbeweis für Gleichgewichte in Matrixspielen. Hier wird auch auf die Gattung Inspektionsspiele wieder Bezug genommen und es werden mehrere interessante Nullsummenvarianten untersucht. Jedes Kapitel wird mit Anregungen zum weiteren Experimentieren am Rechner abgeschlossen.

In den kurzen Anhängen A und B werden einige wichtige Begriffe aus dem Text eingehender erklärt, im Anhang C dagegen werden Ausführungen von zwei weiteren Algorithmen zur Lösung von Bimatrixspielen vorgestellt: der Algorithmus von Lemke und Howson sowie ein Algorithmus von Mangasarian mit der Extrempunkt-Enumerationsmethode von Avis und Fukuda. Schließlich erklärt Anhang D das Funktionspaket `GameTheory'Bimatrix'`, das sämtliche im Text entwickelten Algorithmen zur Bestimmung bzw. Auswahl von Gleichgewichten in einem *Mathematica*-Package zusammenfaßt.

Gestellte Voraussetzungen an den(die) Leser(in) sind lediglich eine Bekanntschaft mit der Sprache *Mathematica* sowie etwas Vertrautheit im Umgang mit Vektoren und Matrizen. Darüber hinausgehende Kenntnisse werden im Text bzw. in den technischen Anhängen vermittelt. Auf einer begleitenden Diskette befinden sich *Mathematica*-Notebooks für sämtliche Kapitel (einschließlich Aufgabenlösungen) sowie das oben erwähnte *Mathematica*-Package.

Dieses Buch eignet sich für ein einfaches Spieltheorieseminar bzw. für eine Einführungsvorlesung für Ingenieure, Informatiker, Sozialwissenschaftler oder Biologen. Einige anspruchsvollere Passagen, wie z.B. die Abschnitte 4.3.3 und 5.2, sowie Anhang C stellen höhere Anforderungen und dienem dem Zweck, einen in sich geschlossenen Text bereitzustellen. Da die wenigsten Standardwerke algorithmische Methoden betonen, ist das Buch auch als Begleitlehrbuch für eingehendere Behandlungen der Spieltheorie geeignet, z.B. in der wirtschaftswissenschaftlichen Lehre.

Die Hauptquellen für das hier vorgestellte Material sind:

- Kapitel 1: N. N. Vorob'evs *Game Theory* [Vor77] sowie der Review-Artikel *Computing Equilibria for Two-Person-Games* von Bernhard von Stengel [vS99].
- Kapitel 2: Eigene Forschungsergebnisse, insbesondere die in der von Rudolf Avenhaus und dem Autor verfassten Monographie *Compliance Quantified* [AC96] beschriebenen Inspektionsspiele.
- Kapitel 3 und 4: *Games, Theory and Applications* von L. C. Thomas [Tho86] sowie Eric van Damme, *Stability and Perfection of Nash Equilibria* [vD91].
- Kapitel 5: Klaus Neumanns *Operations Research Verfahren* [Neu75] und vor allem das sehr lesbare und lesenswerte Buch *Game Theory, Mathematical models of conflict* des A. J. Jones [Jon80].
- Anhang C: Richard D. McKelvey und Andrew McLennan, *Computation of Equilibria in Finite Games* [MM96].
- *Mathematica*: Stephen Wolframs *Mathematica Book* [Wol99] und *Programming in Mathematica* von Roman Maeder [Mae96].

Für ihr sorgfältiges Lesen von Teilen des Manuskripts und für ihre vielen konstruktiven Verbesserungsvorschläge bin ich meinen Kollegen Rudolf Avenhaus, Bernd Richter und Bernhard von Stengel sehr dankbar. Mein Dank gilt auch Komei Fukuda für sein Erlaubnis, `VertexEnum.m` mit auf die begleitende Diskette zu legen und insbesondere Bernhard von Stengel für seine Hilfe bei der Programmierung der Nash-Komponenten-Prozedur.

Jülich, im Juli 1999　　　　　　　　　　　　　　　　　　　　　*Morton Canty*

Inhaltsverzeichnis

1. Bimatrixspiele

Das obige Zitat ist eine Karikaturüberschrift des großen amerikanischen Humoristen James Thurber, die ich schon vor vielen Jahren gelesen und bedacht habe. Als sie mir im spieltheoretischen Zusammenhang wieder einfiel, war ich sehr angetan, denn sie handelt nicht nur von einem Spiel (Poker), also von einem der Gegenstände der Spieltheorie, nicht nur von den Strategien (Erhöhen des Einsatzes, Bluffen), die ein Spiel bestimmen, nicht nur vom Informationsgrad der Spieler (sie weiß, daß er weiß, daß sie blufft), auch nicht nur vom ewigen Kampf der Geschlechter mit seinem ausgesprochenen Nichtnullsummencharakter (siehe unten), sondern vor allem von der *Rationalität*. Gerade die klischeehafte *Irrationalität* der zitierten Ehefrau ist so amüsant. Und in der Spieltheorie geht es vor allem darum, den Kontrahenten *rationelles* Verhalten in einer Konfliktsituation zu empfehlen, sei es beim Kartenspiel oder bei etwas Ernsthafterem.

In unserer nun folgenden, von *Mathematica* begleiteten Auseinandersetzung mit rationalem Verhalten werden wir uns auf die sogenannte *nichtkooperative Spieltheorie* beschränken und außerdem nur *Zweipersonenspiele* in Betracht ziehen. Ersteres, weil nichtkooperative Spiele in gewisser Hinsicht wichtiger sind als ihre kooperativen Gegenstücke (kooperative Situationen sollten nichtkooperativ modelliert werden [HS88]), letzteres, weil Zweipersonenspiele das Wesentliche schon in sich verbergen, weil sie sehr häufig anzutreffen sind und weil sie mit dem algorithmischen Ansatz dieses Buches am besten vereinbar sind.

Wir verbleiben zunächst bei streitenden Ehepartnern und fangen mit einem Spiel an, das einige Feinheiten und auch Schwierigkeiten der Spieltheorie illustriert.

1.1 Der Kampf der Geschlechter

Man betrachte folgende „Standardsituation" auf dem Spielfeld der Ehe: *sie* möchte ins Konzert, *er* mag Konzerte eigentlich auch, zieht aber das wichtige, ausgerechnet am heutigen Abend im Eishockeystadion ausgetragene Heimspiel vor. Für ein gutes Eishockeyspiel ist *sie* im Prinzip auch zu haben. Außerdem lieben sie sich immer noch (kommt manchmal vor) und würden sehr ungern zu verschiedenen Veranstaltungen gehen. Was tun? Versuchen wir, dieses eheliche Problem als nichtkooperatives Spiel zu modellieren.

Die zwei Alternativen, nämlich *Konzert* und *Eishockey* sind die *Strategien* der Ehepartner. Der Ausgang des Spiels bestimmt den Nutzen bzw. die *Auszahlung*, die beide aus der gemeinsamen Strategiewahl ziehen. Es gibt vier mögliche Ausgänge[1], die wir, zusammen mit den entsprechenden Auszahlungen, zunächst aus der Sicht der Ehefrau, einordnen wollen:

Beide gehen ins Konzert, Auszahlung: $a > 0$
Beide gehen zum Eishockeyspiel, Auszahlung: 0
Sie geht ins Konzert, *er* zum Spiel, Auszahlung: $-b < 0$
Er geht ins Konzert, *sie* zum Spiel, Auszahlung: $-c < -b$

Man merke: Obwohl wir dabei sind, ein nichtkooperatives Spiel zu formulieren, ist der kooperative Aspekt, nämlich die Neigung, zusammen auszugehen, in dieser Präferenzreihenfolge mitenthalten.

er / sie	Konzert	Eishockey
K	a	$-b$
EH	$-c$	0

Abb. 1.1. Auszahlungsmatrix an die Ehefrau beim Spiel *Kampf der Geschlechter*.

Die Abhängigkeit der Auszahlungen von der Wahl der Strategien lassen sich auch in Form einer *Auszahlungsmatrix* schreiben, wie in Abb. 1.1. Ähnliche Überlegungen gelten natürlich dem Ehemann, so daß sich die gesamte strategische Situation als *Bimatrix* zusammenfassen läßt, siehe Abb. 1.2.

---

[1] wobei der vierte zugegebenermaßen ziemlich abwegig ist!

sie \\ er	Konzert q	Eishockey $1 - q$
K p	a 0	$-b$ $-b$
EH $1 - p$	$-c$ $-c$	0 a

Abb. 1.2. Auszahlungsbimatrix des Spiels *Kampf der Geschlechter*. Die Zahlen links oben im jeweiligen Kästchen sind die Auszahlungen an die Ehefrau (Spieler 1), rechts unten die an den Ehemann (Spieler 2). Die Pfeile geben die Präferenzrichtungen der Spieler an, p und q die gemischten Strategien, siehe Text.

1.1.1 Normalform und Gleichgewicht

Die Darstellung in Abb. 1.2 heißt *strategische Normalform*, oder schlicht *Normalform* des Spiels. Die Normalform eignet sich für den Fall, daß sich die Spieler simultan für ihre eigenen Strategien entscheiden. Falls die Reihenfolge der Entscheidungen berücksichtigt werden muß, ist die *Extensivform* des Spiels die geeignetere. Mehr dazu aber später. In dem *Mathematica*-Package `GameTheory'Bimatrix'` auf der begleitenden Diskette befindet sich ein kleines Programm, mit dem Normalformdarstellungen aus den jeweiligen Auszahlungsmatrizen der Spieler erzeugt werden können:

```
<< GameTheory`Bimatrix`;
$TextStyle = {FontSize -> 16};
<< Graphics`FilledPlot`;
Off[General::spell1];
```

```
Clear[A, B];
A = {{a, -b}, {-c, 0}};
B = {{0, -b}, {-c, a}};
BimatrixForm[A, B]
```

$$\begin{array}{ccc} & S_1 & S_2 \\ R_1 & \begin{pmatrix} a \\ 0 \end{pmatrix} & \begin{pmatrix} -b \\ -b \end{pmatrix} \\ R_2 & \begin{pmatrix} -c \\ -c \end{pmatrix} & \begin{pmatrix} 0 \\ a \end{pmatrix} \end{array}$$

Die Strategien des ersten Spielers (*Reihen*spieler mit m Strategien) werden automatisch mit $R_1 \ldots R_m$ gekennzeichnet, die des zweiten Spielers (*Spalten*spieler mit n Stategien) mit $S_1 \ldots S_n$.

Ob Strategien simultan gewählt werden oder nicht, in einem nichtkooperativen Spiel sind verbindliche Absprachen nicht erlaubt; Kommunikation mag unter Umständen erlaubt sein. Die Kontrahenten wählen ihre Strategien mit dem ausschließlichen Ziel, ihre eigenen Auszahlungen zu maximieren. Sie entscheiden sich aber wohl unter völliger Berücksichtigung der strategischen Alternativen des Gegners. Vor allem wird davon ausgegangen, daß beide Spieler in ihren Überlegungen *rational* sind im Sinne einer Maximierung ihrer jeweiligen Auszahlungen und daß beide überzeugt sind, auch der Gegner werde sich rational verhalten.

Die Präferenzpfeile in Abb. 1.2 führen uns sofort zu einer möglichen Lösung des Spiels. Der linke, vertikale Pfeil gibt beispielsweise an, wie sich die Ehefrau verhalten würde, wenn sie sich für das Eishockeyspiel entschieden hätte und – aus rationalen Überlegungen – überzeugt wäre, ihr Mann hätte die Strategie *Konzert* gewählt: Sie würde ihre Entscheidung sofort revidieren und mit ins Konzert gehen, denn ihre Auszahlung verbessert sich dadurch. Die anderen Pfeile (die waagerechten natürlich für den Ehemann) sind entsprechend zu verstehen. Wähnen sich die Eheleute nun in dem Kästchen oben links, also bei Strategienwahl (*Konzert,Konzert*), dann gibt es keinen Anreiz, weder für sie noch für ihn, *unilateral von dieser Strategienkombination abzuweichen*. Eine einseitige Abweichung des Ehemannes würde seine Auszahlung nicht verbessern, sondern sogar vermindern. Das weiß er, das weiß seine Frau, und er weiß, daß sie es weiß. Gleiches gilt für Madame. Man spricht von einem *Gleichgewicht* des Spiels, und die Strategien (*Konzert, Konzert*) bilden ein *Gleichgewichtspaar*.

Dieses so definierte Gleichgewicht ist das fundamentale Lösungskonzept bei nichtkooperativen Spielen, denn nur Gleichgewichtsstrategien widersprechen nicht der vorausgesetzten, gemeinsamen Rationalität der Spieler. Dies ist die große Stärke von spieltheoretischen Gleichgewichten. Außerdem besitzt jedes Bimatrixspiel mindestens ein Gleichgewicht, wie wir später sehen werden. Wer also lang genug danach sucht, wird es finden.

Doch Abb. 1.2 verrät auch die große Schwäche dieses Lösungskonzeptes: Ein nichtkooperatives Spiel kann *mehr* als ein Gleichgewicht haben. Die Situation beim *Kampf der Geschlechter* zeigt dies besonders deutlich, denn das zweite in der Abbildung angedeutete Gleichgewicht (*Eishockey, Eishockey*) wird vom Spieler 2 bevorzugt, während Spieler 1 am liebsten beim Gleichgewicht (*Konzert, Konzert*) bleiben möchte. Entscheiden sie sich für ihr jeweiliges „Lieblingsgleichgewicht“, landen sie unweigerlich oben rechts bei (*Konzert, Eishockey*) und einer negativen Auszahlung. Der außenstehende Spieltheoretiker hat es nicht besser, denn was soll *er* bloß den Spielern empfehlen, ohne Partei zu ergreifen? Schlimmer noch – aller guten Dinge sind drei – es gibt ein drittes Gleichgewicht dieses Spiels.

1.1.2 Gemischte Strategien

In der Spieltheorie sind *gemischte* Strategien erlaubt. Gemischte Strategien sind Wahrscheinlichkeitsverteilungen über den eigentlichen strategischen Alternativen, wobei letztere *reine* Strategien genannt werden, um sie von den gemischten Varianten zu unterscheiden. Zweck einer gemischten Strategie ist es, den Gegner zu verunsichern. Wenn ein Spieler nämlich weiß, daß sein Kontrahent per Zufall agieren kann oder wird, so muß er seine eigenen Überlegungen revidieren und eventuell selbst mit einer gemischten Strategie antworten.

Gemischte Strategien für Spieler 1 bzw. Spieler 2 schreiben wir als Wahrscheinlichkeitsvektoren in der Form

$$P = (p, 1 - p)^\top \quad \text{bzw.} \quad Q = (q, 1 - q)^\top,$$

siehe auch Abb. 1.2. Hier bezeichnet $X^\top$ die transponierte Form des Vektors X.

Weil die Strategiewahlen P und Q unabhängig sind, ist dann die zu erwartende Auszahlung an Spieler 1 mit der Auszahlungsmatrix A gegeben durch

$$I_1(P, Q) = p(q(A)_{11} + (1 - q)(A)_{12}) + (1 - p)(q(A)_{21} + (1 - q)(A)_{22})$$

oder einfacher in Matrixschreibweise

$$I_1(P, Q) = P^\top A Q.$$

Entsprechend erwartet Spieler 2 die Auszahlung

$$I_2(P, Q) = P^\top B Q.$$

Mathematica unterscheidet übrigens nicht zwischen Zeilen- und Spaltenvektoren, sondern stellt beide als einfache Listen dar. Wir nehmen dies nicht zum Anlaß, dasselbe zu tun, denken aber immer daran, daß z.B. eine quadratische Form wie $P^\top A Q$ in *Mathematica* stets als P.A.Q kodiert wird:

```
Clear[P, Q];
P = {p, 1-p}
Q = {q, 1-q}
P.A.Q
```

```
{p, 1-p}
```

```
{q, 1-q}
```

```
-bp(1-q) + (-c(1-p) + ap) q
```

Können beide Spieler ihre Wahrscheinlichkeitsverteilungen in gemischten Strategien so wählen, daß der jeweilige Gegner *völlig indifferent* ist bezüglich der Wahl seiner reinen Strategien, dann liegt ein Gleichgewicht vor: Kein Spieler hat wiederum einen Anreiz, von seiner gemischten Strategiewahl einseitig abzuweichen. Der *Kampf der Geschlechter* besitzt in der Tat ein solches Gleichgewicht, sein drittes:

```
p* = p /. Solve[Transpose[B][[1]] . P == Transpose[B][[2]] . P, p];
q* = q /. Solve[A[[1]] . Q == A[[2]] . Q, q];
I1* = P.A.Q /. {p -> p*, q -> q*};
I2* = P.B.Q /. {p -> p*, q -> q*};
Simplify[{{p*, 1 - p*}, I1*, {q*, 1 - q*}, I2*}]
```

$$\left\{\left\{\left\{\frac{a+c}{a+b+c}\right\},\left\{\frac{b}{a+b+c}\right\}\right\},\left\{-\frac{bc}{a+b+c}\right\},\left\{\left\{\frac{b}{a+b+c}\right\},\left\{\frac{a+c}{a+b+c}\right\}\right\},\left\{-\frac{bc}{a+b+c}\right\}\right\}$$

Hier dürfte die Rechenweise klar sein. Zum Beispiel bestimmt der Schritt

$$q* = q \ /.\text{Solve}[A[[1]].Q == A[[2]].Q, q]$$

die gemischte Strategie $(q^*, 1-q^*)$ des zweiten Spielers, die den ersten Spieler indifferent macht gegenüber seinen beiden reinen Strategien. Hierfür wird die Gleichung

$$(A)_1.Q = (A)_2.Q, \quad \text{bzw.} \quad q(a) + (1-q)(-b) = q(-c) + (1-q)(0)$$

nach q gelöst, mit dem Ergebnis

$$q^* = \frac{b}{a+b+c}.$$

Entsprechendes gilt für p^*.

Die Gleichgewichtsauszahlungen I_1^* und I_2^* sind – Gott sei Dank will man fast sagen – negativ und daher weniger günstig für beide Spieler. Das gemischte Gleichgewicht ist bezüglich der beiden anderen Gleichgewichte in reinen Strategien *auszahlungsdominiert*. Man würde es also weder unbedingt empfehlen, noch würde das Ehepaar es von sich aus bevorzugen. Falls keine Kommunikation zwischen den Spielern stattfindet, ist allerdings das gemischte Gleichgewicht das vielleicht naheliegendste von den dreien. Die nichtkooperative Theorie bietet aber keine wirklich befriedigende Lösung dieses Spiels. Positiv ausgedrückt zeigt sie zumindest, *warum* es für zwei egoistische Menschen in einer solchen Situation keine Lösung geben kann. Eine kooperative Behebung des Problems, z.B. im Rahmen von *Verhandlungen*, wäre möglich, gehört aber nicht zu unserem Thema.

Gemischte Gleichgewichte sind sehr wichtig. Generell sind sie eben nicht von Gleichgewichten in reinen Strategien dominiert; es kommt auch oft vor, daß es *nur* Lösungen in gemischten Strategien gibt. Gemischte Gleichgewichte führen uns überdies zu des spieltheoretischen Pudels Kern...

1.2 Gleichgewicht, Maxmin und Rationalität

Für das Spiel mit den Auszahlungen [vD91]

```
A = {{2, 4}, {4, 3}};
B = {{2, 1}, {1, 3}};
BimatrixForm[A, B]
```

$$
\begin{array}{c c c}
 & S_1 & S_2 \\
R_1 & \binom{2}{2} & \binom{4}{1} \\
R_2 & \binom{4}{1} & \binom{3}{3}
\end{array}
$$

gibt es offensichtlich keine Gleichgewichte in reinen Strategien: Die – gedachten – Präferenzpfeile sind zyklisch. Die Spieler aber haben jeweils genau eine Gleichgewichtsstrategie, die ihre reinen Strategien durchmischt:

```
p' = p /. Solve[Transpose[B][[1]] . P == Transpose[B][[2]] . P, p];
q' = q /. Solve[A[[1]] . Q == A[[2]] . Q, q];
I1' = P.A.Q /. {p -> p', q -> q'};
I2' = P.B.Q /. {p -> p', q -> q'};
{{p', 1 - p'}, I1', {q', 1 - q'}, I2'}
```

$$
\left\{\left\{\tfrac{2}{3}\right\}, \left\{\tfrac{1}{3}\right\}\right\}, \left\{\tfrac{10}{3}\right\}, \left\{\left\{\tfrac{1}{3}\right\}, \left\{\tfrac{2}{3}\right\}\right\}, \left\{\tfrac{5}{3}\right\}
$$

Demgemäß spielt Spieler 1 die gemischte Strategie $P^* = (2/3, 1/3)^\top$ im Gleichgewicht und Spieler 2 antwortet mit $Q^* = (1/3, 2/3)^\top$. Sie erzielen dabei die Auszahlungen $I_1^* = 10/3$ bzw. $I_2^* = 5/3$. Weil dies das einzige Gleichgewicht ist und weil vernünftige Spieler nur Gleichgewichte spielen, ist alles paletti, oder? Jein! Wir sind schon in tiefes Wasser gesprungen, ohne es zu wissen. Das Schwimmen will gelernt sein.

Schauen wir uns die Situation im Gleichgewicht an, und zwar aus der Sicht des zweiten Spielers. Er spielt Q^*, ist aber durch die Strategie seines Gegners eigentlich völlig indifferent bzgl. seiner eigenen Strategiewahl. Er könnte genauso gut $(1, 0)$, $(1/2, 1/2)$ oder *irgendwas* spielen. Seine Auszahlung 5/3 ist ihm gewiß. Er hat zwar keinen Anreiz, von Q^* einseitig abzuweichen, doch anscheinend auch gar keinen Grund dies *nicht* zu tun. Weicht er in der Tat ab, *erhält Spieler 1 aber nicht seine erwartete Auszahlung*. Wählt Spieler 2 beispielsweise $(1, 0)$, bekommt Spieler 1 kümmerlichen 4/3 anstatt 10/3 als Lohn für seine Treue zum Gleichgewichtsprinzip. Das Argument funktioniert natürlich andersherum, also können beide Spieler berechtigte Zweifel an der

Wirksamkeit der spieltheoretischen Empfehlung haben, immer nur Gleichgewichtsstrategien zu spielen.

Es gibt sogar eine sehr attraktive Alternative. Spieler 2 kann eine sogenannte *Maxmin-Strategie* wählen, die ihm eine maximale Auszahlung garantiert, ganz gleich was sein Gegner veranstaltet. Er wählt einfach die Wahrscheinlichkeit $\hat{q}$, die ihm die gleiche Auszahlung für *beide* reine Strategien – und daher auch für jede gemischte Strategie – von Spieler 1 beschert. Also löst er die Gleichung

$$q(2) + (1-q)(1) = q(1) + (1-q)(3).$$

Spieler 1 kann selbstverständlich dasselbe tun, und die Spieler bestimmen gemeinsam die Strategien und Auszahlungen:

```
p̂ = p /. Solve[(P.A.Q /. q -> 0) == (P.A.Q /. q -> 1), p];
q̂ = q /. Solve[(P.B.Q /. p -> 0) == (P.B.Q /. p -> 1), q];
Î₁ = P.A.Q /. q -> 0 /. p -> p̂;
Î₂ = P.B.Q /. p -> 0 /. q -> q̂;
{{p̂, 1 - p̂}, Î₁, {q̂, 1 - q̂}, Î₂}
```

$$\left\{\left\{\left\{\tfrac{1}{3}\right\}, \left\{\tfrac{2}{3}\right\}\right\}, \left\{\tfrac{10}{3}\right\}, \left\{\left\{\tfrac{2}{3}\right\}, \left\{\tfrac{1}{3}\right\}\right\}, \left\{\tfrac{5}{3}\right\}\right\}$$

Hier sehen wir das Perfide an diesem Spiel. Die Maxmin-Strategien

$$\hat{P} = (1/3, 2/3)^\top \quad \text{bzw.} \quad \hat{Q} = (2/3, 1/3)^\top$$

garantieren den Spielern sogar die Gleichgewichtsauszahlungen. Warum denn um Gottes Willen sollen sie die unsicheren Gleichgewichtsstrategien diesen sicheren Maxmin-Strategien vorziehen?

Nun heißt es: schwimmen oder – zusammen mit der ganzen nichtkooperativen Spieltheorie – untergehen. Was denkt unser Freund, Spieler 2, der sich tatsächlich gerade für seine Maxmin-Strategie entschieden hat?

Ich bin – in diesem Spiel zumindest – ein vernünftiger, egoistischer Mensch und bin ausschließlich daran interessiert, meine eigene Auszahlung zu maximieren, natürlich unter Berücksichtigung der strategischen Alternativen meines Gegners. Ich spiele Strategie $\hat{Q}$, denn egal was der macht, darf ich dann die Auszahlung 5/3 erwarten. Selbstverständlich ist mein Kontrahent genauso rational und egoistisch wie ich, und wird deshalb auch seine Maxmin-Strategie spielen. Soll er, ist ja schließlich sein Bier.

Einspruch, Euer Ehren! Spieler 2 mag egoistisch sein, aber er ist <u>nicht</u> vernünftig. Denn wenn er das alles tatsächlich glaubt, was er gerade gedacht hat, so muß er jetzt $Q = (0, 1)^\top$ spielen und die saftigere, zu erwartende Auszahlung

```
P.B.Q/.p->p/.q->0
```

$$\left\{\frac{7}{3}\right\}$$

einheimsen. Sein Gegner, der angeblich auch nicht dumm ist, weiß das auch
und wird deshalb kontern mit ... o je!

Die Maxmin-Strategien sind in diesem Spiel eben nicht Gleichgewichtsstrategien. Die Spieler können diese unmöglich spielen und gleichzeitig rationales Denken für sich beanspruchen. Und dasselbe gilt für alle anderen
Strategienpaare außer (P^*, Q^*). Am besten hat es Myerson [Mye91] formuliert:

> *[It is] not directly argued that intelligent rational players must use
> equilibrium strategies in a game. When asked why players in a game
> should behave as in some Nash equilibrium, my favorite response is
> to ask "Why not?" and to let the challenger specify what he thinks the
> players should do. If this specification is not an equilibrium, then we
> can show that it would destroy its own validity if the players believed
> it to be an accurate description of each other's behavior.*

Wir sind wohl oder übel dazu verdammt – trotz der damit verbundenen nicht unbeträchtlichen Schwächen – mit dem Gleichgewicht als Lösungskonzept für Konfliktsituationen zu leben. Wenn wir jetzt allerdings
feststellen würden, es gäbe Spiele, für die gar keine Gleichgewichtsstrategien
existieren, so würden wir sicherlich gleich das Handtuch werfen und uns einer anderen, weniger pathologischen Diziplin widmen. Der nächste Abschnitt
erspart uns diese Niederlage.

1.3 Nash-Gleichgewicht

Jedes Bimatrixspiel besitzt mindestens ein Gleichgewicht. Wir wollen in diesem Abschnitt den formalen Beweis für diese Behauptung erbringen und werden uns dabei nicht genieren, unsere Vorstellungskräfte mit *Mathematica* ein
wenig zu unterstützen.

Bisher haben wir 2×2 Bimatrixspiele betrachtet. Um mit Spielen mit mehr
als 2 Strategien pro Spieler umzugehen, führen wir folgende Schreibweise für
die reinen Strategien R_i des Spielers 1 bzw. S_i des Spielers 2 ein:

$$R_i = (\overbrace{0\ldots 1\ldots 0}^{i})^{\top},\ i = 1\ldots m \quad \text{bzw.} \quad S_j = (\overbrace{0\ldots 1\ldots 0}^{j})^{\top},\ j = 1\ldots n;$$

überdies bezeichnen wir die Mengen dieser reinen Strategien mit

$$R = \{R_i \mid i = 1\ldots m\}, \quad S = \{S_j \mid j = 1\ldots n\}.$$

Gemischte Strategien eines Spielers sind Wahrscheinlichkeitsverteilungen auf seine reinen Strategien, d.h. Vektoren der Form

$$P = (p_1 \ldots p_m)^\top = \sum_{i=1}^{m} p_i R_i, \quad Q = (q_1 \ldots q_n)^\top = \sum_{j=1}^{n} q_j S_j, \qquad (1.1)$$

wobei natürlich gilt

$$p_i \geq 0, \; i = 1 \ldots m, \; \sum_{i=1}^{m} p_i = 1, \quad q_j \geq 0, \; j = 1 \ldots n, \; \sum_{j=1}^{n} q_i = 1. \qquad (1.2)$$

Einige gemischte Strategienmengen sind in Abb. 1.4 auf S. 12 skizziert. Folgende Definitionen sind für deren Charakterisierung unverzichtbar:

Definition 1.3.1. *$X^1 \ldots X^n$ seien Punkte des m-dimensionalen euklidischen Raums $\mathbb{R}^m$. Dann heißt $X = \sum_{j=1}^{n} \mu_j X^j$* Konvexkombination *von $X^1 \ldots X^n$, wenn $\mu_j \geq 0$, $j = 1 \ldots n$, und $\sum_{j=1}^{n} \mu_j = 1$ gilt. Eine* echte Konvexkombination *liegt vor, wenn $\mu_j > 0$ für alle $j = 1 \ldots n$.*

Definition 1.3.2. *Eine Menge $\Sigma \subset \mathbb{R}^m$ heißt* konvex, *wenn mit je zwei Punkten $X^1, X^2 \in \Sigma$ auch jede Konvexkombination von X^1 und X^2 – also jeder Punkt der Verbindungsstrecke von X^1 und X^2 – zu Σ gehört.*

Definition 1.3.3. *Eine* Hyperebene *im $\mathbb{R}^m$ ist eine Punktmenge*

$$\{X \mid W^\top X = d\},$$

wobei $W \in \mathbb{R}^m$, $W \neq 0$, und $d \in \mathbb{R}$.

X^0 sei ein beliebiger Punkt in einer durch W und d definierten Hyperebene E. Dann gilt für alle $X \in E$ offensichtlich $W^\top(X - X^0) = 0$, d.h. jedes Liniensegment in der Hyperebene ist senkrecht zu P, siehe Abb. 1.3. Die Hyperebene verallgemeinert somit die Idee einer Geraden im $\mathbb{R}^2$ bzw. einer Ebene im $\mathbb{R}^3$. Ein Hyperebene $W^\top X = d$ trennt den Raum $\mathbb{R}^m$ in zwei *Halbräume* $W^\top X \geq d$ bzw. $W^\top X \leq d$.

Definition 1.3.4. *Ein Punkt X einer konvexen Menge Σ heißt* Extrempunkt *bzw.* Ecke *von Σ, wenn X sich nicht als echte konvexe Linearkombination zweier verschiedener Punkte von Σ darstellen läßt.*

Definition 1.3.5. *Ein* konvexes Polyeder *ist die Vereinigungsmenge endlich vieler Halbräume.*

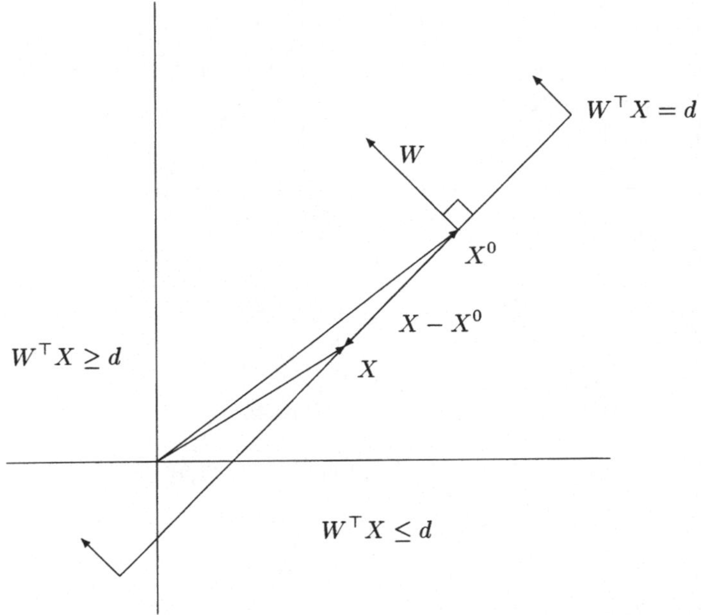

Abb. 1.3. Eine Hyperebene $W^\top X = d$ im $\mathbb{R}^2$ teilt den Raum in zwei Halbräume $W^\top X \geq d$ und $W^\top X \leq d$. Jeder Vektor $X - X_0$ in der Hyperebene ist senkrecht zu W.

Nach Definition 1.3.5 ist ein konvexes Polyeder im $\mathbb{R}^m$ durch das Gleichungssystem $AX \geq D$ beschreibbar, wobei A eine $m \times n$ Matrix und D ein m-Vektor ist. Die Halbräume sind: $(A)_i.X \geq (D)_i$, $i = 1 \ldots m$.

Definition 1.3.6. *Ein* konvexes Polytop *ist die Menge aller Konvexkombinationen endlich vieler Punkte* $X^1 \ldots X^n$ *im* $\mathbb{R}^m$, *d.h. die Menge*

$$\{X = \sum_{i=1}^{n} \mu_i X^i \mid \mu_i \geq 0, \ \sum_{i=1}^{n} \mu_i = 1\},$$

auch konvexe Hülle *von* $X^1 \ldots X^n$ *genannt. Die konvexe Hülle von* $m + 1$ *Punkten im* $\mathbb{R}^m$, *die nicht auf einer Hyperebene liegen, heißt* Simplex.

Ein Simplex ist der einfachste (*most simple*) m-dimensionale Körper, den es in einem m-dimensionalen Raum geben kann: ein Liniensegment im $\mathbb{R}$, ein Dreieck im $\mathbb{R}^2$, ein Tetraeder im $\mathbb{R}^3$ usw. Wir bezeichnen i.a. einen Simplex im $\mathbb{R}^m$ mit Δ^m. Die Gleichungen (1.1) und (1.2) beschreiben einen Simplex Δ_1^{m-1} bzw. einen Simplex Δ_2^{n-1} für Spieler 1 bzw. 2, siehe z.B. die zweite Reihe in Abb. 1.4. Der Simplex ist somit eine abgeschlossene, beschränkte und konvexe Punktmenge.

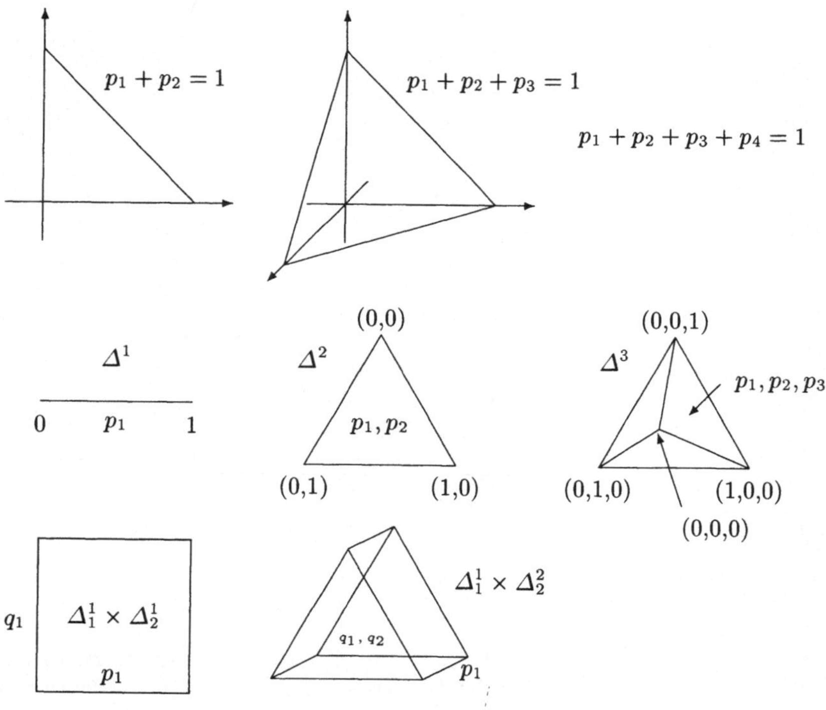

Abb. 1.4. Die erste Reihe zeigt von links nach rechts die gemischten Strategienmengen des ersten Spielers für 2, 3 bzw. 4 reine Strategien (letztere ist nur in 4
Dimensionen darstellbar). Die zweite Reihe zeigt die entsprechenden Simplexmen-
gen, die letzte Reihe zwei mögliche kartesische Produktmengen, links für ein (2×2)-
und rechts für ein (2×3)-Spiel.

Die gemeinsame Menge der gemischten Strategien beider Spieler ist die
kartesische Produktmenge $\Delta^{m-1}_1 \times \Delta^{n-1}_2$. Die kartesischen Produktmengen
$\Delta^{m-1}_1 \times \Delta^{n-1}_2$ sind ebenfalls konvex, abgeschlossen und beschränkt. Zwei
Beispiele sind in Abb. 1.4 zu sehen.

Wie für (2×2)-Spiele, schreiben wir die zu erwartenden Auszahlungen an
die Spieler als die quadratischen Formen

$$I_1(P,Q) = \sum_{ij} p_i(A)_{ij} q_j = P^\top A Q$$

$$I_2(P,Q) = \sum_{ij} p_i(B)_{ij} q_j = P^\top B Q. \tag{1.3}$$

Das Bimatrixspiel an sich bezeichnen wir schließlich als das Quadrupel

$$\Gamma_{12} = \langle R, S, I_1, I_2 \rangle. \tag{1.4}$$

Im weiteren wollen wir das Gleichgewichtskonzept formell ausdrücken.
Hierzu vorneweg noch zwei Definitionen:

Definition 1.3.7. *Der* Träger $C(P)$ *einer gemischten Strategie P des Spielers 1 ist die Menge aller reinen Strategien, die in P mit positiver Wahrscheinlichkeit gespielt werden:* $C(P) = \{R_i \mid p_i > 0,\ i = 1\ldots m\}$. *Entsprechendes gilt für* $C(Q)$.

Definition 1.3.8. *Eine Strategie $\bar{P}$ des ersten Spielers ist eine* beste Antwort *auf die Strategie Q des zweiten Spielers, falls gilt*

$$\forall P:\ I_1(P,Q) \leq I_1(\bar{P},Q).$$

Ähnliches gilt für Spieler 2.

Die Bestimmung einer besten Antwortstrategie für Spieler 1 läßt sich mit (1.2) und (1.3) als *lineares Optimierungsproblem* (kurz: LP) formulieren:

$$
\boxed{
\begin{aligned}
&\text{maximiere} \quad P^\top A Q \quad \text{bzgl. } P \\
&\text{unter den Bedingungen} \quad P^\top 1_m = 1 \quad \text{und} \quad P \geq 0_m.
\end{aligned}
}
\qquad (1.5)
$$

Hier sind mit 1_m und 0_m die Spaltenvektoren $(\overbrace{1,1\ldots 1}^{m})^\top$ bzw. $(\overbrace{0,0\ldots 0}^{m})^\top$ gemeint.

Ein Vektor P, der den Bedingungen eines gegebenen LP genügt – beim LP (1.5) sind das die Bedingungen $P^\top 1_m = 1$, $P \geq 0_m$ – heißt im Jargon der linearen Optimierungstheorie *zulässiger Vektor*. Ein zulässiger Vektor P, der die Zielfunktion in (1.5) maximiert, heißt *optimaler zulässiger Vektor*.

Die *Mathematica*-Funktion `LinearProgramming` kann verwendet werden, um die besten Antworten zu finden. Sie setzt aber eine Standardform des Optimierungsproblems voraus, nämlich

$$
\begin{aligned}
&\text{minimiere} \quad C^\top X \quad \text{bzgl. } X \\
&\text{unter den Bedingungen} \quad MX \geq B \quad \text{und} \quad X \geq 0.
\end{aligned}
$$

Deshalb schreiben wir (1.5) in eine äquivalente Form um:

$$
\begin{aligned}
&\text{minimiere} \quad -P^\top A Q \quad \text{bzgl. } P \\
&\text{unter den Bedingungen} \quad P^\top 1_m \geq 1,\ P^\top 1_m \leq 1 \quad \text{und} \quad P \geq 0_m,
\end{aligned}
$$

oder besser,

$$
\boxed{
\begin{aligned}
&\text{minimiere} \quad -(AQ)^\top P \quad \text{bzgl. } P \\
&\text{unter den Bedingungen} \quad \begin{pmatrix} 1_m{}^\top \\ -1_m{}^\top \end{pmatrix} P \geq \begin{pmatrix} 1 \\ -1 \end{pmatrix} \quad \text{und} \\
&\qquad\qquad\qquad\qquad\quad P \geq 0_m.
\end{aligned}
}
$$

In *Mathematica*:

```
Clear[bestResponse1];
bestResponse1[Q_List, A_List] := Module[ {C, M, B},
 C = -A . Q;
 B = {1, -1};
 M = {Table[1, {i, Length[A]}], -Table[1, {i, Length[A]}]};
 LinearProgramming[C, M, B] ];
```

Beispielsweise ist eine beste Antwort für Spieler 1 auf die Gleichgewichts-strategie $(1/3, 2/3)$ des zweiten Spielers im Spiel von Abschnitt 1.2 gegeben durch

```
bestResponse1[{1/3, 2/3}, A]

{1, 0}
```

Selbstverständlich ist $(0, 1)$ auch eine beste Antwort, denn die Gleichgewichts-strategie des zweiten Spielers macht Spieler 1 ja völlig indifferent bzgl. seiner eigenen Strategiewahl. Die Funktion `LinearProgramming` findet immer nur eine Lösung eines LP.

Definition 1.3.9. *Ein* Nash-Gleichgewicht – *oder schlicht* Gleichgewicht – *des Spiels* Γ_{12} *ist ein Strategienpaar* (P^*, Q^*), *für welches* P^* *eine beste Antwort auf* Q^* *und* Q^* *eine beste Antwort auf* P^* *ist:*

$$\forall P : \ I_1(P, Q^*) \leq I_1(P^*, Q^*)$$
$$\forall Q : \ I_2(P^*, Q) \leq I_2(P^*, Q^*). \tag{1.6}$$

Die Bestimmung eines solchen Strategienpaars ist, wie wir später sehen werden, zur Lösung eines sogenannten *linearen Komplementaritätsproblems* äquivalent. Aber bevor wir uns mit Lösungsmethoden befassen, wollen wir unser Versprechen einlösen und uns versichern, daß es überhaupt Lösungen gibt. Wir brauchen zunächst zwei Hilfssätze:

Lemma 1.3.1. *Das Strategienpaar* (P^*, Q^*) *ist genau dann ein Gleichgewicht des Spiels* Γ_{12}, *falls gilt*

$$I_1(R_i, Q^*) \leq I_1(P^*, Q^*), \quad i = 1 \dots m$$
$$I_2(P^*, S_j) \leq I_2(P^*, Q^*), \quad j = 1 \dots n. \tag{1.7}$$

Beweis: Falls (P^*, Q^*) ein Gleichgewicht darstellt, folgt die Behauptung aus Definition 1.3.9. Die reine Strategie R_i ist ein Spezialfall der gemischten Strategie P in (1.6). Gleiches gilt für S_j.

Um zu zeigen, daß (1.7) für ein Gleichgewicht hinreichend ist, betrachten wir eine beliebige Strategie $P = (p_1 \ldots p_m)^\top$ des ersten Spielers. Mit (1.7) gilt

$$I_1(R_i, Q^*)p_i \le I_1(P^*, Q^*)p_i, \quad i = 1 \ldots m$$

und folglich

$$\sum_{i=1}^{m} I_1(R_i, Q^*)p_i \le I_1(P^*, Q^*).$$

Die linke Seite können wir mit (1.3) als

$$\sum_{i=1}^{m} p_i(R_i A Q^*) = (\sum_{i=1}^{m} p_i R_i)AQ^* = P^\top A Q^*$$

schreiben. Also folgt

$$I_1(P, Q^*) \le I_1(P^*, Q^*).$$

Gleiches gilt für P^* und eine beliebige Strategie Q des zweiten Spielers und (P^*, Q^*) ist ein Gleichgewicht. $\square$

Lemma 1.3.2. *Für jedes Strategienpaar (P, Q) gibt es mindestens eine reine Strategie R_i in $C(P)$ und eine reine Strategie S_j in $C(Q)$, für die gilt*

$$I_1(R_i, Q) \le I_1(P, Q)$$
$$I_2(P, S_j) \le I_2(P, Q).$$

Beweis: Wir nehmen das Gegenteil an: für *alle* reinen Strategien R_i und S_j im Träger $C(P)$ bzw. $C(Q)$ gilt

$$I_1(R_i, Q) > I_1(P, Q) \quad \text{bzw.}$$
$$I_2(P, S_j) > I_2(P, Q)$$

und, weil $p_i > 0$ und $q_j > 0$,

$$I_1(R_i, Q)p_i > I_1(P, Q)p_i \quad \text{bzw.}$$
$$I_2(P, S_i)q_i > I_2(P, Q)q_i.$$

Wenn wir aber die Summen der linken und rechten Seiten über die Trägerstrategien bilden, erhalten wir einen Widerspruch:

$$I_1(P, Q) > I_1(P, Q)$$
$$I_2(P, Q) > I_2(P, Q).$$

Die Behauptung muß also stimmen. $\square$

Nun zum wichtigsten Theorem der Spieltheorie schlechthin. Wir führen den Beweis dieses Satzes nur für Bimatrixspiele durch, er gilt aber auch für alle Mehrpersonenspiele mit endlich vielen Spielern und endlich vielen reinen Strategien. Trotz dieser Vereinfachung werden wir ein anderes, hier nicht bewiesenes Ergebnis voraussetzen müssen: den Brouwer'schen Fixpunktsatz, der z.B. in Anhang 1 von [Jon80] erläutert und plausibel gemacht wird:

Lemma 1.3.3. *Ist U eine nichtleere, abgeschlossene, beschränkte und konvexe Teilmenge des $\mathbb{R}^m$, und $f : U \to U$ eine stetige Funktion, so besitzt f mindestens einen Fixpunkt $X \in U$ mit $f(X) = X$.*

Ansonsten halten wir uns eng an [Vor77].

Theorem 1.3.1. [Nas51] *Das Spiel Γ_{12} besitzt mindestens ein Gleichgewicht.*

Beweis: Für ein beliebiges Strategienpaar (P, Q) definieren wir die Funktion $\Phi_{k,\ell}(P, Q) \geq 0$ gemäß

$$\Phi_{1\ell}(P, Q) = \max[0, I_1(R_\ell, Q) - I_1(P, Q)], \quad \ell = 1 \ldots m$$
$$\Phi_{2\ell}(P, Q) = \max[0, I_2(P, S_\ell) - I_2(P, Q)], \quad \ell = 1 \ldots n$$

sowie die Zahlen

$$\tilde{p}_i =: f_i(P, Q) = \frac{p_i + \Phi_{1i}(P, Q)}{1 + \sum_{\ell=1}^{m} \Phi_{1\ell}(P, Q)}, \quad i = 1 \ldots m$$
$$\tilde{q}_j =: f_{m+j}(P, Q) = \frac{q_j + \Phi_{2j}(P, Q)}{1 + \sum_{\ell=1}^{n} \Phi_{2\ell}(P, Q)}, \quad j = 1 \ldots n. \tag{1.8}$$

Offensichtlich gilt

$$\tilde{p}_i \geq 0, \ i = 1 \ldots m, \quad \sum_{i=1}^{m} \tilde{p} = 1 \quad \text{sowie} \quad \tilde{q}_j \geq 0, \ j = 1 \ldots n, \quad \sum_{j=1}^{n} \tilde{q} = 1.$$

Diese Zahlen stellen somit ein gemischtes Strategienpaar $(\tilde{P}, \tilde{Q})$ dar, und die Vektorenfunktion $f = (f_1 \ldots f_m, f_{m+1} \ldots f_{m+n})^\top$ bildet die abgeschlossene konvexe Menge $\Delta_1^{m-1} \times \Delta_2^{n-1}$ auf sich selbst ab: $(\tilde{P}, \tilde{Q}) = f(P, Q)$. (Übrigens für ein (2×2)-Spiel können wir f sehr leicht in *Mathematica* programmieren:

```
Φ11[P_List, Q_List] := Max[0, {1, 0} . A . Q - P . A . Q];
Φ12[P_List, Q_List] := Max[0, {0, 1} . A . Q - P . A . Q];
Φ21[P_List, Q_List] := Max[0, P . B . {1, 0} - P . B . Q];
Φ22[P_List, Q_List] := Max[0, P . B . {0, 1} - P . B . Q];
f1[P_List, Q_List] := (P[[1]] + Φ11[P, Q]) / (1 + Φ11[P, Q] + Φ12[P, Q]);
f3[P_List, Q_List] := (Q[[1]] + Φ21[P, Q]) / (1 + Φ21[P, Q] + Φ22[P, Q]);
```

Die Komponenten f_2 und f_4 sind wegen $p_2 = 1 - p_1$ bzw. $q_2 = 1 - q_1$ redundant und hier weggelassen worden.)

Die Funktion f ist stetig. Dies folgt unmittelbar aus folgenden Beobachtungen:

- $I_1(P, Q)$ und $I_2(P, Q)$ sind quadratische Funktionen der Komponenten des gemeinsamen Strategievektors (P, Q) und daher stetig. Somit sind die $\Phi_{1i}(P, Q)$, $i = 1 \ldots m$, sowie die $\Phi_{2j}(P, Q)$, $j = 1 \ldots n$, auch stetige Funktionen von (P, Q).
- Die Nenner $1 + \sum_{\ell=1}^{m} \Phi_{k\ell}(P, Q)$, $k = 1, 2$ in (1.8) sind positiv, also sind die Komponenten f_i, $i = 1 \ldots m + n$, von f stetige Funktionen.

Es existiert nach Lemma 1.3.3 deshalb mindestens ein Punkt (P^*, Q^*), für den gilt $(P^*, Q^*) = f(P^*, Q^*)$. (*Mathematica* macht ihn für das Bimatrixspiel des Abschnittes 1.2 sichtbar:

```
Clear[line];
line[p_, q_] := Module[{p1 = p / 20, q1 = q / 20},
  Line[{{p1, q1, 0},
      {f1[{p1, 1 - p1}, {q1, 1 - q1}],
       f3[{p1, 1 - p1}, {q1, 1 - q1}], 1}}]];
Show[GraphicsArray[{ Graphics3D[Flatten[Array[line, {20, 20}]],
      ViewPoint -> {1.498, -2.766, 1.247}],
   Graphics3D[Flatten[Array[line, {20, 20}]],
      ViewPoint -> {0.019, -0.041, 3.383}]}]];
```

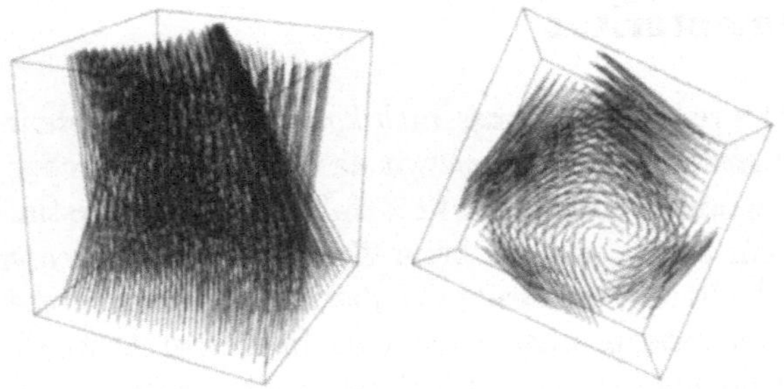

Diese Grafiken zeigen die abbildende Funktion f von der Seite (linkes Bild) und von oben (rechtes Bild) ausgesehen. In der rechten Grafik ahnen wir den an den Koordinaten (2/3,1/3) befindlichen Fixpunkt.)

Für P^* können wir somit schreiben:

$$p_i^* = \frac{p_i^* + \Phi_{1i}(P^*, Q^*)}{1 + \sum_{\ell=1}^{m} \Phi_{1\ell}(P^*, Q^*)}, \quad i = 1 \ldots m.$$

Nach Lemma 1.3.2 hat Spieler 1 eine Strategie R_k in $C(P^*)$ für die $\Phi_{1,k}(P^*, Q^*)$ gleich null ist. Für diese Strategie gilt

$$p_k^* = \frac{p_k^*}{1 + \sum_{\ell=1}^{m} \Phi_{1\ell}(P^*, Q^*)}$$

und daher

$$p_k^* \cdot \sum_{\ell=1}^m \Phi_{1\ell}(P^*, Q^*) = 0.$$

Aber $p_k^* > 0$. Deshalb gilt auch

$$\sum_{\ell=1}^m \Phi_{1\ell}(P^*, Q^*) = 0.$$

Jeder Term in dieser Summe ist größer oder gleich null, woraus folgt

$$\Phi_{1\ell}(P^*, Q^*) = 0, \quad \ell = 1 \ldots m,$$

bzw.

$$I_1(r_\ell, Q^*) \leq I_1(P^*, Q^*), \quad \ell = 1 \ldots m.$$

Dasselbe Argument gilt natürlich für Q^*, d.h.

$$I_2(P^*, s_\ell) \leq I_2(P^*, Q^*), \quad \ell = 1 \ldots n.$$

Aus Lemma 1.3.1 folgt: (P^*, Q^*) ist ein Gleichgewicht des Spiels Γ_{12}. $\square$

1.4 Lineare Komplementarität

Theorem 1.3.1 ist ein berühmtes Beispiel eines *nichtkonstruktiven Existenzsatzes*: Er gibt uns keinerlei Anleitung dafür, *wie* wir das (oder die) Gleichgewicht(e) eines Bimatrixspiels finden sollen. Für (2×2)-Spiele ist die Bestimmung der Gleichgewichte sehr leicht, wie wir beim *Kampf der Geschlechter* gesehen haben. Doch wenn die Spieler im Besitz von mehr als 2 reinen Strategien sind, dann kann die Sache extrem mühsam werden. In diesem Abschnitt wollen wir deshalb eine Methode entwickeln, mit deren Hilfe wir im Prinzip alle Nash-Gleichgewichte eines beliebigen Bimatrixspiels erhalten können.[2]

1.4.1 Äquivalente Darstellung eines Gleichgewichts

Wir erinnern uns zunächst an das lineare Optimierungsproblem (1.5) zur Bestimmung einer besten Antwort $\bar{P}$ für Spieler 1 auf die gegnerische Strategie Q. Es gilt trivialerweise für alle zulässigen P des LP (1.5) und für eine beliebige reelle Zahl $u \in \mathbb{R}$:

$$u = (P^\top 1_m)u = (1_m u)^\top P. \tag{1.9}$$

Nun aber sei u eine *obere Beschränkung* für die Zielfunktion $P^\top AQ$ in (1.5),

---

[2] Der Grund für das ominöse „im Prinzip" wird später klar sein.

d.h.

$$u \geq P^\top AQ.$$

Mit (1.9) ist diese Ungleichheit zu

$$(1_m u)^\top P \geq (AQ)^\top P$$

für alle zulässigen P, und deshalb auch zu

$$1_m u \geq AQ$$

äquivalent. Das Problem, die *kleinste* obere Beschränkung zu finden, entspricht demnach dem zum LP (1.5) *dualen Optimierungsproblem*:

$$\boxed{\begin{array}{c} \text{minimiere } u \\ \text{unter der Bedingung } 1_m u \geq AQ, \end{array}} \qquad (1.10)$$

dessen Lösung $\bar{u}$ offensichtlich gleich dem maximalen Wert der Zielfunktion in (1.5) sein muß:

$$\bar{u} = \bar{P}^\top AQ. \qquad (1.11)$$

Gleichung (1.11) ist ein Beispiel des *strengen Dualitätsprinzips* der linearen Optimierung, das besagt: Existieren zulässige Lösungen für ein lineares Optimierungsproblem sowie für das entsprechende Dualproblem (wie es hier der Fall ist), dann existieren auch optimale Lösungen beider Optimierungsprobleme und zwar mit den gleichen optimalen Werten der entsprechenden Zielfunktionen.

Wir werden uns vor allem im fünften Kapitel näher mit der linearen Optimierung und der Dualität auseinandersetzen, aber zunächst schauen wir uns noch einmal die Lösung des LP (1.5) für das Spiel des Abschnitts 1.2 als Bestätigung an: Spielt Spieler 2 Gleichgewichtsstrategie $Q = (1/3, 2/3)^\top$, so erzielt Spieler 1 mit einer besten Antwortstrategie $\bar{P}$ als Lösung des LP (1.5) seine maximale Auszahlung

```
Q = (1/3, 2/3);
P = bestResponse1[Q, A];
P.A.Q
```

$$\frac{10}{3}$$

Die Lösung des dualen Problems (1.10) führt zum gleichen Ergebnis (Obwohl u in (1.10) unbeschränkt ist, können wir `LinearProgramming` verwenden, da alle Elemente von A positiv sind):

```
LinearProgramming[{1}, {{1}, {1}}, A.Q]
```

$$\left\{ \frac{10}{3} \right\}$$

Weil $\bar{P}$ zulässig ist, ist (1.11) äquivalent zu

$$(\bar{P}^\top 1_m)\bar{u} = \bar{P}^\top AQ$$

bzw. zu

$$\bar{P}^\top(1_m\bar{u} - AQ) = 0, \tag{1.12}$$

mit $1_m\bar{u} \geq AQ$. Mit gleichem Argument erhalten wir für eine beste Antwort $\bar{Q}$ des zweiten Spielers auf eine beliebige Strategie P des ersten Spielers das Ergebnis

$$\bar{Q}^\top(1_n\bar{v} - B^\top P) = 0, \tag{1.13}$$

mit $1_n\bar{v} \geq B^\top P$.

Nun seien P^* und Q^* *gemeinsame* beste Antworten, m.a.W. ein Gleichgewicht. So gilt mit (1.12) und (1.13) folgende, zu (1.6) äquivalente Darstellung des Nash-Gleichgewichts:

$$\begin{aligned}
P^{*\top}(1_m u^* - AQ^*) &= 0 \\
Q^{*\top}(1_n v^* - B^\top P^*) &= 0,
\end{aligned} \tag{1.14}$$

wobei $u^* = P^{*\top}AQ^*$ und $v^* = P^{*\top}BQ^*$ die Gleichgewichtsauszahlungen sind, und wobei

$$\begin{aligned}
1_m u^* &\geq AQ^* & 1_n^\top Q^* &= 1, & Q^* &\geq 0_n \text{ bzw.} \\
1_n v^* &\geq B^\top P^* & 1_m^\top P^* &= 1 & P^* &\geq 0_m.
\end{aligned} \tag{1.15}$$

Die Gleichungen (1.14) sind leicht zu interpretieren: Die i-te Komponente des Vektors AQ^* ist die Auszahlung an Spieler 1, wenn er seine i-te reine Strategie R_i gegen die Gleichgewichtsstrategie Q^* seines Gegners spielt. Die erste Gleichung in (1.14) besagt also, daß nur dann wenn R_i die Gleichgewichtsauszahlung erzielt, d.h. wenn

$$(AQ^*)_i = R_i^\top AQ^* = u^*$$

ist, $P_i^* > 0$ sein kann. Demnach berücksichtigt Spieler 1 in seinem – eventuell gemischten – Gleichgewicht nur reine Strategien, die beste Antworten sind auf die Gleichgewichtsstrategie von Spieler 2. Die zweite Gleichung in (1.14) besagt Entsprechendes für Spieler 2.

Die Gleichungen (1.15) hingegen beschreiben zwei Punktmengen, in denen sich die Gleichgewichte des Spiels auf jeden Fall befinden müssen: Der Vektor $(P^*, v^*)^\top$ ist laut (1.15) nämlich Element der Menge

$$L_1 = \left\{ \binom{P}{v} \;\middle|\; (B^\top, -1_n) \binom{P}{v} \le 0_n,\; (1_m^\top, 0) \binom{P}{v} = 1,\; P \ge 0_m \right\}$$

und Vektor $(Q^*, u^*)^\top$ ist Element der Menge

$$L_2 = \left\{ \binom{Q}{u} \;\middle|\; (A, -1_m) \binom{Q}{u} \le 0_m,\; (1_n^\top, 0) \binom{Q}{u} = 1,\; Q \ge 0_n \right\}.$$

Die Mengen L_1 und L_2 sind konvexe Polyeder, siehe Definition 1.3.5; wir können sie uns mit *Mathematica* anschauen. Beim Spiel des Abschnitts 1.2 beispielsweise sind die abgrenzenden Ebenen von L_1 gegeben durch

```
Clear[v];
v = Transpose[B] . {p1, 1 - p1} // Simplify
```

```
{1 + p1, 3 - 2 p1}
```

Wir lassen uns (auf Seite 22) diese Flächen nun zeigen, und zwar zusammen mit dem einzelnen Gleichgewicht $(p_1^* = 2/3, p_2^* = 1/3, v^* = 5/3)$ des Spiels. Die Menge L_1 ist als die weiße Fläche im oberen Teil der Graphik zu erkennen und ist ein konvexes Polyeder in zwei Dimensionen. Die Variable v ist nach oben nicht beschränkt. Das Gleichgewicht (schwarzer Punkt) liegt, wie man sieht, genau an einem Extrempunkt von L_1. Gleiches gilt für $(q_1^* = 2/3, q_2^* = 1/3, u^* = 10/3)$ in L_2. Ein Nash-Gleichgewicht mit dieser Eigenschaft heißt *Extremgleichgewicht*. Bei manchen, sogenannten *entarteten* Spielen existieren auch Gleichgewichte, die nicht Extrempunkte der Polyeder L_1 oder L_2 sind. Es läßt sich aber zeigen, daß diese sich stets als Konvexkombinationen von Extremgleichgewichten darstellen lassen, siehe Anhang C. Wir kommen auch in diesem Kapitel darauf zurück.

1.4.2 Überführung und Äquivalenzsatz

Wir gehen im folgenden davon aus, daß $u^* > 0$ und $v^* > 0$. Für positive Werte der zu erwartenden Auszahlungen kann immer gesorgt werden, indem man eine hinreichend große positive Zahl zu den Auszahlungsmatrizen A bzw. B einfach hinzuaddiert, so daß für beide Spieler alle Auszahlungen positiv sind; dann ist auch jede Gleichgewichtsauszahlung u^* oder v^* auch positiv. Die strategische Situation – und daher auch das Gleichgewicht – bleibt davon unbehelligt.

```
Clear[pl, eq, tx];
eq = Graphics[{PointSize[0.03], Point[{2 / 3, 5 / 3}]}];
tx = Graphics[Text[StyleForm["L₁", FontWeight -> "Bold"], {0.6, 3.0}]];
pl = FilledPlot[Evaluate[v], {pl, 0, 1}, Curves -> Front,
   PlotRange -> {{0, 1}, {0, 4}}, Frame -> True, AspectRatio -> 1,
   Fills -> {{{1, Axis}, GrayLevel[0.8]}, {{1, 2}, GrayLevel[0.8]}},
   DisplayFunction -> Identity, FrameLabel -> {"p₁", "v"}];
Show[pl, eq, tx, DisplayFunction -> $DisplayFunction];
```

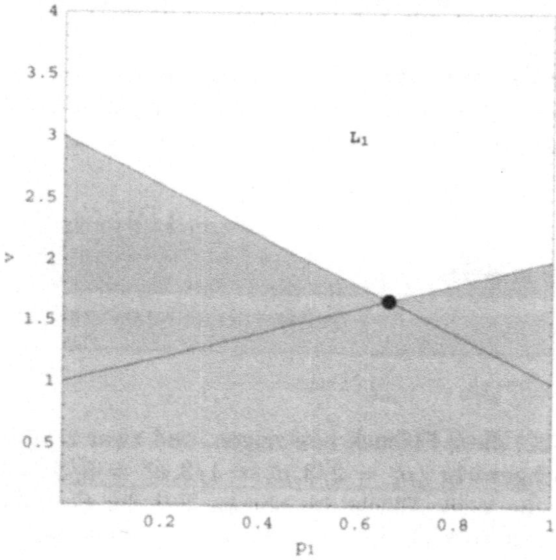

Mit einer kleinen Umformung, nämlich

$$(P^{*\top}/v^*)v^*u^*\left(1_m - AQ^*/u^*\right) = 0$$
$$(Q^{*\top}/u^*)v^*u^*\left(1_n - B^\top P^*/v^*\right) = 0,$$

können wir die Gleichungen (1.14) als

$$\left(P^{*\top}/v^*, Q^{*\top}/u^*\right)\left[\begin{pmatrix}1_m\\1_n\end{pmatrix} - \begin{pmatrix}0_{mm} & A\\B^\top & 0_{nn}\end{pmatrix}\begin{pmatrix}P^*/v^*\\Q^*/u^*\end{pmatrix}\right] = 0 \qquad (1.16)$$

zusammenfassen, wobei mit den Ungleichungen (1.15) der Ausdruck in eckigen Klammern stets nichtnegativ ist:

$$\begin{pmatrix}1_m\\1_n\end{pmatrix} - \begin{pmatrix}0_{mm} & A\\B^\top & 0_{nn}\end{pmatrix}\begin{pmatrix}P^*/v^*\\Q^*/u^*\end{pmatrix} \geq 0_{m+n}. \qquad (1.17)$$

Um das Ganze kompakter auszudrücken, führen wir den Vektor

$$Z = \begin{pmatrix} P/v \\ Q/u \end{pmatrix} \tag{1.18}$$

ein, wobei gilt

$$u = P^\top AQ, \quad v = P^\top BQ, \quad P, Q \text{ zulässig,} \tag{1.19}$$

sowie den „Einservektor"

$$E := 1_{m+n} = \begin{pmatrix} 1_m \\ 1_n \end{pmatrix}, \tag{1.20}$$

und die $(m + n) \times (m + n)$-dimensionale Matrix

$$M := \begin{pmatrix} 0_{mm} & A \\ B^\top & 0_{nn} \end{pmatrix}. \tag{1.21}$$

Somit sind die das Gleichgewicht (P^*, Q^*) bestimmenden Formeln (1.14) und (1.15) äquivalent zur Bestimmung eines Vektors Z, der den Bedingungen

$$\begin{aligned} Z^\top (E - MZ) &= 0 \\ E - MZ &\geq 0_{m+n} \\ Z &\geq 0_{m+n} \end{aligned} \tag{1.22}$$

genügt.[3] Auf diese Weise haben wir (1.14) und (1.15) schließlich in ein sogenanntes *lineares Komplementaritätsproblem* (kurz LCP) überführt. Ein Vektor Z, der den obigen Bedingungen genügt, ist eine Lösung des LCP. Jede solche Lösung, von der trivialen (engl. *extraneous*) Lösung $Z = 0_{m+n}$ abgesehen, entspricht einem Gleichgewicht des ursprünglichen Bimatrixspiels Γ_{12}.

Die Vektoren Z und $E - MZ$ sind im folgenden Sinne zueinander *komplementär*: Weil alle $m + n =: k$ Komponenten von Z und $E - MZ$ nichtnegativ sind, deren inneres Produkt $Z^\top (E - MZ)$ jedoch gleich null ist, kann Z nur dort positive Komponenten besitzen, wo die entsprechenden Komponenten von $E - MZ$ Null sind, und umgekehrt.

Wir nennen M *Komplementaritätsmatrix* und bezeichnen ihre Elemente im folgenden mit m_{ij}, $i, j = 1 \ldots k$. Zum Beispiel lauten Komplementaritätsmatrix M und Einservektor E für das Spiel von Abschnitt 1.2:

---

[3] Weil u und v positive Zahlen sind, folgt $Z \geq 0_{m+n}$ aus (1.18).

```
Clear[M1, E1];
{A, B} = {A, B} - Min[Join[A, B]] + 1;
M1 = BlockMatrix[{{ZeroMatrix[Length[A]], A},
  {Transpose[B], ZeroMatrix[Length[ A[[1]]]]}}];
k = Length[M1]; E1 = Table[1, {k}];
{MatrixForm[M1], MatrixForm[E1]}
```

$$\left\{ \begin{pmatrix} 0 & 0 & 2 & 4 \\ 0 & 0 & 4 & 3 \\ 2 & 1 & 0 & 0 \\ 1 & 3 & 0 & 0 \end{pmatrix}, \begin{pmatrix} 1 \\ 1 \\ 1 \\ 1 \end{pmatrix} \right\}$$

Die zweite Zeile oben sorgt dafür, daß $A > 0$ und $B > 0$.

Ist eine nichttriviale Lösung $Z^* = (z_1^* \ldots z_k^*)^\top$ des LCP (1.22) gefunden, so erhält man sofort Gleichgewichtsstrategien P^* bzw. Q^* mit (1.18), und zwar gemäß

$$p_i^* = z_i^* / \sum_{j=1}^{m} z_j^*, \quad i = 1 \ldots m,$$

$$q_i^* = z_i^* / \sum_{j=m+1}^{k} z_j^*, \quad i = m+1 \ldots k. \tag{1.23}$$

Wir fassen dieses Ergebnis im folgenden Äquivalenzsatz zusammen:

Theorem 1.4.1. *Die Bestimmung eines Nash-Gleichgewichts (P^*, Q^*) eines Bimatrixspiels mit den Auszahlungsmatrizen A und B ist äquivalent zur Bestimmung einer nichttrivialen Lösung Z^* des LCP (1.22).*

Es fragt sich, was man durch Theorem 1.4.1 eigentlich erreicht hat. Ist das Aufspüren der Nash-Gleichgewichte nun leichter geworden, oder nicht? Die Äquivalenz eines Bimatrixspiels zu einem LCP bringt in der Tat Vorteile:

1. Es gibt effiziente Algorithmen, die mindestens eine Lösung des LCP (1.22) finden können, beispielsweise den Algorithmus von Lemke und Howson, siehe Anhang C. Allerdings werden i.a. nicht alle Lösungen – und daher nicht alle Gleichgewichte – auf diese Weise identifiziert.
2. Wichtiger von unserem Standpunkt aus ist die Tatsache, daß die LCP-Formulierung des Bimatrixspiels eine *vollständige Enumeration* der Gleichgewichte zuläßt.

Es ist die zweite Möglichkeit, die uns im restlichen Teil dieses Kapitels insbesondere interessieren wird, denn ein Bimatrixspiel ist eigentlich nur dann „gelöst", wenn alle Gleichgewichte bekannt sind. (Hätten wir beim Gleichgewicht (*Konzert, Konzert*) des *Kampfs der Geschlechter* aufgehört zu suchen, so hätten wir das eigentliche Problem überhaupt nicht begriffen!)

Im nun folgenden Abschnitt befassen wir uns deswegen mit der Enumeration der Gleichgewichte und entwickeln dabei entsprechende *Mathematica*-Funktionen, die wir dann in den nächsten Kapiteln zur Untersuchung einiger interessanter Spiele verwenden werden.

1.4.3 Das Abzählen der Gleichgewichte

Wir bezeichnen den zu Z komplementären Vektor $E - MZ$ im folgenden mit

$$W = (w_1 \ldots w_k)^\top := E - MZ,$$

wobei $k = m + n$ ist. Äquivalent dazu schreiben wir

$$I_k W + MZ = E.$$

Hier ist I_k die $k \times k$-Identitätsmatrix und die Komponenten von W sind sogenannte *Schlupfvariablen*. Diese Matrixgleichung entspricht folgendem Gleichungssystem:

$$\begin{pmatrix} 1 \\ 0 \\ \vdots \\ 0 \end{pmatrix} w_1 + \ldots + \begin{pmatrix} 0 \\ 0 \\ \vdots \\ 1 \end{pmatrix} w_k + \begin{pmatrix} m_{11} \\ m_{21} \\ \vdots \\ m_{k1} \end{pmatrix} z_1 + \ldots + \begin{pmatrix} m_{1k} \\ m_{2k} \\ \vdots \\ m_{kk} \end{pmatrix} z_k = \begin{pmatrix} 1 \\ 1 \\ \vdots \\ 1 \end{pmatrix} \quad (1.24)$$

also k Gleichungen in den $2k$ Variablen $(w_1 \ldots w_k, z_1 \ldots z_k)$. Unterbestimmt sind diese Variablen jedoch nicht unbedingt, da sie zueinander komplementär sind: Ist z.B. $w_i > 0$, dann ist notwendigerweise $z_i = 0$ und umgekehrt.

X sei nun ein Vektor im $\mathbb{R}^k$ mit Komponenten $x_i \in \{w_i, z_i\}$, $i = 1 \ldots k$. So können wir (1.24) in der Form

$$CX = E \qquad (1.25)$$

schreiben, wobei sich die $k \times k$ Matrix C folgendermaßen zusammensetzt: Ist $x_i = w_i$, dann besteht die i-te Spalte von C aus der i-ten Spalte der Identitätsmatrix I_k. Ist dagegen $x_i = z_i$, dann ist die entsprechende Spalte von C gleich der i-ten Spalte aus der Komplementaritätsmatrix M.

Wir können alle in Frage kommenden Matrizen C systematisch erzeugen, indem wir nacheinander alle möglichen Kombinationen der Spalten der Identitätsmatrix I_k durch die entsprechenden Spalten der Komplementaritätsmatrix M ersetzen. Eine Liste dieser möglichen Spaltenkombinationen liefert die *Mathematica*-Funktion `Subsets` aus dem Standard-Package `Discrete-Math'Combinatorica'`, siehe [Ski90]. (Dieses Package wird übrigens mit `GameTheory'Bimatrix'` automatisch mitgeladen):

```
Clear[combs];
combs = Drop[Subsets[Range[k]], 1]
```

```
{{1}, {1, 2}, {2}, {2, 3}, {1, 2, 3}, {1, 3}, {3}, {3, 4}, {1, 3, 4},
 {1, 2, 3, 4}, {2, 3, 4}, {2, 4}, {1, 2, 4}, {1, 4}, {4}}
```

Dementsprechend erzeugt die folgende Funktion eine Matrix C aus der Komplimentaritätsmatrix M und aus einer der Spaltenkombinationen in der Liste combs :

```
Clear[CC];
CC[M_List, comb_List] := Module[{C},
  C = IdentityMatrix[Length[M]];
  C[[comb]] = Transpose[M][[comb]];
  Transpose[C]];
```

Hier sind z.B. die ersten vier erzeugten Varianten von C für das Spiel des Abschnittes 1.2:

```
Table[CC[M1, combs[[i]]] // MatrixForm, {i, 4}]
```

$$\left\{ \begin{pmatrix} 0 & 0 & 0 & 0 \\ 0 & 1 & 0 & 0 \\ 2 & 0 & 1 & 0 \\ 1 & 0 & 0 & 1 \end{pmatrix}, \begin{pmatrix} 0 & 0 & 0 & 0 \\ 0 & 0 & 0 & 0 \\ 2 & 1 & 1 & 0 \\ 1 & 3 & 0 & 1 \end{pmatrix}, \begin{pmatrix} 1 & 0 & 0 & 0 \\ 0 & 0 & 0 & 0 \\ 0 & 1 & 1 & 0 \\ 0 & 3 & 0 & 1 \end{pmatrix}, \begin{pmatrix} 1 & 0 & 2 & 0 \\ 0 & 0 & 4 & 0 \\ 0 & 1 & 0 & 0 \\ 0 & 3 & 0 & 1 \end{pmatrix} \right\}$$

Nun heißt es zu versuchen, Gleichung (1.25) zu lösen, und zwar für jede der $2^k - 1$ möglichen C-Matrizen! Gibt es tatsächlich eine Lösung mit $X \geq 0_k$, so liegt ein Gleichgewicht vor. Probieren wir es einmal mit der ersten der Spaltenkombination in der Variable combs:

```
Clear[X, C1];
C1 = CC[M1, combs[[1]]];
X = LinearSolve[C1, E1]
```

```
LinearSolve::nosol : Linear equation encountered which has no solution.
```

```
LinearSolve[{{0, 0, 0, 0}, {0, 1, 0, 0}, {2, 0, 1, 0}, {1, 0, 0, 1}}, {1, 1, 1, 1}]
```

Kaum überraschend, denn diese Kombination entspricht $Z = (z_1, 0, 0, 0)^\top$ und kann wegen (1.18) als Kandidat von vornherein ausgeschlossen werden.

Wie wäre es dann mit der sechsten Kombination, also mit $\{1,3\}$?

```
Clear[X, C1];
C1 = CC[M1, combs[[6]]];
X = LinearSolve[C1, E1]
```

$$\left\{ \frac{1}{2}, -1, \frac{1}{2}, \frac{1}{2} \right\}$$

Hier hat (1.25) zwar eine Lösung, aber sie ist nicht zulässig, weil $w_2 = x_2 < 0$ ist. Nur die 10. Spaltenkombination in `combs` liefert uns tatsächlich eine Lösung des LCP und damit ein Gleichgewicht unseres Spiels:

```
Clear[X, C1];
C1 = CC[M1, combs[[10]]];
X = LinearSolve[C1, E1]
```

$$\left\{ \frac{2}{5}, \frac{1}{5}, \frac{1}{10}, \frac{1}{5} \right\}$$

Mit (1.23) erhalten wir als einziges Gleichgewichtspaar die uns wohlbekannten Strategien

$$P^* = (2/3, 1/3)^\top, \quad Q^* = (1/3, 2/3)^\top.$$

Listing 1.1 unten zeigt ein *Mathematica*-Programm zur Enumeration der Nash-Gleichgewichte. Es befindet sich im Package `GameTheory'Bimatrix'` auf der begleitenden Diskette.

```
CC[M_List,comb_List]:=Module[{C},
            C=IdentityMatrix[Length[M]];
            C[[comb]]=Transpose[M][[comb]];
            Transpose[C]];

ZZ[X_List,comb_List]:= Module[ {Z},
        Z=Table[0,{Length[X]}];
        Z[[comb]]=X[[comb]];
        Z];

FindSol[X_,N_]:=  Module[ {d,k,c,m,b,NT,V},
        {d,k}=Dimensions[N];
        NT=Transpose[N];
        c=Join[Table[0,{i,1,d+1}],Table[1,{i,1,k}]];
        m=BlockMatrix[{{ NT,-NT.Table[{1},{d}],IdentityMatrix[k] }}];
        b=-X;
        V=LinearProgramming[c,m,b];
        If[ Apply[Plus,Take[V,-k]]==0,
            X+(Take[V,d]-V[[d+1]]).N,
            X ] ];
```

```
NashEq[AA_List,BB_List]:= Module[
  {M,E,k,m,n,smallest,A,B,N,combs,i,C,X,Z,P,Q,solutions},
  {m,n}=Dimensions[AA];
  k=m+n;
  smallest=Min[Join[AA,BB]];
  A=AA-smallest+1;                       (* ensure positive *)
  B=BB-smallest+1;
  M=BlockMatrix[{{ZeroMatrix[m],A},
                {Transpose[B],ZeroMatrix[n]}}];
  E=Table[1,{k}];
  combs=Drop[Subsets[Range[k]],1];
  solutions={};
  Off[LinearSolve::nosol];
  On[NashEquilibria::degen];
  For[ i=1,i<=Length[combs],i++,  (* loop over combinations *)
      C=CC[M,combs[[i]]];
      X=LinearSolve[C,E];
      If[ VectorQ[X],                    (* possible solution *)
          N=NullSpace[C];
          If[ Length[N]>0&&              (* possibly many solutions *)
              Min[X]<0,                  (* but X is not one of them  *)
                X=FindSol[X,N]];         (* so look for one *)
          If[ Min[X]>=0,                 (* a solution *)
              If[Length[N]==0&&Min[X]==0, (* degeneracy *)
                Message[NashEquilibria::degen];
                Off[NashEquilibria::degen]];
              Z=ZZ[X,combs[[i]]];  (* extract the equilibrium *)
              P=Take[Z,m];
              Q=Take[Z,-n];
              P=P/Apply[Plus,P]; Q=Q/Apply[Plus,Q];
              AppendTo[solutions,{P,P.AA.Q,Q,P.BB.Q}] ] ] ];
  On[LinearSolve::nosol];
  Union[solutions] ];                    (* remove duplicates *)
```

Listing 1.1. Die Bestimmung von Nash-Gleichgewichten: Auszug aus dem
Mathematica-Package `GameTheory'Bimatrix'`.

Die interne Funktion `NashEq` in Listing 1.1 faßt die oben beschriebenen
Stufen der Abzählung in einem Modul zusammen und erzeugt als Ergebnis eine Liste der Nash-Gleichgewichte. Schlüssel hierfür ist die in der `For`-Schleife
wiederholte Lösung der Gleichung (1.25) mittels *Mathematica*-Funktion `LinearSolve`:

```
C=CC[M,combs[[i]]];
X=LinearSolve[C,E];
```

Es wird überprüft, ob bei der aktuellen Spaltenkombination `combs[[i]]` eine
Lösung des LCP existiert:

```
If[ VectorQ[X],                 (* possible solution *)
    N=NullSpace[C];
    If[ Length[N]>0&&           (* possibly many solutions *)
        Min[X]<0,               (* but X is not one of them  *)
          X=FindSol[X,N]];      (* so look for one *)
    If[ Min[X]>=0,              (* a solution *)
```

und wenn ja, ob es eventuell unendlich viele davon gibt. Diese Möglichkeit kommt bei entarteten Spielen vor und ist hier erkennbar an einer singulären – d.h. nicht invertierbaren – Matrix C: Die Dimension des *Nullraums* von C ist dann größer Null, und der Spaltenraum von C hat demnach nicht volle Dimension. Liegt E nicht in dem Spaltenraum von C, dann hat (1.25) keine Lösung. Liegt E jedoch im (nicht voll-dimensionalen) Spaltenraum von C, gibt es unendlich viele Lösungen. In diesem Fall liefert `LinearSolve` genau eine gültige Lösung X. Der logische Ausdruck `Length[N]>0` testet, ob diese Situation vorliegt.

Falls die von `LinearSolve` erzeugte Lösung X negative Komponenten besitzt, besteht bei nichttrivialem Nullraum immer noch die Chance, daß eine gültige Lösung des LCP für die betrachtete Spaltenkombination gefunden werden kann. Wir bezeichnen die Basis(spalten)vektoren des Nullraums mit $N_1, N_2 \ldots N_d$, $d > 0$, bzw. in der Form einer $k \times d$-dimensionalen Matrix

$$N = (N_1, N_2 \ldots N_d).$$

Diese Basisvektoren liefert die *Mathematica*-Funktion `NullSpace` in der transponierten Form $N^\top$. Wegen der Definition des Nullraums, d.h. wegen $CN_i = 0$, $i = 1 \ldots d$, ist jede Linearkombimation

$$X + y_1 N_1 + \ldots y_d N_d = X + NY \tag{1.26}$$

auch eine Lösung von (1.25). Falls ein $Y = (y_1, y_2 \ldots y_d)^\top$ existiert, für welches gilt

$$NY \geq -X, \tag{1.27}$$

so liegt mit (1.26) eine Lösung des LCP vor. Gleichung (1.27) beschreibt entweder ein konvexes Polyeder im d-dimensionalen Raum oder – falls es keine Lösung des LCP von der Form (1.26) gibt – die leere Menge. Im ersteren Fall findet die in `NashEq` aufgerufene Funktion `FindSol` genau einen Extrempunkt des Polyeders und gibt die der Gleichung (1.26) entsprechende Lösung zurück.

Liegt eine Lösung des LCP vor, ruft `NashEq` die Funktion `ZZ` (Listing 1.1) auf, um aus dem Lösungsvektor X die Komponenten des Vektors Z wiederherzustellen. Daraus werden die Gleichgewichtsstrategien rekonstruiert und die Gleichgewichtsauszahlungen berechnet:

```
P=Take[Z,m];
Q=Take[Z,-n];
P=P/Apply[Plus,P]; Q=Q/Apply[Plus,Q];
AppendTo[solutions,{P,P.AA.Q,Q,P.BB.Q}] ] ] ];
```

Schließlich fügt `NashEq` die gefundene Lösung der Liste `solutions` hinzu.

1.4.4 Entartete Lösungen

`FindSol` ist ebenfalls in Listing 1.1 wiedergeben und funktioniert auf folgende Weise. Zunächst wird (1.27) in eine *kanonische* Form gebracht, d.h. in eine Form, in der alle Variablen nichtnegativ sind. Dies geschieht mit der Transformation

$$Y = U - y1_d, \quad U \geq 0_d, \ y \geq 0. \tag{1.28}$$

Dann ist (1.27) äquivalent zu

$$(N, -N1_d) \begin{pmatrix} U \\ y \end{pmatrix} \geq -X, \quad \begin{pmatrix} U \\ y \end{pmatrix} \geq 0_{d+1}, \tag{1.29}$$

und ein Extrempunkt des konvexen Polyeders (1.29) wird gesucht. Zu diesem Zweck wird der Vektor $(U, y)^\top$ zunächst um die sogenannten künstlichen (engl. *artificial*) Variablen

$$W = (w_1, w_2 \ldots w_k)^\top$$

ergänzt und man betrachtet das Polyeder

$$(N, -N1_d, I_k) \begin{pmatrix} U \\ y \\ W \end{pmatrix} \geq -X \quad \begin{pmatrix} U \\ y \\ W \end{pmatrix} \geq 0_{d+1+k} \tag{1.30}$$

im $(d+1+k)$-dimensionalen Raum des Vektors $(U, y, W)^\top$. Nun löst `FindSol` mittels `LinearProgramming` das lineare Optimierungsproblem

$$w = w_1 + w_2 + \ldots w_k \to \min \tag{1.31}$$

unter den Bedingungen (1.30). Falls die Lösung dieses LP $\min(w) = 0$ lautet, gilt wegen $W \geq 0$ auch $W = 0$, und der Lösungsvektor $(U, y, W = 0)^\top$ ist notwendigerweise ein Extrempunkt von (1.29). Die Funktion `FindSol` liefert in diesem Fall

$$X + NY = X + N(U - y1_d)$$

als Lösung des LCP zurück. Falls hingegen $\min(w) > 0$ ist, besitzt (1.25) keine nichtnegativen Lösungen. `FindSol` gibt den Vektor X unverändert an `NashEq` weiter.

Bei einer nichtsingulären Matrix C entspricht X einer *Basislösung* des LCP (1.22) bzw. einem *Extrempunkt* des zulässigen Bereichs, siehe die Beschreibung des Simplex-Algorithmus in Kapitel 5 bzw. des Lemke-Howson-Algorithmus in Anhang C.

Definition 1.4.1. [vS99] (Theorem 2.10) *Ein Bimatrixspiel ist genau dann entartet, wenn mindestens eine Komponente einer zulässigen Basislösung X gleich Null ist.*

Hierfür wird schließlich getestet und, falls Entartung vorliegt, die entsprechende Message einmalig erzeugt:

```
If[Length[N]==0&&Min[X]==0, (* degeneracy *)
    Message[NashEquilibria::degen];
    Off[NashEquilibria::degen]];
```

Für eine alternative Ausführung der Enumeration von Nash-Gleichgewichten in *Mathematica* siehe [DK91]. Freiverfügbare Software für die Lösung von Normal- und Extensivformspiele bieten auch das *GAMBIT-Projekt* [McK98] sowie das *Gala-System* [KP97].

1.4.5 Gleichgewichte in symbolischer Form

Die *Mathematica*-Funktion `LinearSolve` kann auch *symbolische* Gleichungen lösen. Dies bietet uns die sehr interessante Möglichkeit, Nash-Gleichgewichte auch in symbolischer Form zu bestimmen. Das Package `GameTheory'Bimatrix'` enthält eine zusätzliche Definition der internen Funktion `NashEq`, die mit drei statt zwei Übergabeparametern aufgerufen wird, nämlich mit den symbolischen Auszahlungsmatrizen A und B, sowie einer Substitutionsliste mit „repräsentativen" Werten für die Auszahlungsparameter.

Beide Formen werden über die exportierte Funktion `NashEquilibria` dem Benutzer zugänglich gemacht, siehe Anhang D. Beispielsweise waren für den *Kampf der Geschlechter* $a > 0$ und $b > 0$ beliebig, aber es galt $c > b$:

```
Clear[s];
A = {{a, -b}, {-c, 0}};
B = {{0, -b}, {-c, a}};
s = {a -> 1, b -> 1, c -> 2}

{a → 1, b → 1, c → 2}
```

Wir können nun eine numerische Liste sämtlicher Gleichgewichte mit `Nash-Equilibria` erzeugen:

```
NashEquilibria[A /. s, B /. s] // MatrixForm
```

$$
\begin{pmatrix}
\{0, 1\} & 0 & \{0, 1\} & 1 \\
\{\frac{3}{4}, \frac{1}{4}\} & -\frac{1}{2} & \{\frac{1}{4}, \frac{3}{4}\} & -\frac{1}{2} \\
\{1, 0\} & 1 & \{1, 0\} & 0
\end{pmatrix}
$$

oder aber auch eine symbolische:

```
NashEquilibria[A, B, Symbolic -> s] // MatrixForm
```

$$
\begin{pmatrix}
\{0, 1\} & 0 & \{0, 1\} & a \\
\{1, 0\} & a & \{1, 0\} & 0 \\
\{\frac{a+c}{a+b+c}, \frac{b}{a+b+c}\} & -\frac{bc}{a+b+c} & \{\frac{b}{a+b+c}, \frac{a+c}{a+b+c}\} & -\frac{bc}{a+b+c}
\end{pmatrix}
$$

Wie wir in den nächsten Kapiteln sehen werden, ist diese zweite Möglichkeit sehr nützlich, um Lösungen spezieller Bimatrixspiele zu verallgemeinern. Hier ein einfaches Beispiel: Für eine beliebige diagonale Matrix, sagen wir mit den Dimensionen 3×3,

```
A = DiagonalMatrix[Table[a_i, {i, 1, 3}]];
A // MatrixForm
```

$$\begin{pmatrix} a_1 & 0 & 0 \\ 0 & a_2 & 0 \\ 0 & 0 & a_3 \end{pmatrix}$$

lösen wir das sogenannte *Nullsummenspiel* mit Auszahlungsmatrizen A an Spieler 1 und $-A$ an Spieler 2:

```
Clear[eq];
s = Table[a_i -> i, {i, 1, 3}];
eq = NashEquilibria[A, -A, Symbolic -> s];
eq // TableForm
```

$$\begin{array}{cccc}
\dfrac{a_2\,a_3}{a_2\,a_3 + a_1\,(a_2+a_3)} & & \dfrac{a_2\,a_3}{a_2\,a_3 + a_1\,(a_2+a_3)} & \\[2ex]
\dfrac{a_1\,a_3}{a_2\,a_3 + a_1\,(a_2+a_3)} & \dfrac{a_1\,a_2\,a_3}{a_2\,a_3 + a_1\,(a_2+a_3)} & \dfrac{a_1\,a_3}{a_2\,a_3 + a_1\,(a_2+a_3)} & -\dfrac{a_1\,a_2\,a_3}{a_2\,a_3 + a_1\,(a_2+a_3)} \\[2ex]
\dfrac{a_1\,a_2}{a_2\,a_3 + a_1\,(a_2+a_3)} & & \dfrac{a_1\,a_2}{a_2\,a_3 + a_1\,(a_2+a_3)} &
\end{array}$$

Dieses Ergebnis läßt sich mit $b_i = 1/a_i$ vereinfachen:

```
Clear[i]; eq /. a_i_ -> 1/b_i // Simplify // TableForm
```

$$\begin{array}{cccc}
\dfrac{b_1}{b_1+b_2+b_3} & & \dfrac{b_1}{b_1+b_2+b_3} & \\[2ex]
\dfrac{b_2}{b_1+b_2+b_3} & \dfrac{1}{b_1+b_2+b_3} & \dfrac{b_2}{b_1+b_2+b_3} & -\dfrac{1}{b_1+b_2+b_3} \\[2ex]
\dfrac{b_3}{b_1+b_2+b_3} & & \dfrac{b_3}{b_1+b_2+b_3} &
\end{array}$$

woraus wir vermuten, daß das eindeutige Nash-Gleichgewicht[4] für eine $n \times n$ diagonale Matrix mit $a_i \neq 0$, $i = 1 \ldots n$, gegeben ist durch

$$p_i^* = q_i^* = \frac{v}{a_i}, \; i = 1 \ldots n, \quad v = P^{*\top} A Q^* = \frac{1}{\sum_i^n 1/a_i}.$$

Dies ist in der Tat der Fall, siehe z.B. [Jon80], S. 281, oder [Vor77], Abschnitt 1.22. Der *Mathematica*-Code für die Erzeugung symbolischer Lösungen ist in Anhang D näher erklärt.

---

[4] Eindeutig, weil **Nashequilibria** nur eine Lösung lieferte.

1.5 Schlußbemerkungen

Wir schließen dieses Kapitel mit einigen Bemerkungen, Vorbehalten und Beispielen zum Thema Gleichgewichtsabzählung.

1.5.1 Rechenzeiten und obere Grenzen

Das Verfahren des vorigen Abschnittes ist wahrhaftig eine Brechstange. Bei einem $(m \times n)$-Bimatrixspiel werden mittels `Subsets`

$$\sum_{i=1}^{m+n} \binom{m+n}{i} = 2^{m+n} - 1$$

Spaltenkombinationen auf der Suche nach gültigen Lösungen durchforstet.[5] Eine praktische obere Grenze, zumindest für *Mathematica* auf einem PC, liegt bei ungefähr $m+n = 12$. Hier beispielsweise ein – offensichtlich konstruiertes – (7×4)-Spiel [Tod78]:

```
Clear[A, B];
A = {{1, 0, 0, 0}, {0, 1, 0, 0}, {0, 0, 1, 0}, {0, 0, 0, 1},
    {2/7, 2/7, 2/7, 2/7}, {3/19, 6/19, 6/19, 6/19},
    {7/38, 7/38, 7/19, 7/19}};
B = {{1, 0, 0, 0}, {1, 0, 0, 0}, {1, 0, 0, 0}, {1, 0, 0, 0},
    {0, 1, 0, 0}, {0, 0, 1, 0}, {0, 0, 0, 1}};
BimatrixForm[A, B]
```

$$
\begin{array}{c|cccc}
 & S_1 & S_2 & S_3 & S_4 \\
\hline
R_1 & \binom{1}{1} & \binom{0}{0} & \binom{0}{0} & \binom{0}{0} \\
R_2 & \binom{0}{1} & \binom{1}{0} & \binom{0}{0} & \binom{0}{0} \\
R_3 & \binom{0}{1} & \binom{0}{0} & \binom{1}{0} & \binom{0}{0} \\
R_4 & \binom{0}{1} & \binom{0}{0} & \binom{0}{0} & \binom{1}{0} \\
R_5 & \binom{2/7}{0} & \binom{2/7}{1} & \binom{2/7}{0} & \binom{2/7}{0} \\
R_6 & \binom{3/19}{0} & \binom{6/19}{0} & \binom{6/19}{1} & \binom{6/19}{0} \\
R_7 & \binom{7/38}{0} & \binom{7/38}{0} & \binom{7/19}{0} & \binom{7/19}{1}
\end{array}
$$

---

[5] Da jede Strategie des jeweiligen Spielers von mindestens einer seiner reinen Strategien getragen wird, gibt es genauer genommen höchstens $(2^m - 1)(2^n - 1) = 2^{m+n} - 2^m - 2^n + 1$ Kandidaten, aber dieser Unterschied ist unwesentlich. Falls nur *nichtentartete* Spiele in betrachtet kommen, ist es sinnvoll, die Zahl der Spaltenkombinationen sogar auf $\binom{m+n}{n} - 1$ zu reduzieren, siehe Abschnitt 1.6, Anregung 5.

Die Rechenzeit kann mit `Timing` bestimmt werden. Auf einem 233 MHz Pentium mit 64 MB RAM ergibt sich:

```
Timing[NashEquilibria[A, B] // MatrixForm]

                 ( {0, 0, 0, 1/4, 1/4, 1/4, 1/4}   2/7   { 4/21,  38/147,  13/49,  2/7}   1/4 )
( 14.44 Second,  | {0, 0, 1/4, 0, 1/4, 1/4, 1/4}   2/7   { 4/21,  38/147,  2/7,  13/49}   1/4 | )
                 ( {1, 0, 0, 0, 0, 0, 0}            1     {1, 0, 0, 0}                     1   )
```

Damit läßt sich leben, vor allen Dingen, weil wir in diesem Buch Spiele mit höheren Dimensionen als etwa 6×6 nicht betrachten werden. Jedoch sollen wir festhalten, daß Lösungen von Bimatrixspielen mit wesentlich höheren Dimensionen als diesen für den Enumerationsalgorithmus völlig unerreichbar sind. Übrigens wurde das obige Spiel erfunden, um zu zeigen, daß effiziente, auf der *komplementären Pivotisierung* basierende Algorithmen nicht in der Lage sind, alle Nash-Gleichgewichte eines Bimatrixspiels zu finden. Die ersten zwei der mit `NashEquilibria` aufgespürten drei Gleichgewichte sind nämlich sogenannte *elusive equilibria*, also für derartige Algorithmen nicht auffindbare Gleichgewichte. Mit dem Algorithmus von Lemke und Howson (Anhang C) erhalten wir z.B. mühelos das dritte Gleichgewicht, aber eben *nur* das dritte:

```
Timing[NashEquilibria[A, B, Algorithm -> LH] // MatrixForm]

NashEquilibria::onlyone : only one solution will be generated

{0.17 Second, ( {1, 0, 0, 0, 0, 0, 0}  1  {1, 0, 0, 0}  1 )}
```

Die Bestimmung der Gleichgewichte eines Bimatrixspiels kann auch als Problem der Enumeration der Extrempunkte der beiden Polyeder L_1 und L_2 des Abschnitts 1.4.1 formuliert werden [Man64], siehe Anhang C und auch die Graphik auf Seite 22. Es läßt sich zeigen [vS99], daß maximal

$$\Phi(m, m + n) \times \Phi(n, m + n) \tag{1.32}$$

Kombinationen in Betracht kommen, wobei für ganze Zahlen p und k die Funktion Φ definiert ist durch

$$\Phi(2p, k) = \frac{k}{p}\binom{k - p - 1}{p - 1}, \quad \Phi(2p + 1, k) = 2\binom{k - p - 1}{p}. \tag{1.33}$$

Der Wert $\Phi(d, k)$ gibt die maximale Anzahl der Ecken an, die ein d-dimensionales Polyeder, das durch k Ungleichungen definiert ist, haben kann. In (1.32) steht also die maximale Anzahl von Kombinationen der Ecken der auf S. 21 definiertern Polyeder L_1 und L_2. In einem nichtentarteten Spiel ist jede

Ecke Teil von höchstens einem Gleichgewicht. Die kleinere Anzahl der Ecken von L_1 bzw. L_2,

$$\min[\Phi(m, m + n), \Phi(n, m + n)] - 1, \qquad (1.34)$$

ist somit eine obere Grenze für die Anzahl der Gleichgewichte eines nichtentarteten Spiels. Beispielsweise für unser (7×4) Spiel sind mit (1.32–3) *maximal*

$$2\binom{11 - 3 - 1}{3} \times \frac{11}{2}\binom{11 - 2 - 1}{2 - 1} = 3080$$

Kombinationen zu untersuchen, verglichen mit *genau* $2^{11} - 1 = 2047$ bei der Enumerationsmethode, und mit (1.34) wären maximal

$$\frac{11}{2}\binom{11 - 2 - 1}{1} - 1 = 43$$

Gleichgewichte zu finden. In der Tat gab es nur drei. Das Abzählen der Ecken eines Polyeders hat es auch in sich, siehe z.B. [Bal61] oder [AF92], und eine detailliertere Beschreibung eines solchen Algorithmus wurde für den Anhhang C aufgehoben. Wir kommen aber unten kurz darauf zurück.

1.5.2 Entartete Spiele

Ein Manko unserer Ausführung des Enumerationsalgorithmus betrifft die entarteten Spiele. Die von `NashEquilibria` erzeugte Meldung, daß es sich um ein entartetes Spiel handelt, ist ernstzunehmen, denn der Anspruch der Vollständigkeit wird in solchen Fällen nicht ohne weiteres erfüllt. Hierzu ein – wiederum konstruiertes – Beispiel [Win78]:

```
Clear[A, B];
A = {{1, 3}, {1, 3}, {3, 1}, {3, 1}, {5 / 2, 5 / 2}, {5 / 2, 5 / 2}};
B = {{1, 2}, {0, -1}, {-2, 2}, {4, -1}, {-1, 6}, {6, -1}};
BimatrixForm[A, B]
```

	S_1	S_2
R_1	$\binom{1}{1}$	$\binom{3}{2}$
R_2	$\binom{1}{0}$	$\binom{3}{-1}$
R_3	$\binom{3}{-2}$	$\binom{1}{2}$
R_4	$\binom{3}{4}$	$\binom{1}{-1}$
R_5	$\binom{5/2}{-1}$	$\binom{5/2}{6}$
R_6	$\binom{5/2}{6}$	$\binom{5/2}{-1}$

Dieses Spiel besitzt unendlich viele Gleichgewichte, die jedoch vollständig charakterisiert werden können [Win78]. Mit `NashEquilibria` erhalten wir zunächst das Ergebnis

```
NashEquilibria[A, B] // MatrixForm

NashEquilibria::degen : degenerate game
```

$$
\begin{pmatrix}
\{0, 0, 0, 0, \frac{1}{2}, \frac{1}{2}\} & \frac{5}{2} & \{\frac{3}{4}, \frac{1}{4}\} & \frac{5}{2} \\
\{0, 0, 0, \frac{7}{12}, \frac{5}{12}, 0\} & \frac{5}{2} & \{\frac{3}{4}, \frac{1}{4}\} & \frac{23}{12} \\
\{0, 0, 0, 1, 0, 0\} & 3 & \{1, 0\} & 4 \\
\{0, 0, \frac{5}{9}, \frac{4}{9}, 0, 0\} & \frac{5}{2} & \{\frac{3}{4}, \frac{1}{4}\} & \frac{2}{3} \\
\{0, 0, \frac{5}{9}, \frac{4}{9}, 0, 0\} & 3 & \{1, 0\} & \frac{2}{3} \\
\{0, 0, \frac{7}{11}, 0, 0, \frac{4}{11}\} & \frac{5}{2} & \{\frac{1}{4}, \frac{1}{4}\} & \frac{10}{11} \\
\{0, \frac{7}{8}, 0, 0, \frac{1}{8}, 0\} & \frac{5}{2} & \{\frac{1}{4}, \frac{3}{4}\} & -\frac{1}{8} \\
\{\frac{1}{2}, \frac{1}{2}, 0, 0, 0, 0\} & \frac{5}{2} & \{\frac{1}{4}, \frac{3}{4}\} & \frac{1}{2} \\
\{\frac{1}{2}, \frac{1}{2}, 0, 0, 0, 0\} & 3 & \{0, 1\} & \frac{1}{2} \\
\{\frac{7}{8}, 0, 0, 0, 0, \frac{1}{8}\} & \frac{5}{2} & \{\frac{1}{4}, \frac{3}{4}\} & \frac{13}{8} \\
\{1, 0, 0, 0, 0, 0\} & 3 & \{0, 1\} & 2
\end{pmatrix}
$$

Das sind natürlich nur endlich viele. Mit folgenden *Extremstrategien* (siehe die Diskussion am Ende vom Abschnitt 1.4.1)

$$
\begin{aligned}
P^1 &= (0, 0, 0, 0, 1/2, 1/2)^\top & Q^1 &= (0, 1)^\top \\
P^2 &= (0, 0, 0, 7/12, 5/12, 0)^\top & Q^2 &= (1/4, 3/4)^\top \\
P^3 &= (0, 0, 0, 1, 0, 0)^\top & Q^3 &= (3/4, 1/4)^\top \\
P^4 &= (0, 0, 5/9, 4/9, 0, 0)^\top & Q^4 &= (1, 0)^\top \\
P^5 &= (0, 0, 7/11, 0, 0, 4/11)^\top & \\
P^6 &= (0, 7/8, 0, 0, 1/8, 0)^\top & \\
P^7 &= (1/2, 1/2, 0, 0, 0, 0)^\top & \\
P^8 &= (7/8, 0, 0, 0, 0, 0, 1/8)^\top & \\
P^9 &= (1, 0, 0, 0, 0, 0)^\top &
\end{aligned}
\tag{1.35}
$$

läßt sich die Gesamtheit der Gleichgewichte dieses Spiels als die Vereinigung der kartesischen Produktmengen (sogenannte *Nash-Komponenten*, engl. *maximal Nash subsets*)

$$
\begin{aligned}
\langle P^7, P^9\rangle \times \{Q^1\} \quad & \{P^7\} \times \langle Q^1, Q^2\rangle \\
\langle P^1, P^6, P^7, P^8\rangle \times \{Q^2\} \quad & \{P^1\} \times \langle Q^2, Q^3\rangle \\
\langle P^1, P^2, P^4, P^5\rangle \times \{Q^3\} \quad & \{P^4\} \times \langle Q^3, Q^4\rangle \\
\langle P^3, P^4\rangle \times \{Q^4\} &
\end{aligned}
\tag{1.36}
$$

darstellen. Hier bezeichnet z.B. $\langle P^i, P^j \ldots \rangle$ die *konvexe Hülle* der Extremstrategien $P^i, P^j \ldots$, d.h. die Menge aller ihrer möglichen Konvexkombinationen.[6] Die von `NashEquilibria` gefundenen Lösungen sind nicht repräsentativ für alle in (1.36) aufgelisteten Gleichgewichtsmengen: Es fehlt die Kombination $\{P^1\} \times \{Q^2\}$, die in den dritten und vierten Nash-Komponenten in (1.36) erscheint. Um alle Extremgleichgewichte mit Sicherheit zu finden, müssen alle Extrempunkte der Polyeder L_1 und L_2 untersucht werden. In Anhang C wird ein alternativer Algorithmus beschrieben, der genau dies tut. Er beruht auf einer Abzählungsmethode von Avis und Fukuda [AF92] und ist erreichbar über die Option `Algorithm -> AF` in `NashEquilibria`, siehe auch Anhang D.

Außerdem gibt `NashEquilibria` unaufgefordert nicht explizit die konvexen Hüllen der Extremstrategien aus. Die Kombinationsregel ist zwar einfach [DK91]: Spielt ein Spieler dieselbe Strategie in zwei seiner (Extrem)Gleichgewichte, so ist jede Konvexkombination dieser Gleichgewichte auch ein Gleichgewicht. (Beispielsweise folgt aus den ersten beiden der aufgelisteten Gleichgewichte in der *Mathematica*-Zelle auf S. 36 und mit der Nummerierung von (1.35):

$$(\mu P^6 + (1 - \mu)P^8, Q^3)$$

ist ein Gleichgewicht für alle $0 \le \mu \le 1$.) Die Bestimmung derjenigen *maximalen* Extremgleichgewichtsmengen, die zu solchen Konvexkombinationen beitragen können – der Nash-Komponenten also – ist jedoch ein nicht ganz triviales, kombinatorisches Problem. Wir weisen an dieser Stelle auf die Diskussion der Option `Select->MNS` im Anhang D, Abschnitt D.3 hin.

1.6 Anregungen

1. (a) Die Gleichgewichtsstrategien eines Bimatrixspiels werden durch die Addierung beliebiger Konstanten zu den Auszahlungsmatrizen nicht verändert.

   (b) Die Zahl der Nash-Gleichgewichte eines nichtentarteten Bimatrixspiels ist ungerade (siehe Anhang C).

   (c) [Win78] *Alle* Strategienpaare im Spiel

$$A = \begin{pmatrix} 1 & 2 \\ 1 & 2 \end{pmatrix} \quad B = \begin{pmatrix} 2 & 2 \\ 1 & 1 \end{pmatrix}$$

   sind Nash-Gleichgewichte.

---

[6] Wegen eines Übertragungsfehlers in [Win78], Tabelle 5.2.I, fehlt das Extremgleichgewicht P^8. Die entsprechende Nash-Komponente (die dritte in (1.36)) ist deswegen dort falsch angegeben.

2. [Jon80] Beim *unendlichen Matrixspiel* mit Auszahlungsmatrix

$$A = \begin{pmatrix} d & 2d & 1/2 & 2d & 1/4 & \dots \\ d & 1 & 2d & 1/3 & 2d & \dots \end{pmatrix}$$

an Spieler 1 und $-A$ an Spieler 2 ist $(1/2, 1/2)^\top$ die eindeutige, optimale Strategie des Spielers 1. (Die Option `Algorithm->LH` spart Zeit.)

3. [Win78, vS99] Bestimmen Sie für die entarteten Spiele

$$A = \begin{pmatrix} 0 & 0 \\ 0 & 0 \\ 0 & 0 \\ 0 & 0 \\ 0 & 0 \\ 0 & 0 \end{pmatrix} \quad B = \begin{pmatrix} 1 & 2 \\ 0 & -1 \\ -2 & 2 \\ 4 & -1 \\ -1 & 6 \\ 6 & -1 \end{pmatrix}$$

$$A = \begin{pmatrix} 0 & 6 \\ 2 & 5 \\ 3 & 3 \end{pmatrix} \quad B = \begin{pmatrix} 1 & 0 \\ 0 & 2 \\ 4 & 4 \end{pmatrix}$$

(a) die Extrempunkte von L_2, und

(b) die Nash-Komponente.

4. (a) [vS99] Die Vermutung, die maximale Zahl der Gleichgewichte eines $(m \times m)$-Bimatrixspiels sei $2^m - 1$, beruhte auf der Tatsache, daß dies die Zahl der Gleichgewichte eines Spiels mit Auszahlungen `IdentityMatrix[m]` an beide Spieler ist und daß kein „gleichgewichtsreicheres" Spiel bekannt war.

(b) Mit dem 6×6-dimensionalen Ungeheuer

```
A = {{9504, -660, 19976, -20526, 1776, -8976},
     {-111771, 31680, -130944, 168124, -8514, 52764},
     {397584, -113850, 451176, -586476, 29216, -178761},
     {171204, -45936, 208626, -263076, 14124, -84436},
     {1303104, -453420, 1227336, -1718376, 72336, -461736},
     {737154, -227040, 774576, -1039236, 48081, -300036}};
B = {{72336, 48081, 29216, 14124, 1776, -8514},
     {-461736, -300036, -178761, -84436, -8976, 52764},
     {1227336, 774576, 451176, 208626, 19976, -130944},
     {-1718376, -1039236, -586476, -263076, -20526, 168124},
     {1303104, 737154, 397584, 171204, 9504, -111771},
     {-453420, -227040, -113850, -45936, -660, 31680}};
```

gelang es von Stengel [vS97] diese Vermutung zu widerlegen. (Die neue untere Grenze für die maximale Gleichgewichtszahl ist allerdings immer noch ziemlich weit von der durch (1.34) gegebenen absoluten obereren Grenze

$$\frac{12}{13} \cdot \binom{12 - 3 - 1}{3 - 1} - 1 = 111$$

entfernt, und es wird spekuliert, ob eine engere obere Grenze doch noch existiert.)

5. $C(X)$ bezeichne den Träger einer Strategie X und $|C(X)|$ dessen Kardinalität. Folgende Definition ist zur Definition 1.4.1 äquivalent:

Definition 1.6.1. [vS99] *Ein Bimatrixspiel ist entartet, falls ein Spieler mehr als $|C(X)|$ reine Bestantwortstrategien auf eine Strategie X des Gegners besitzt.*

Nun sei (P^*, Q^*) ein Gleichgewicht eines nichtentarteten Spiels. Weil mit (1.14) Spieler 1 nur diejenigen reinen Strategien in P^* mischt, die beste Antworten auf Q^* sind (und entsprechend für Spieler 2), gilt mit obiger Definition

$$|C(P^*)| \leq |C(Q^*)| \quad \text{bzw.} \quad |C(Q^*)| \leq |C(P^*)|,$$

und folglich

$$|C(P^*)| = |C(Q^*)|.$$

Um die Gleichgewichte eines nichtentarteten Spiels aufzuzählen müssen deshalb nur diejenigen Spaltenkombinationen berücksichtigt werden, die gleichen Zahlen von reinen Strategien für beide Spieler entsprechen. Diese Kombinationen können wie folgt erzeugt werden: Wir schreiben zunächst

$$R = \{1, 2 \ldots m\}, \quad S = \{m + 1, m + 2 \ldots m + n\},$$

und betrachten Teilmengen T von $R \cup S$, wobei

$$T \neq S, \quad |T| = n.$$

Dann gilt

$$R \cap T \subseteq R, \quad S \setminus T \subseteq S, \quad |R \cap T| = |S \setminus T|.$$

Somit spielen bei der Enumeration nur $\binom{m+n}{n} - 1$ Spaltenkombinationen eine Rolle, die Zahl der unterschiedlichen Teilmengen T.

Schreiben Sie die Funktion `NashEq` in Listing 1.1 entsprechend um und bestimmen Sie den Zeitgewinn für das nichtentartete Spiel des Abschnittes 1.5.1. Probieren Sie diese Funktion auch am entarteten Spiel des Abschnittes 1.5.2 aus.

2. Inspektionsspiele

Die beliebtesten illustrativen Anwendungen von Bimatrixspielen sind ziemlich naiv und vereinfachend. Der *Kampf der Geschlechter*, aber auch andere 2×2 Bimatrixspiele wie *Chicken* (siehe z.B. [Mor94a]) oder das *Gefangenendilemma* (siehe Kapitel 3) gehören sicherlich zu dieser Kategorie. Obwohl derartig anschauliche Spiele durchaus ihre Reize haben und sogar Licht auf die Komplexität menschlicher Konflikte werfen können, bekommt der Außenstehende mitunter den Eindruck, die ganze Theorie habe kaum mehr als paradigmatischen Wert. Dieser Eindruck ist falsch, denn die Spieltheorie ist ein hervorragendes Werkzeug zur *Modellierung* von Konfliktsituationen, das deren Analyse überhaupt erst ermöglicht. Sie ist in der Lage, durchaus realistische und praktische Probleme zu durchleuchten und optimale Lösungswege anzubieten.

Um dies zu zeigen, werden wir an dieser Stelle und auch im fünften Kapitel einige Exemplare der Gattung *Inspektionsspiele* vorführen und sie mit dem gerade entwickelten Werkzeug analysieren. Eine detaillierte Behandlung von Inspektionsspielen findet man bei [AvSZ99] sowie bei [AC96]. Wir beginnen mit einem Modell, das einigen „real existierenden" Überwachungsregimen sehr nahekommt.

2.1 Kontrolle mehrerer Standorte

Inspektionsspiele modellieren das Problem eines *Inspektors*, der die Einhaltung von Verpflichtungen seitens eines *Inspizierten* kontrollieren soll. Wichtiges Vorbild hierfür bietet z.B. die Internationale Atomenergieorganisation (IAEO), die im Auftrag der Vereinigten Nationen die Einhaltung des Kernwaffensperrvertrages im Irak – und auch sonst fast überall in der Welt – verifiziert. Wir haben es bei solchen Verifikationsaufgaben mit einer klassischen

Konfliktsituation zu tun, denn *raison d'être* einer jeglichen Kontrollinstanz ist die Unterstellung, daß die zu inspizierende Partei einen Anreiz hat, ihre vertraglichen Verpflichtungen zu *verletzen* – andernfalls wäre eine Kontrolle ja überflüssig. Oberstes Ziel des Inspektors dagegen ist es, den Inspizierten von solchem illegalen Verhalten *abzuschrecken*.

2.1.1 Das Modell

Um spezifisch zu werden, betrachten wir folgende Aufgabe eines Inspektors: In seinem Kontrollbereich sind n Standorte zu berücksichtigen. Am Ende eines Referenzzeitraums – sagen wir nach einem Jahr – darf gemäß Vereinbarung genau eine Inspektion stattfinden. Dem Inspizierten wird – zumindestens formal – unterstellt, daß er sich über das Jahr entweder völlig legal verhielt oder aber, daß er an genau einem der n Standorte eine illegale Aktion unternahm. Wir stellen die Auszahlungen an die beiden Spieler als einen Vektor dar, dessen erste bzw. zweite Komponente die Auszahlung an den Inspektor als Spieler 1 bzw. an den Inspizierten als Spieler 2 ist. Sie lauten:

$$(-a, -b) \quad \text{bei entdecktem illegalem Verhalten,}$$
$$(-c, +d_i) \quad \text{bei nichtentdecktem illegalem Verhalten an Standort } i,$$
$$(0, 0) \quad \text{bei legalem Verhalten und keine Beschuldigung,}$$
$$(-e, -f) \quad \text{im Falle einer falschen Beschuldigung,}$$

wobei $i = 1 \ldots n$, $c \gtrless a > e > 0$, $b > f > 0$ und $d_1 \geq d_2 \geq \ldots \geq d_n > 0$.

Wir erklären diese Auszahlungen gleich, aber was verstehen wir zunächst unter falschen Beschuldigungen? Wir gehen ganz allgemein davon aus, daß der Inspektor objektiv vorgeht und seine Schlußfolgerungen anhand quantitativer Messungen zieht. Wegen der damit verbundenen, unvermeidlichen Meßfehler besteht immer die Möglichkeit, daß er eben eine *falsche* Entscheidung trifft. Beschuldigt er fälschlicherweise den Inspizierten, so hat er einen sogenannten *Fehler erster Art* begangen. Beide Parteien leiden darunter, und daraus resultieren die gemeinsamen, negativen Auszahlungen $(-e, -f)$. Ansonsten sehen wir in den obigen Definitionen, daß das beste Ergebnis des Inspektors die Auszahlung Null ist, d.h. legales Verhalten seitens seines Kontrahenten, danach einen Fehler erster Art – d.h. einen *Fehlalarm* – ausgelöst zu haben $(-e)$, dann eine entdeckte $(-a)$, und schließlich eine unentdeckte Vertragsverletzung in Kauf nehmen müssen $(-c)$. Der Inspizierte möchte sich am liebsten irgendwo illegal verhalten und dabei unentdeckt bleiben $(+d_i)$, wobei er eventuell Standort i dem Standort j, $i > j$, bevorzugen würde,[1] als nächstes dann will er ehrlich sein (Null), danach eine falsche Anzeige hinnehmen $(-f)$, und natürlich möchte er am allerwenigsten irgendwo erwischt werden $(-b)$.

---

[1] Hierbei büßen wir nichts an Allgemeinheit ein, denn wir können die Standorte immer, wie hier, nach abnehmender Attraktivität für eine illegale Aktion numerieren.

Das Vorhandensein von Meßfehlern bringt – nach der zufälligen Auswahl des zu inspizierenden Standortes – ein weiteres Mal den Zufall ins Spiel. Durch intelligente Interpretation seiner Meßergebnisse kann der Inspektor dafür sorgen, daß an jedem Standort die *Wahrscheinlichkeit eines Fehlalarms* immer die gleiche ist. Wir nennen diese Wahrscheinlichkeit im folgenden α, unabhängig vom Standort i. Dann aber bestimmen die technischen Gegebenheiten vor Ort, welchen Wert die entsprechende *Entdeckungswahrscheinlichkeit* annimmt. Diese Größe ist also auf jeden Fall standortabhängig; wir bezeichen sie mit $1 - \beta_i$, $i = 1 \ldots n$, wobei der Parameter β_i die *Nicht*entdeckungswahrscheinlichkeit der Inspektionsmaßnahmen am Standort i bezeichnet. Als Pendant zu α ist β_i die Wahrscheinlichkeit eines *Fehlers der zweiten Art*: die Wahrscheinlichkeit, den Inspizierten fälschlicherweise *nicht* zu beschuldigen, obwohl er sich an einem inspizierten Standort illegal verhalten hat. Die β_i stehen in Gegensatz zu den d_i in keinerlei Beziehung zueinander.

2.1.2 Das Bimatrixspiel

Nach diesem ziemlich langen „Vorspiel" wollen wir endlich das eigentliche Zweipersonenspiel definieren. Wir haben es offensichtlich mit einem Bimatrixspiel zu tun, denn die zwei Spieler sind im Besitz von endlich vielen reinen Strategien: Der Inspektor, Spieler 1, hat davon n, nämlich irgendeinen der n Standorte zu inspizieren. Der Inspizierte, Spieler 2, ist im Besitz von $n + 1$ reinen Strategien, nämlich eine Vertragsverletzung in einem der n Standorte oder sich halt legal verhalten.

Falls die illegale Aktion und die Inspektion am selben Standort i durchgeführt werden, so sind die *zu erwartenden Auszahlungen* an die beiden Spieler gegeben durch

$$\Big((-a)(1 - \beta_i) + (-c)\beta_i, \ (-b)(1 - \beta_i) + (d)\beta_i \Big).$$

Um im folgenden die symbolmanipulierenden Fähigkeiten von *Mathematica* nicht übermäßig zu strapazieren, vereinfachen wir diese Auszahlungen zu

$$(C_i - c, d_i - D_i),$$

in dem wir die Hilfsgrößen

$$C_i := (c - a)(1 - \beta_i) > 0 \text{ und}$$
$$D_i := (b + d_i)(1 - \beta_i) > 0, \quad i = 1 \ldots n,$$

einführen. Wird ein Standort inspiziert, an dem keine Vertragsverletzung vorliegt, sind die zu erwartenden Auszahlungen gegeben durch $(-c - e\alpha, \ d - f\alpha)$, falls sich Spieler 2 anderenorts schlecht benommen hat, ansonsten schlicht durch $(-e\alpha, \ -f\alpha)$.

Die *Mathematica*-Funktionen `genA[n]` bzw. `genB[n]` erzeugen Auszahlungsmatrizen für Spieler 1 bzw. 2 für beliebige n:

```
Clear[A, B, genA, genB];
genA[n_] := Module[{g}, g[i_, j_] :=
    If[i == j, Cⱼ - c, If[j == n + 1, -eα, -c - eα]]; Array[g, {n, n + 1}]];
genB[n_] := Module[{g}, g[i_, j_] :=
    If[i == j, dⱼ - Dⱼ, If[j == n + 1, -fα, dⱼ - fα]]; Array[g, {n, n + 1}]];
BimatrixForm[genA[2], genB[2]]
```

$$
\begin{array}{cccc}
 & S_1 & S_2 & S_3 \\
R_1 & \begin{pmatrix} -c + C_1 \\ d_1 - D_1 \end{pmatrix} & \begin{pmatrix} -c - eα \\ -fα + d_2 \end{pmatrix} & \begin{pmatrix} -eα \\ -fα \end{pmatrix} \\
R_2 & \begin{pmatrix} -c - eα \\ -fα + d_1 \end{pmatrix} & \begin{pmatrix} -c + C_2 \\ d_2 - D_2 \end{pmatrix} & \begin{pmatrix} -eα \\ -fα \end{pmatrix}
\end{array}
$$

2.1.3 Lösungen mit *Mathematica*

Um ein numerisches Beispiel für `NashEquilibria` zu erzeugen, definieren wir als nächstes entsprechende Substitutionen `s[n]`:

```
Clear[s, aa, bb, cc, d, β];
aa = 1; bb = 1; cc = 2;
d[i_] := 10;
β[i_] := 1 / Random[Integer, {2, 10}];
CC[i_] := (cc - aa) (1 - β[i]);
DD[i_] := (bb + d[i]) (1 - β[i]);
s[n_] := Join[{c -> cc, eα -> 1 / 50, fα -> 1 / 50},
        Table[dᵢ -> d[i], {i, n}],
        Table[Cᵢ -> CC[i], {i, n}],
        Table[Dᵢ -> DD[i], {i, n}]];
s[2]
```

$$
\left\{ c \to 2,\ eα \to \frac{1}{50},\ fα \to \frac{1}{50},\ d_1 \to 10,\ d_2 \to 10,\ C_1 \to \frac{3}{4},\ C_2 \to \frac{4}{5},\ D_1 \to \frac{33}{4},\ D_2 \to \frac{99}{10} \right\}
$$

Wir haben oben zunächst alle d_i gleichgesetzt, die Nichtendeckungswahrscheinlichkeiten hingegen als Zufallszahlen zwischen $1/10$ und $1/2$ erzeugt. Schauen wir uns gleich die Lösung des Spiels für zwei Standorte an:

```
Clear[eq, I1, I2, P, Q];
eq = NashEquilibria[genA[2], genB[2], Symbolic -> s[2]];
I1 = eq[[1, 2]]
I2 = eq[[1, 4]]
P = eq[[1, 1]]; P // MatrixForm
Q = eq[[1, 3]]; Q // MatrixForm
```

$$\frac{e\alpha\,(2c + e\alpha) + C_1\,(c - C_2) + c\,C_2}{2e\alpha + C_1 + C_2}$$

$$\frac{-f\alpha^2 + d_2\,(f\alpha - D_1) + d_1\,(f\alpha - D_2) + D_1\,D_2}{-2f\alpha + D_1 + D_2}$$

$$\begin{pmatrix} -\dfrac{f\alpha - d_1 + d_2 - D_2}{-2f\alpha + D_1 + D_2} \\[2ex] -\dfrac{f\alpha + d_1 - d_2 - D_1}{-2f\alpha + D_1 + D_2} \end{pmatrix}$$

$$\begin{pmatrix} \dfrac{e\alpha + C_2}{2e\alpha + C_1 + C_2} \\[2ex] \dfrac{e\alpha + C_1}{2e\alpha + C_1 + C_2} \\[2ex] 0 \end{pmatrix}$$

Der Inspizierte verhält sich hier mit Sicherheit illegal und beide Spieler mischen ihre reinen Strategien. Ansonsten gibt uns die von *Mathematica* gelieferte symbolische Struktur der Lösung wenig Aufschluß bezüglich einer Verallgemeinerung auf $n > 2$ Standorte. Probieren wir es also mit $n = 3$:

```
BimatrixForm[genA[3], genB[3]]
```

$$\begin{pmatrix}
 & S_1 & S_2 & S_3 & S_4 \\
R_1 & \begin{pmatrix} -c + C_1 \\ d_1 - D_1 \end{pmatrix} & \begin{pmatrix} -c - e\alpha \\ -f\alpha + d_2 \end{pmatrix} & \begin{pmatrix} -c - e\alpha \\ -f\alpha + d_3 \end{pmatrix} & \begin{pmatrix} -e\alpha \\ -f\alpha \end{pmatrix} \\
R_2 & \begin{pmatrix} -c - e\alpha \\ -f\alpha + d_1 \end{pmatrix} & \begin{pmatrix} -c + C_2 \\ d_2 - D_2 \end{pmatrix} & \begin{pmatrix} -c - e\alpha \\ -f\alpha + d_3 \end{pmatrix} & \begin{pmatrix} -e\alpha \\ -f\alpha \end{pmatrix} \\
R_3 & \begin{pmatrix} -c - e\alpha \\ -f\alpha + d_1 \end{pmatrix} & \begin{pmatrix} -c - e\alpha \\ -f\alpha + d_2 \end{pmatrix} & \begin{pmatrix} -c + C_3 \\ d_3 - D_3 \end{pmatrix} & \begin{pmatrix} -e\alpha \\ -f\alpha \end{pmatrix}
\end{pmatrix}$$

Nun kommt *Mathematica* – zumindest auf meinem Pentium – ein wenig ins Schwitzen, schafft es aber doch, das einzige Nash-Gleichgwicht symbolisch darzustellen:

```
eq = NashEquilibria[genA[3], genB[3], Symbolic -> s[3]];
I1 = eq[[1, 2]]
I2 = eq[[1, 4]]
P = eq[[1, 1]]; P // MatrixForm
Q = eq[[1, 3]]; Q // MatrixForm
```

$$-(C_2\,(2c\,e\alpha + e\alpha^2 + c\,C_3) +$$
$$C_1\,(2c\,e\alpha + e\alpha^2 + C_2\,(c - C_3) + c\,C_3) + e\alpha\,(3c\,e\alpha + 2e\alpha^2 + 2c\,C_3 + e\alpha\,C_3))\,/$$
$$(C_2\,(2e\alpha + C_3) + C_1\,(2e\alpha + C_2 + C_3) + e\alpha\,(3e\alpha + 2C_3))$$

$$(-2\,f\alpha^3 + f\alpha^2\,d_3 + f\alpha^2\,D_1 - f\alpha\,d_3\,D_1 + f\alpha^2\,D_2 - f\alpha\,d_3\,D_2 +$$
$$d_3\,D_1\,D_2 + d_2\,(f\alpha - D_1)\,(f\alpha - D_3) + d_1\,(f\alpha - D_2)\,(f\alpha - D_3) + f\alpha^2\,D_3 - D_1\,D_2\,D_3)\;/$$
$$(f\alpha\,(3\,f\alpha - 2\,D_3) + D_2\,(-2\,f\alpha + D_3) + D_1\,(-2\,f\alpha + D_2 + D_3))$$

$$\begin{pmatrix}
\dfrac{d_2\,(f\alpha - D_3) + (f\alpha - D_2)\,(f\alpha + d_3 - D_3) + d_1\,(-2\,f\alpha + D_2 + D_3)}{f\alpha\,(3\,f\alpha - 2\,D_3) + D_2\,(-2\,f\alpha + D_3) + D_1\,(-2\,f\alpha + D_2 + D_3)} \\[2ex]
\dfrac{d_1\,(f\alpha - D_3) + (f\alpha - D_1)\,(f\alpha + d_3 - D_3) + d_2\,(-2\,f\alpha + D_1 + D_3)}{f\alpha\,(3\,f\alpha - 2\,D_3) + D_2\,(-2\,f\alpha + D_3) + D_1\,(-2\,f\alpha + D_2 + D_3)} \\[2ex]
\dfrac{f\alpha^2 - 2\,f\alpha\,d_3 + d_2\,(f\alpha - D_1) - f\alpha\,D_1 + d_3\,D_1 + d_1\,(f\alpha - D_2) - f\alpha\,D_2 + d_3\,D_2 + D_1\,D_2}{f\alpha\,(3\,f\alpha - 2\,D_3) + D_2\,(-2\,f\alpha + D_3) + D_1\,(-2\,f\alpha + D_2 + D_3)}
\end{pmatrix}$$

$$\begin{pmatrix}
\dfrac{(e\alpha + C_2)\,(e\alpha + C_3)}{C_2\,(2\,e\alpha + C_3) + C_1\,(2\,e\alpha + C_2 + C_3) + e\alpha\,(3\,e\alpha + 2\,C_3)} \\[2ex]
\dfrac{(e\alpha + C_1)\,(e\alpha + C_3)}{C_2\,(2\,e\alpha + C_3) + C_1\,(2\,e\alpha + C_2 + C_3) + e\alpha\,(3\,e\alpha + 2\,C_3)} \\[2ex]
\dfrac{(e\alpha + C_1)\,(e\alpha + C_2)}{C_2\,(2\,e\alpha + C_3) + C_1\,(2\,e\alpha + C_2 + C_3) + e\alpha\,(3\,e\alpha + 2\,C_3)} \\[2ex]
0
\end{pmatrix}$$

Ganz schön kompliziert! Aber so schlimm vielleicht auch wieder nicht. Wir können eventuell von der Tatsache gebrauch machen, daß der Nenner von der Gleichgewichtsauszahlung I_1 des Inspektors stets gleich dem der Gleichgewichtsstrategie Q des Inspizierten ist.[2] Z.B. für $n = 3$ lautet der Nenner:

$$C_2\,(2\,e\,\alpha + C_3) + C_1\,(2\,e\,\alpha + C_2 + C_3) + e\,\alpha\,(3\,e\,\alpha + 2\,C_3).$$

Gleiches gilt für die Auszahlung des Inspizierten und den Strategievektor des Inspektors. Eine Möglichkeit zur Vereinfachung der *Mathematica*-Ergebnisse wäre dann, die gemischten Strategien der beiden Spieler als Funktion der Auszahlung des jeweiligen Gegners zu schreiben. Das folgende kleine Programm tut genau dies, in dem es die Variablen d_3 bzw. C_3 zwischen den Ausdrücken für I_2 und P bzw. I_1 und Q eliminiert:

```
P /. Solve[I_2 == I2, {d_3}] // Simplify // Transpose // MatrixForm
Q /. Solve[I_1 == I1, {C_3}] // Simplify // Transpose // MatrixForm
```

$$\begin{pmatrix}
\dfrac{f\alpha + I_2 - d_1}{f\alpha - D_1} \\[2ex]
\dfrac{f\alpha + I_2 - d_2}{f\alpha - D_2} \\[2ex]
-\dfrac{f\alpha^2 - 2\,f\alpha\,I_2 + d_2\,(f\alpha - D_1) + I_2\,D_1 + d_1\,(f\alpha - D_2) + I_2\,D_2 + D_1\,D_2}{(f\alpha - D_1)\,(f\alpha - D_2)}
\end{pmatrix}$$

$$\begin{pmatrix}
\dfrac{c + e\alpha + I_1}{e\alpha + C_1} \\[2ex]
\dfrac{c + e\alpha + I_1}{e\alpha + C_2} \\[2ex]
-\dfrac{e\alpha\,(2\,c + e\alpha + 2\,I_1) + C_1\,(c + I_1 - C_2) + (c + I_1)\,C_2}{(e\alpha + C_1)\,(e\alpha + C_2)} \\[2ex]
0
\end{pmatrix}$$

---

[2] Dies kommt nicht von ungefähr, siehe Abschnitt 2.4, Anregung 1.

Das ist viel besser. Die allgemeine Lösung liegt jetzt sogar auf der Hand, denn die immer noch kompliziert aussehenden dritten Komponenten der gemischten Strategien dienen nur als Garantie dafür, daß die Wahrscheinlichkeiten sich zu eins summieren:

```
Apply[Plus, P] // Simplify
Apply[Plus, Q] // Simplify
```

```
1
```

```
1
```

Folgende Lösung für beliebige n läßt sich somit vermuten: Die Gleichgewichtsstrategien des Inspektors bzw. des Inspizierten sind gegeben durch

$$p_i^* = \frac{d_i - (I_2^* + f\alpha)}{D_i - f\alpha} \quad \text{bzw.}$$

$$q_i^* = \frac{c + I_1^* + e\alpha}{C_i + e\alpha}, \quad i = 1 \ldots n, \tag{2.1}$$

wobei die entsprechenden Gleichgewichtsauszahlungen I_1^* und I_2^*, da sich die p_i^* und q_i^* zu eins summieren müssen, durch die Gleichungen

$$\sum_{i=1}^{n} \frac{d_i - (I_2^* + f\alpha)}{D_i - f\alpha} = 1 \quad \text{bzw.} \quad \sum_{i=1}^{n} \frac{c + I_1^* + e\alpha}{C_i + e\alpha} = 1 \tag{2.2}$$

implizit gegeben sind.

2.1.4 Wahrscheinlichkeiten müssen größer oder gleich Null sein

Hübscher geht es wirklich kaum, doch genaueres Hinsehen verrät uns einen kleinen Haken. Wir sehen aus der Definition der Auszahlungsparameter und aus (2.1), daß $q_i^* > 0$ ist, $i = 1 \ldots n$. Mit (2.2) gilt dann

$$0 < q_i^* < 1, \ i = 1 \ldots n, \quad \sum_{i=1}^{n} q_i^* = 1,$$

wie es sich für einen Wahrscheinlichkeitsvektor gehört. Doch wer garantiert uns, daß in Gleichungen (2.1) $p_i^* > 0$ ist für alle $i = 1 \ldots n$? Der Nenner ist auf jeden Fall positiv:

$$D_i - f\alpha = (b + d_i)(1 - \beta_i) - f\alpha > 0.$$

Dies folgt aus $b > f$ und aus der wohl vernünftigen Annahme, daß die Entdeckungswahrscheinlichkeiten immer größer sind als die Fehlalarmwahrscheinlichkeiten:[3] $1 - \beta_i > \alpha$, $i = 1 \ldots n$. Doch der Zähler kann offensicht-

---

[3] Statistiker sprechen in diesem Falle von einer *unverfälschten* Inspektionsprozedur.

lich negativ werden, falls d_i klein genug ist. Nun zählt sich unser vorsorgliches Sortieren der Standorte nach abnehmender Auszahlung aus. Die *letzten* Komponenten von P^* werden nämlich zuerst negativ bei kleiner werdenden d_i. Aber bevor wir voreilige Schlußfolgerungen ziehen, wollen wir hören, was *Mathematica* uns sagt.

Es mögen also die d_i mit zunehmendem i schön monoton abnehmen:

```
Clear[d];
d[i_] := 10 / (2 i);
s[3]
```

$$\{c \to 2,\ e\alpha \to \frac{1}{50},\ f\alpha \to \frac{1}{50},\ d_1 \to 5,\ d_2 \to \frac{5}{2},\ d_3 \to \frac{5}{3},\ C_1 \to \frac{8}{9},\ C_2 \to \frac{9}{10},$$
$$C_3 \to \frac{9}{10},\ D_1 \to 3,\ D_2 \to 3,\ D_3 \to \frac{4}{3}\}$$

und wir lassen uns das neue Gleichgewicht zeigen:

```
Clear[eq, I1, I2, P, Q];
eq = NashEquilibria[genA[3], genB[3], Symbolic -> s[3]];
I1 = eq[[1, 2]] // Simplify
I2 = eq[[1, 4]] // Simplify
P = eq[[1, 1]] // Simplify; P // MatrixForm
Q = eq[[1, 3]] // Simplify; Q // MatrixForm
```

$$-\frac{e\alpha\,(2\,c + e\alpha) + C_1\,(c - C_2) + c\,C_2}{2\,e\alpha + C_1 + C_2}$$

$$-\frac{-f\alpha^2 + d_2\,(f\alpha - D_1) + d_1\,(f\alpha - D_2) + D_1\,D_2}{-2\,f\alpha + D_1 + D_2}$$

$$\begin{pmatrix} -\dfrac{f\alpha - d_1 + d_2 - D_2}{-2\,f\alpha + D_1 + D_2} \\[2mm] -\dfrac{f\alpha + d_1 - d_2 - D_1}{-2\,f\alpha + D_1 + D_2} \\[2mm] 0 \end{pmatrix}$$

$$\begin{pmatrix} \dfrac{e\alpha + C_2}{2\,e\alpha + C_1 + C_2} \\[2mm] \dfrac{e\alpha + C_1}{2\,e\alpha + C_1 + C_2} \\[2mm] 0 \\[1mm] 0 \end{pmatrix}$$

Die letze Komponente von P^* schaltet sich einfach auf Null um! Das heißt, der Standort mit der kleinsten Attraktivität wird gar nicht inspiziert. Warum auch, denn die Gleichgewichtsstrategie des Inspizierten verachtet diesen Standort ebenfalls. Auszahlungen und Strategien sind identisch zum Spiel $n = 2$. Eine generelle Regel für die Vernachlässigung unattraktiver Standorte ist wiederum leicht zu erraten. Sei k eine Integerzahl, $1 < k < n$, für die gilt

$$d_{k+1} \leq I_2^* + f\alpha$$
$$d_k > I_2^* + f\alpha, \tag{2.3}$$

wobei I_2^* implizit durch

$$\sum_{i=1}^{k} \frac{d_i - (I_2^* + f\alpha)}{D_i - f\alpha} = 1 \tag{2.4}$$

gegeben ist. Dann sind Gleichgewichtsstrategien des Inspektors bzw. des Inspizierten wie folgt gegeben:

$$p_i^* = \begin{cases} \frac{d_i - (I_2^* + f\alpha)}{D_i - f\alpha} & \text{für } i = 1 \ldots k \\ 0 & \text{für } i = k+1 \ldots n \end{cases}$$
$$q_i^* = \begin{cases} \frac{c + I_1^* + e\alpha}{C_i + e\alpha} & \text{für } i = 1 \ldots k \\ 0 & \text{für } i = k+1 \ldots n. \end{cases} \tag{2.5}$$

Die Gleichgewichtsauszahlung I_2^* des Inspizierten ist gegeben durch (2.4) und die des Inspektors durch

$$\sum_{i=1}^{k} \frac{c + I_1^* + e\alpha}{C_i + e\alpha} = 1. \tag{2.6}$$

Es gibt zwei Sonderfälle, die man noch beachten muß: Falls die erste Bedingung in (2.3) für keine $k < n$ erfüllbar ist, so gilt die Lösung in (2.1) und (2.2). Falls die erste Bedingung in (2.3) schon für $k = 1$ erfüllt ist, folgt sofort aus (2.4) und (2.6)

$$I_2^* = d_1 - D_1, \quad I_1^* = C_1 - c, \tag{2.7}$$

und die zweite Bedingung in (2.3) ist auch erfüllt. Nur der erste Standort wird von den Spielern betrachtet.

Schließlich können wir I_2^* aus der Bestimmungsprozedur für k, nämlich den Gleichungen (2.3) und (2.4), gänzlich eliminieren. Sie sind äquivalent zu

$$\sum_{i=1}^{k} \frac{d_i - d_{k+1}}{D_i - f\alpha} \geq 1$$
$$\sum_{i=1}^{k-1} \frac{d_i - d_k}{D_i - f\alpha} < 1, \tag{2.8}$$

wie leicht nachzuprüfen ist. Die Schnittzahl k kann somit direkt aus den Auszahlungsparametern des Inspizierten bestimmt werden.

2.1.5 Formalitäten

Mit (2.3 – 2.6) liegt zunächst eine *Vermutung* vor. Wir sollen vorsichtshalber den formellen Beweis der Gleichgewichtseigenschaft noch erbringen. Dies ist aber schnell getan.

Die Nash-Bedingung für den Inspektor lautet:

$$I_1^* \geq I_i(P, Q^*) = \sum_{i=1}^{n} q_i^* [p_i(-a(1 - \beta_i) - c\beta_i) + (1 - p_i)(-c - e\alpha)]$$

$$= \sum_{i=1}^{n} q_i^* [-c + (C_i + e\alpha)p_i - e\alpha]$$

$$= -c - e\alpha + \sum_{i=1}^{k} \frac{c + I_1^* + e\alpha}{C_i + e\alpha}(C_i + e\alpha)p_i$$

$$= -c - e\alpha + \sum_{i=1}^{k}(c + I_1^* + e\alpha)p_i.$$

Wegen $\sum_{i=1}^{n} p_i = 1$ ist dies äquivalent zu

$$0 \geq -(c + I_1^* + e\alpha)\sum_{i=1}^{n} p_i + \sum_{i=1}^{k}(c + I_1^* + e\alpha)p_i$$

bzw. zu

$$0 \leq \sum_{i=k+1}^{n}(c + I_1^* + e\alpha)p_i,$$

eine Bedingung, die mit (2.6) ja erfüllt ist. Auf ähnliche Weise sehen wir, daß die Nash-Bedingung für den Inspizierten äquivalent ist zu

$$0 \geq \sum_{i=k+1}^{n}(d_i - I_2^* - f\alpha)q_i,$$

und diese Ungleichheit ist wegen (2.3) ebenfalls erfüllt.

2.1.6 Legales Verhalten und Schußbemerkungen

Wir erzwingen legales Verhalten durch die Verhängung einer drakonischen Strafe:

```
bb = 100;
NashEquilibria[genA[3], genB[3], Symbolic -> s[3]] // MatrixForm
```

```
NashEquilibria::degen : degenerate game                                    ]

{ {   d1      d2     d1 (fa-D2)+(fa-D1) (fa+d2-D2) }  -ea {0, 0, 0, 1}  -fa  ]
    -fa+D1 ' -fa+D2 '        (fa-D1) (fa-D2)                                   |
                                                                              |
  {   d1    d1 (fa-D3)+(fa-D1) (fa+d3-D3)     d3   }  -ea {0, 0, 0, 1}  -fa   |
    -fa+D1 '        (fa-D1) (fa-D3)        , -fa+D3                            |
                                                                              |
  { d2 (fa-D3)+(fa-D2) (fa+d3-D3)     d2       d3  }  -ea {0, 0, 0, 1}  -fa   |
         (fa-D2) (fa-D3)         , -fa+D2 ' -fa+D3                            ]
```

Das Spiel ist jetzt entartet, denn der Inspektor kann mit unendlich vielen Strategien legales Verhalten erzwingen.[4] Der Inspizierte hingegen bleibt stets – d.h. mit Wahrscheinlichkeit eins – brav.

Die „legale" Strategie wird der rational denkende Inspizierte offensichtlich genau dann spielen, wenn seine zu erwartende Auszahlung für illegales Verhalten I_2^* kleiner ist als seine zu erwartende Auszahlung, wenn er sich benimmt, nämlich $-f\alpha$. Aber aus der ersten Bedingung in (2.3) sehen wir mit Überraschung, daß

$$I_2^* \geq d_{k+1} - f\alpha > -f\alpha,$$

d.h. diese Situation kann nicht auftreten wenn $k < n$ ist!

Nur im Grenzfall (2.1) und (2.2), bei dem alle Standorte mit endlichen Wahrscheinlichkeiten inspiziert werden, und die Bedingungen (2.3) dementsprechend hinfällig sind, besteht die Möglichkeit einer Abschreckung. Falls nämlich gilt

$$\sum_{i=1}^{n} \frac{d_i}{D_i - f\alpha} < 1,$$

so folgt aus der ersten Gleichung in (2.2) $I_2^* \leq -f\alpha$. In diesem Fall gilt auch wegen $D_i - f\alpha > 0$ für alle $i = 1 \ldots n$

$$\frac{d_i}{D_i - f\alpha} < 1 \quad \text{bzw.} \quad (-b)(1 - \beta_i) + d_i\beta_i < -f\alpha, \quad i = 1 \ldots n,$$

d.h. die Bedingung für legales Verhalten muß für jeden einzelnen Standort erfüllt sein.

Fassen wir zusammen: Wir haben eine ausgesprochen nichttriviale und durchaus realistische Konfliktsituation als Bimatrixspiel modelliert und – zum Teil überraschende – Lösungen gefunden. Ist der Inspektor in der Lage, die technischen Parameter des Modells f, α und β_i, $i = 1 \ldots n$, zu bestimmen und darüberhinaus die Präferenzen d_i, $i = 1 \ldots n$, und b des Inspizierten abzuschätzen, so kann er sich eine optimale, seine Auszahlung maximierende Inspektionsstrategie nach (2.1) oder (2.5) ausrechnen, und zwar unter der wohl klugen Annahme, daß der Inspizierte in der Lage ist, das gleiche zu tun.

---

[4] *Mathematica* zeigt uns drei davon. Der Inspektor spielt z.B. im ersten Extremgleichgewicht die p_i^* von Gl. (2.1) mit $I_2^* = -f\alpha$, $i = 1, 2$, und $p_3^* = 1 - p_1^* - p_2^*$. Die Verallgemeinerung ist wieder offensichtlich.

2.2 Periodische Inspektionen

Das vorherige Inspektionsmodell befasste sich mit der Verteilung von Kontrollaktivitäten über verschiedene Standorte. Ein verwandtes Problem stellt die Verteilung von Inspektionen über die Zeit dar. Wir betrachten hierzu einen einzigen zu kontrollierenden Standort sowie ein Referenz-Zeitintervall, beispielsweise wieder ein Jahr, in dem eine gewisse Anzahl von Inspektionen durchzuführen sind. Dabei geht es nicht nur um Entdeckung einer eventuellen illegalen Aktion am Standort, sondern vor allem um *rechtzeitige* Entdeckung. Rechtzeitigkeit wollen wir mit einem Parameter T charakterisieren, den wir die *kritische Zeit* nennen. Begeht der Inspizierte innerhalb des Referenzintervalles einen Vertragsbruch, muß die Entdeckung innerhalb der kritischen Zeit T geschehen, sonst bekommt der Inspektor seine minimale und der Inspizierte seine maximale Auszahlung.

Ein treffendes Beispiel ist die Entwendung spaltbaren Materials aus einem nuklearen Reaktor, um heimlich eine Kernwaffe herzustellen. Entdeckt der Inspektor das Fehlen des Materials, *bevor* die Waffe da ist, so kann eventuell noch eingegriffen werden. Kommt die Entdeckung erst danach, greift womöglich nur noch das zweite Öffnungszitat dieses Kapitels. Tatsächlich orientieren sich die Inspektionsfrequenzen der IAEO an kritischen Zeitparametern, die für die verschiedenen Materialtypen des friedlichen Kernbrennstoffkreislaufes verschiedentlich angesetzt werden. Beispielsweise gilt $T = 10$ Tage für metallisches Plutonium in einem Forschungsreaktor, $T = 3$ Monate für bestrahlte Brennelemente in einem Leistungsreaktor.

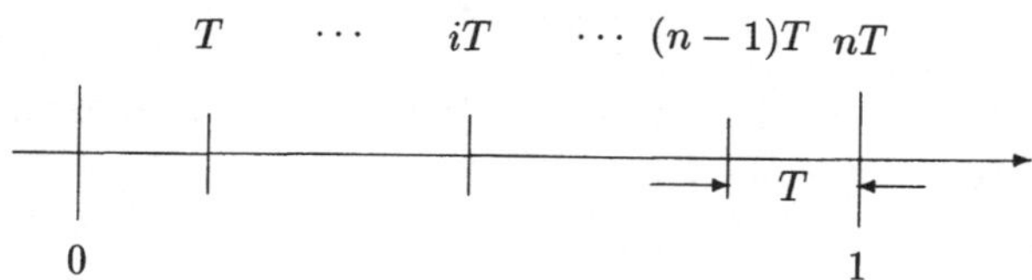

Abb. 2.1. Das Referenzzeitintervall.

2.2.1 Das Modell

Der Einfachheit halber werden wir davon ausgehen, daß sich das Referenzintervall aus genau $n > 1$ kritischen Zeiten zusammensetzt, d.h. daß $nT = 1$ ist, siehe Abb. 2.1. Idealerweise würde der Inspektor, um seinen Entdeckungszielen gerecht zu werden, mindestens nach jeder kritischen Periode inspizieren, also zu den Zeiten $T, 2T \ldots nT = 1$ dem Standort einen Besuch abstatten. Wir nehmen im folgenden jedoch an, daß seine Ressourcen knapp sind, und daß er nur $k < n$ Inspektionen innerhalb der Referenzzeit durchführen kann.

(Reisekosten zum Standort stellen z.B. eine ernstzunehmende Beschränkung dar, ebenso eine zu heftige Störung des Betriebes, die bei einer Inspektion nicht zu vermeiden ist.)

Die Auszahlungen an (Spieler 1, Spieler 2)= (Inspektor,Inspizierter) lauten in Analogie zum vorherigen Modell wie folgt:

$(-a, -b)$ für rechtzeitige Entdeckung von illegalem Verhalten,

$(-c, +d)$ für nichtrechtzeitige Entdeckung bzw. Nichtentdeckung,

$(0, 0)$ für legales Verhalten und keinen Fehlalarm,

$(-e, -f)$ im Falle eines Fehlalarms,

wobei wie früher gilt $c > a > e > 0$, $b > f > 0$ und $d > 0$.

Wir bezeichnen die mit einer Inspektion verbundenen Fehlalarm- bzw. Nichtentdeckungswahrscheinlichkeiten wie vorhin mit α bzw. β. Findet die Inspektion *vor* der illegalen Aktion statt, schlägt der Inspektor mit Wahrscheinlichkeit α Alarm. Findet die Inspektion dagegen *nach* einer illegalen Aktion statt, sind Fehlalarme ausgeschlossen. Die Entdeckungswahrscheinlichkeit ist dann $1 - \beta > \alpha$, ungeachtet dessen, ob die Inspektion rechtzeitig war oder nicht.

Ein Beispiel wird den Sachverhalt klarer machen: Nehmen wir an, der Inspektor inspiziert drei Mal, und ein Vertragsbruch findet zwischen der 2. und 3. Inspektion statt. Findet die dritte Inspektion rechtzeitig statt, erhält der Inspektor die erwartete Auszahlung $(-a)(1 - \beta) + (-c)(\beta) - 2e\alpha$, und der Inspizierte $(-b)(1 - \beta) + (d)(\beta) - 2f\alpha$. Beide bezahlen also die eventuell anfallenden Fehlalarmkosten der ersten beiden Inspektionen. Kommt die dritte Inspektion dagegen zu spät, dann sind die erwarteten Auszahlungen gegeben durch $-c - 2e\alpha$ bzw. $+d - 2f\alpha$.

Im Prinzip kann der Inspektor inspizieren, wann er will, solange er genau k Inspektionen innerhalb des Referenzintervalls durchführt. Wir sagen aber zunächst, daß er nur die Zeitpunkte $T, 2T \ldots nT$ in Betracht zieht, und daß er zu jeder dieser möglichen Inspektionszeitpunkten höchstens eine Inspektion vornimmt. Dann besitzt der Inspektor endlich viele reine Strategien, und zwar davon genau

$$\binom{n}{k} = \frac{n!}{(n - k)!k!},$$

was der Zahl von k Kombinationen aus n Möglichkeiten entspricht.

Eine wichtige Einschränkung betrifft den Inspizierten: Er entscheidet sich *im voraus*, ob und wann er seine illegale Aktion durchführt. Das heißt, er kann seine Strategie nicht vom Verhalten des Inspektors während des Spiels abhängig machen.[5] Entsprechend ist der Inspizierte im Besitz von genau $n+1$ reinen Strategien, nämlich illegalem Verhalten in einer der n Perioden des Referenzintervalls sowie legalem Verhalten.

---

[5] Diese Einschränkung mag zunächst etwas unrealistisch klingen, und sie wird auch im nächsten Abschnitt aufgehoben werden. Es könnte allerdings sein, daß sich der Inspizierte wegen der erforderlichen Vorbereitungszeit im voraus festlegen muß oder aber, daß die Inspektionen nicht beobachtbar sind (beispielsweise Inspektionen durch Satellitenaufnahmen).

2.2.2 Das Bimatrixspiel

Wir haben es also wieder mit einem Bimatrixspiel zu tun, und überlassen es gleich *Mathematica*, die Auszahlungsmatrizen zu generieren. Die folgenden Funktionen `genA[n,k]` und `genB[n,k]` erzeugen Auszahlungsmatrizen entprechend der obigen Annahmen bzgl. Entdeckungs- Nichtentdeckungs- und Fehlalarmkosten. Wie im letzten Abschnitt werden die beiden Hilfsgrößen C und D, gegeben durch $C = (c - a)(1 - \beta) > 0$ und $D = (b + d)(1 - \beta) > 0$, verwendet, um die Schreibweise zu vereinfachen:

```
Clear[genA, genB];
genA[n_, k_] := Module[{r, g},
  r = KSubsets[Table[i, {i, n}], k];
  g[i_, n+1] := -k ea;
  g[i_, j_] := If[MemberQ[r[[i]], j],
        C - c - ea (Position[r[[i]], j][[1, 1]] - 1),
        -c - ea (Position[Sort[Join[r[[i]], {j}]], j][[1, 1]] - 1)];
  Array[g, {Length[r], n+1}]];
genB[n_, k_] := Module[{r, g},
  r = KSubsets[Table[i, {i, n}], k];
  g[i_, n+1] := -k fa;
  g[i_, j_] := If[MemberQ[r[[i]], j],
        d - D - fa (Position[r[[i]], j][[1, 1]] - 1),
        d - fa (Position[Sort[Join[r[[i]], {j}]], j][[1, 1]] - 1)];
  Array[g, {Length[r], n+1}]];
```

Zum Beispiel lautet die Bimatrix für das Spiel mit $n = 3$, $k = 1$

```
BimatrixForm[genA[3, 1], genB[3, 1]]
```

$$
\begin{array}{ccccc}
 & S_1 & S_2 & S_3 & S_4 \\
R_1 & \begin{pmatrix} -c+C \\ d-D \end{pmatrix} & \begin{pmatrix} -c-ea \\ d-fa \end{pmatrix} & \begin{pmatrix} -c-ea \\ d-fa \end{pmatrix} & \begin{pmatrix} -ea \\ -fa \end{pmatrix} \\
R_2 & \begin{pmatrix} -c \\ d \end{pmatrix} & \begin{pmatrix} -c+C \\ d-D \end{pmatrix} & \begin{pmatrix} -c-ea \\ d-fa \end{pmatrix} & \begin{pmatrix} -ea \\ -fa \end{pmatrix} \\
R_3 & \begin{pmatrix} -c \\ d \end{pmatrix} & \begin{pmatrix} -c \\ d \end{pmatrix} & \begin{pmatrix} -c+C \\ d-D \end{pmatrix} & \begin{pmatrix} -ea \\ -fa \end{pmatrix}
\end{array}
$$

Die letzte Spalte entspricht legalem Verhalten: Es entstehen – wenn überhaupt – Fehlalarmkosten.

Schließlich brauchen wir repäsentative Parameterwerte:

```
Clear[s, aa, bb, cc, dd, β, CC, DD];
aa = 1; bb = 1; cc = 2; dd = 2; β = 1 / 10;
CC := (cc - aa) (1 - β);
DD := (bb + dd) (1 - β);
s := {c -> cc, d -> dd, eα -> 1 / 10, fα -> 1 / 10, C -> CC, D -> DD}; s
```

$$\left\{c \to 2,\ d \to 2,\ e\alpha \to \frac{1}{10},\ f\alpha \to \frac{1}{10},\ C \to \frac{9}{10},\ D \to \frac{27}{10}\right\}$$

und können dann loslegen.

2.2.3 Lösungen mit *Mathematica*

Mit $n = 3$ und $k = 1$ erhalten wir

```
Clear[eq, P, Q, I1, I2];
eq = NashEquilibria[genA[3, 1], genB[3, 1], Symbolic -> s];
P = eq[[1, 1]]
Q = eq[[1, 3]]
I1 = eq[[1, 2]]
I2 = eq[[1, 4]]
```

$$\left\{\frac{D^2}{3\,D^2 - 3\,D\,f\alpha + f\alpha^2},\ \frac{D\,(D - f\alpha)}{3\,D^2 - 3\,D\,f\alpha + f\alpha^2},\ \frac{(D - f\alpha)^2}{3\,D^2 - 3\,D\,f\alpha + f\alpha^2}\right\}$$

$$\left\{\frac{(C + e\alpha)^2}{3\,C^2 + 3\,C\,e\alpha + e\alpha^2},\ \frac{C\,(C + e\alpha)}{3\,C^2 + 3\,C\,e\alpha + e\alpha^2},\ \frac{C^2}{3\,C^2 + 3\,C\,e\alpha + e\alpha^2},\ 0\right\}$$

$$\frac{C^3 - c\,(3\,C^2 + 3\,C\,e\alpha + e\alpha^2)}{3\,C^2 + 3\,C\,e\alpha + e\alpha^2}$$

$$\frac{-D^3 + d\,(3\,D^2 - 3\,D\,f\alpha + f\alpha^2)}{3\,D^2 - 3\,D\,f\alpha + f\alpha^2}$$

Schaut man sich diese Speziallösungen genau an, so kommt man schnell auf die Idee, sie als Polynome in den Größen

$$x := 1 - \frac{f\alpha}{D},\ 0 < x < 1, \quad \text{bzw.} \quad y := 1 + \frac{e\alpha}{C} > 1, \qquad (2.9)$$

zu entwickeln. *Mathematica* liefert uns auch dies:

```
P /. fα -> D (1 - x) // Simplify
Q /. eα -> C (y - 1) // Simplify
I1 /. eα -> C (y - 1) // Simplify
I2 /. fα -> D (1 - x) // Simplify
```

$$\left\{ \frac{1}{1+x+x^2},\ \frac{x}{1+x+x^2},\ \frac{x^2}{1+x+x^2} \right\}$$

$$\left\{ \frac{y^2}{1+y+y^2},\ \frac{y}{1+y+y^2},\ \frac{1}{1+y+y^2},\ 0 \right\}$$

$$\frac{C - c\,(1+y+y^2)}{1+y+y^2}$$

$$\frac{-D + d\,(1+x+x^2)}{1+x+x^2}$$

Es gilt offensichtlich für die Komponenten der Gleichgewichtsstrategie P^* des Inspektors

$$p_i^* = \frac{x^{i-1}}{\sum_{j=0}^{n-1} x^j} = (1 - x) \cdot \frac{x^{i-1}}{1 - x^n}, \quad i = 1 \ldots n,$$

bzw. mit (2.9),

$$p_i^* = \frac{f\alpha}{D} \cdot \frac{\left(1 - \frac{f\alpha}{D}\right)^{i-1}}{1 - \left(1 - \frac{f\alpha}{D}\right)^n}, \quad i = 1 \ldots n. \tag{2.10}$$

Ähnliches gilt für die Komponenten der Gleichgewichtsstrategie Q^* des Inspizierten, nämlich

$$q_i^* = -\frac{e\alpha}{C} \cdot \frac{\left(1 + \frac{e\alpha}{C}\right)^{n-i}}{1 - \left(1 + \frac{e\alpha}{C}\right)^n}, \quad i = 1 \ldots n. \tag{2.11}$$

Was die Auszahlungen betrifft, erraten wir sofort, daß sie für Spieler 1

$$I_1^* = -c + C q_n^* \tag{2.12}$$

und für Spieler 2

$$I_2^* = d - D p_1^* \tag{2.13}$$

lauten. Noch sind wir jedoch ein wenig voreilig, denn unsere Speziallösung ist etwas zu speziell. Wir sollten den Fall $k > 1$ auch noch betrachten. Für $n = 3$ und $k = 2$ erhalten wir

```
eq = NashEquilibria[genA[3, 2], genB[3, 2], Symbolic -> s];
P = eq[[1, 1]];
Q = eq[[1, 3]];
I1 = eq[[1, 2]];
I2 = eq[[1, 4]];
{P[[1]] + P[[2]],
   P[[1]] + P[[3]], P[[2]] + P[[3]]} /. fα -> D (1 - x) // Simplify
Q /. eα -> C (y - 1) // Simplify
I1 /. eα -> C (y - 1) // Simplify
I2 /. fα -> D (1 - x) // Simplify
```

$$\left\{ \frac{2}{1+x+x^2},\ \frac{2x}{1+x+x^2},\ \frac{2x^2}{1+x+x^2} \right\}$$

$$\left\{ \frac{y^2}{1+y+y^2},\ \frac{y}{1+y+y^2},\ \frac{1}{1+y+y^2},\ 0 \right\}$$

$$\frac{2C-c(1+y+y^2)}{1+y+y^2}$$

$$\frac{-2D+d(1+x+x^2)}{1+x+x^2}$$

Hierbei ist ein subtiler Punkt zu beachten. Wir haben nicht wie vorhin die Komponenten p_1, p_2, p_3 der Gleichgewichtsstrategie P als Polynome in x entwickelt, sondern die Kombinationen $p_1 + p_2, p_1 + p_3, p_2 + p_3$. Wir interessieren uns nämlich für die Wahrscheinlichkeit $\tilde{p}_i$, daß eine Inspektion *zu gegebener Zeit* stattfindet. Aber für $k = 2$ ist beispielsweise p_1 die Wahrscheinlichkeit, daß der Inspektor zu den Zeitpunkten T und $2T$, p_2 die Wahrscheinlichkeit, daß er zur Zeiten T und $3T$ inspiziert. Also inspiziert er zur Zeit T mit Wahrscheinlichkeit $\tilde{p}_1 = p_1 + p_2$. Das obige Ergebnis zeigt, daß wir Gleichung (2.10) ein wenig revidieren, und die rechte Seite mit k multiplizieren müssen:

$$\tilde{p}_i^* = \frac{kf\alpha}{D} \cdot \frac{\left(1 - \frac{f\alpha}{D}\right)^{i-1}}{1 - \left(1 - \frac{f\alpha}{D}\right)^n}, \quad i = 1 \ldots n. \tag{2.14}$$

Außerdem sollte Gleichung (2.12) lauten:

$$I_1^* = -c + kC q_n^*. \tag{2.15}$$

Bemerkenswert ist hier die Tatsache, daß wir ein Gleichgewicht eines viel allgemeineren Spiels gefunden haben. Wir interpretieren q_i^* in (2.11) als die Wahrscheinlichkeit, daß der Inspizierte seine illegale Aktion am Anfang der i-ten Periode durchführt. Dann beschreiben (2.11) und (2.14) ein Gleichgewichtspaar für die Situation, in der die k Inspektionen und die illegale Aktion *zu beliebigen Zeiten* auf dem Referenzintervall stattfinden dürfen. Kontrolliert der Inspektor z.B. alle k Male zwischen $(n-1)T$ und nT am Ende des Referenzintervals, erzielt er gegen die Gleichgewichtsstrategie des Inspizierten die Auszahlung

$$I_1 = (1 - q_n^*)(-a) + q_n^*[(-c)\beta^k + (-a)(1 - \beta^k)] = -c + q_n^*(c - a)(1 - \beta^k)$$

$$= -c + \frac{1 - \beta^k}{1 - \beta} C q_n^*.$$

Er hat sich aber verschlechtert, denn für $\beta < 1$ und $k > 1$ gilt $\frac{1-\beta^k}{1-\beta} < k$ und daher mit (2.15) $I_1 < I_1^*$. Ähnlich gilt für alle andere denkbare Inspektionsstrategien die Ungleichung $I_1 \leq I_1^*$.

2.2.4 Wahrscheinlichkeiten müssen kleiner oder gleich eins sein

Die Lösung (2.14), die wir mit (2.9) wieder in der Form

$$\tilde{p}_i^* = k(1 - x) \cdot \frac{x^{i-1}}{1 - x^n}, \quad i = 1 \ldots n, \tag{2.16}$$

schreiben können, bereitet uns noch einige Schwierigkeiten, denn nach Voraussetzung (höchstens eine Inspektion per Periode) muß stets $\tilde{p}_i^* \leq 1$, $i = 1 \ldots n$, gelten.

Weil $\tilde{p}_1^* = \max_i \tilde{p}_i^*$ ist, ist diese Bedingung genau dann verletzt, falls gilt

$$x^n > 1 - k(1 - x), \tag{2.17}$$

und es stellt sich die Frage, wie das Gleichgewicht aussieht, wenn (2.17) erfüllt ist. Die rechte Seite von (2.17) kann sogar negativ werden, und zwar für

$$x < \frac{k - 1}{k}. \tag{2.18}$$

Dann gilt (2.17) wegen $x > 0$. Schauen wir uns das $(n = 5, k = 4)$-Spiel an, und sorgen wir zunächst dafür, daß (2.18) erfüllt ist, in dem wir $x < 4/5$ wählen:

```
Clear[bb, dd];
bb = 15 / 100; dd = 15 / 100;
N[1 - fa / D /. s]
```

```
0.62963
```

Das Ergebnis lautet:

```
Clear[eq, P, Q, I1, I2];
eq = NashEquilibria[genA[5, 4], genB[5, 4], Symbolic -> s];
I1 = eq[[1, 2]]
I2 = eq[[1, 4]]
Q = Table[eq[[i, 3]], {i, 1, Length[eq]}] // Simplify
P = Transpose[Table[eq[[i, 1]] /. fα -> D (1 - x), {i, 1, Length[eq]}]];
Transpose[{(P[[1]] + P[[2]] + P[[3]] + P[[4]]),
           P[[1]] + P[[2]] + P[[3]] + P[[5]],
           P[[1]] + P[[2]] + P[[4]] + P[[5]],
           P[[1]] + P[[3]] + P[[4]] + P[[5]],
           P[[2]] + P[[3]] + P[[4]] + P[[5]]}] // Simplify
```

```
NashEquilibria::degen : degenerate game
```

```
-c + C
```

```
d - D
```

```
{{1, 0, 0, 0, 0, 0}, {1, 0, 0, 0, 0, 0}, {1, 0, 0, 0, 0, 0}, {1, 0, 0, 0, 0, 0},
 {1, 0, 0, 0, 0, 0}, {1, 0, 0, 0, 0, 0}, {1, 0, 0, 0, 0, 0}, {1, 0, 0, 0, 0, 0}}
```

```
{{1, 1, 1, 0, 1}, {1, 1, -1 + 2x, 2 - 2x, 1}, {1, x, 1, 1 - x, 1},
 {1, x, x^2, 2 - x - x^2, 1}, {1, 1, 1, 1, 0}, {1, 1, -1 + 2x, 1, 2 - 2x},
 {1, x, 1, 1, 1 - x}, {1, x, x^2, 1, 2 - x - x^2}}
```

Die Auszahlungen sättigen sich bei $I_1^* = C - c$ bzw. $I_2^* = d - D$ und
der Inspizierte verhält sich in der ersten Periode mit Sicherheit illegal. Wir
erhalten viele Alternativen für $\tilde{P}^*$. Weil sie alle zur gleichen Auszahlungen
führen, genügt nur eine davon, beispielsweise die fünfte. Ein Gleichgewicht
des allgemeinen Spiels unter Bedingung (2.18) ist daher wohl

$$Q^* = (1, 0 \ldots 0)^\top$$

$$\tilde{P}^* = (\overbrace{1, 1 \ldots 1}^{k}, 0 \ldots 0)^\top. \tag{2.19}$$

Falls nun (2.17) beim (5,4)-Spiel erfüllt ist und (2.18) dagegen nicht:

```
NSolve[x^5 == 1 - 4 (1 - x), x]
```

```
{{x -> -1.56004}, {x -> -0.164069 - 1.46226 I}, {x -> -0.164069 + 1.46226 I},
 {x -> 0.88818}, {x -> 1.}}
```

d.h. also, falls $0.8 < x < 0.88818$

```
Clear[bb, dd];
bb = 45 / 100; dd = 45 / 100;
N[1 - fα / D /. s]
```

```
0.876543
```

schlägt uns *Mathematica* die Lösungen

```
eq = NashEquilibria[genA[5, 4], genB[5, 4], Symbolic -> s];
I1 = eq[[1, 2]]
I2 = eq[[1, 4]]
Q = eq[[1, 3]]
P = Transpose[Table[eq[[i, 1]] /. fα -> D (1 - x), {i, 1, Length[eq]}]];
Transpose[{(P[[1]] + P[[2]] + P[[3]] + P[[4]],
          P[[1]] + P[[2]] + P[[3]] + P[[5]],
          P[[1]] + P[[2]] + P[[4]] + P[[5]],
          P[[1]] + P[[3]] + P[[4]] + P[[5]],
          P[[2]] + P[[3]] + P[[4]] + P[[5]]}] // Simplify
```

```
NashEquilibria::degen : degenerate game
```

```
-c + C
```

```
d - D
```

```
{1, 0, 0, 0, 0, 0}
```

$$\left\{\left\{1, 1, -\frac{-3 + x + 2x^2}{x^2}, \frac{-3 + 4x}{x^2}, 4 - \frac{3}{x}\right\}, \left\{1, x, -\frac{-3 + x + x^2 + x^3}{x^2}, \frac{-3 + 4x}{x^2}, 4 - \frac{3}{x}\right\},\right.$$

$$\left\{1, 1, -1 + 2x, -1 + \frac{3}{x} - 2x, 4 - \frac{3}{x}\right\}, \left\{1, x, x^2, -\frac{-3 + x + x^2 + x^3}{x}, 4 - \frac{3}{x}\right\},$$

$$\left.\{1, 1, -1 + 2x, x(-1 + 2x), 3 - x - 2x^2\}, \{1, x, x^2, x^3, 3 - x - x^2 - x^3\}\right\}$$

vor. Die letzte der vielen Alternativen für $\tilde{P}^*$ genügt uns wiederum als Gleichgewichtsstrategie, und deren Verallgemeinerung erraten wir mit

$$\tilde{P}^* = \left(1, x, x^2 \ldots x^{n-2}, k - 1 - x - x^2 - \ldots - x^{n-2}\right)^\top,$$

weil die Summe der Komponenten ja k sein muß. Etwas kompakter schreiben wir

$$\tilde{P}^* = \left(1, x, x^2 \ldots x^{n-2}, k - \frac{1 - x^{n-1}}{1 - x}\right)^\top. \tag{2.20}$$

Aber nun muß für $\tilde{p}_n^* \leq 1$ gesorgt werden, eine Bedingung, die genau dann verletzt wird, falls gilt

$$x^{n-1} > 1 - (k-1)(1-x), \qquad (2.21)$$

vergl. (2.17). Nun lautet die Lösung (mit *Mathematica* leicht zu überprüfen)

$$\tilde{P}^* = \left(1, x, x^2 \ldots x^{n-3}, k - 1 - \frac{1 - x^{n-2}}{1 - x}, 1\right)^\top . \qquad (2.22)$$

Das Muster der Bedingungen für x setzt sich also fort,

$$x^{n-i} > 1 - (k-i)(1-x), \quad i = 2, \ldots ,$$

bis (2.18) erfüllt wird. Das folgende Programm erzeugt eine Animation der Lösungen dieses Spiels als Funktion von x:

```
Clear[genPlot, p, k, n];
p[j_, x_] :=
 Module[{m, i, r}, If[1 - k (1 - x) <= 0, If[j <= k, r = 1, r = 0],
  If[x^n <= 1 - k (1 - x), r = k (1 - x) x^(j - 1) / (1 - x^n), i = 0;
   While[x^(n - i) > 1 - (k - i) (1 - x), i++]; m = i;
   If[j <= n - m, r = x^(j - 1)];
   If[j == n - m + 1, r = k - m - Sum[x^i, {i, 1, n - m - 1}]];
   If[j > n - m + 1, r = 1]]]; r];
genPlot[x_] := Show[GraphicsArray[{
ListPlot[Join[ Table[{x^i, 2 / 3}, {i, 1, n}],
          Table[{1 - (k - i) (1 - x), 1 / 3}, {i, 0, k - 1}]],
  Prolog -> AbsolutePointSize[5],
     Ticks -> {{-1 / 2, 0, 1 / 2, 1}, Automatic},
  DisplayFunction -> Identity,
  PlotLabel -> N[x, 2],
  PlotRange -> {{-1 / 2, 1}, {0, 1}}],
ListPlot[Table[{i, p[i, x]}, {i, 1, n}],
     Prolog -> AbsolutePointSize[5],
     PlotLabel -> N[x, 2],
     PlotRange -> {{0, n}, {0, 1}},
     DisplayFunction -> Identity]}]];
```

Wir zeigen auf der nächsten Seite nur vier repräsentative Bilder der Animation und zwar für $n = 8$ und $k = 6$. In den Graphiken auf der linken Seite stellen die oberen Punktreihen die Sequenz

$$x^n, x^{n-1} \ldots x$$

und die unteren Punktreihen die Sequenz

$$1 - k(1 - x), 1 - (k - 1)(1 - x) \ldots x$$

für die vier x-Werte 0.95, 0.90, 0.85 und 0.80 dar. Die Graphiken rechts zeigen die entsprechenden Gleichgewichtsstrategien $\tilde{P}^*$ des Inspektors. Lösung (2.14) gilt, solange der linke Punkt in der unteren Reihe sich rechts vom linken Punkt der oberen Reihe befindet (oberstes Bildpaar). Danach gilt (2.20), solange der zweite Punkt von links in der unteren Reihe, rechts vom zweiten Punkt von links in der oberen Reihe liegt (zweites Bildpaar von oben). Danach gilt (2.22) usw. Wenn der linke Punkt der unteren Reihe negativ wird, gilt schließlich (2.19) (unterstes Bildpaar).

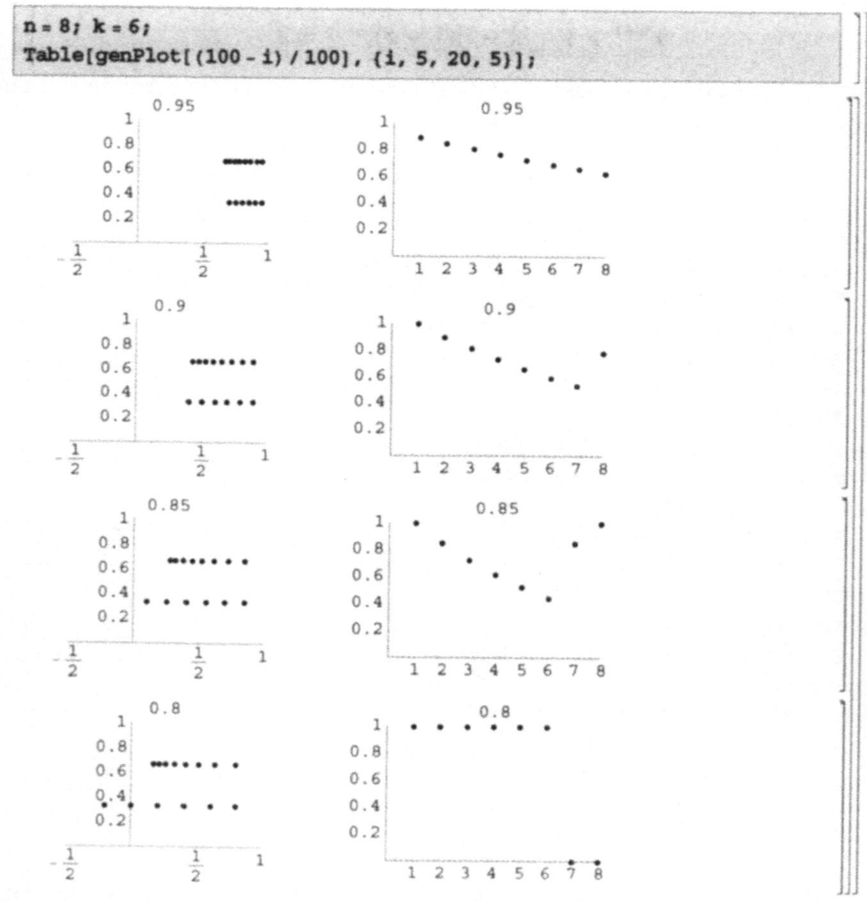

Eine glatte Animation wird mit

```
Table[genPlot[(100 - i) / 100], {i, 5, 20, 1}];
```

erzeugt. Die allgemeine Formulierung der vollständigen Lösung zusammen mit einem formellen Beweis der Gleichgewichtseigenschaft ist in [RCA98] gegeben.

2.2.5 Legales Verhalten

Eine naheliegende Modellannahme ist, daß $f\alpha \ll D$ bzw. $x \approx 1$ gilt: Fehlalarmkosten spielen eine untergeordnete Rolle. Bedingung (2.17) ist dann nicht erfüllt. Das Gleichgewichtspaar (2.11) und (2.14) zusammen mit den Auszahlungen (2.13) und (2.15) ist daher für die meisten Fällen maßgebend.

Der Inspizierte wird sich genau dann legal verhalten, wenn seine zu erwartende Auszahlung (2.13) kleiner ist als seine Fehlalarmkosten:

$$I_2^* < -kf\alpha.$$

Für vernachlässigbare Fehlalarmkosten $f\alpha \ll D$ errechnen wir die minimale Anzahl von Inspektionen, die den Inspizierten abschreckt mit:

```
Off[Clear::ssym];
Clear[p1, I2, n, k];
p1 = (k fα / D) / (1 - (1 - fα / D) ^n);
I2 = d - D p1;
I2 = Normal[Series[I2, {fα, 0, 1}]];
(k / n) /. Solve[I2 == -k fα, {k}] /. fα -> 0 // Simplify
```

$$\left\{\frac{d}{D}\right\}$$

Also wird sich in dieser Approximation, falls gilt

$$\frac{k}{n} > \frac{d}{D} = \frac{1}{1-\beta} \cdot \frac{1}{1+b/d},$$

der vernünftige Inspizierte legal verhalten.

Somit haben wir wieder ein nichttriviales und durchweg realistisches Problem mittels spieltheoretischer Modellierung (und mit erheblicher Unterstützung von *Mathematica*) vollständig gelöst.

2.3 Ein sequentielles Spiel

Wenn die Einschränkung aufgehoben wird, daß der Inspizierte sich im voraus entscheiden muß, ob und wann er sich illegal verhält, wird die Bestimmung des Gleichgewichts um einiges schwieriger. Wir haben es in diesem Fall mit einem dynamischen bzw. sequentiellen Spiel zu tun. Abb. 2.2 zeigt die Situation für ein Referenzzeitintervall von $n = 2$ kritischen Zeitperioden und einer $(k = 1)$ Inspektion.

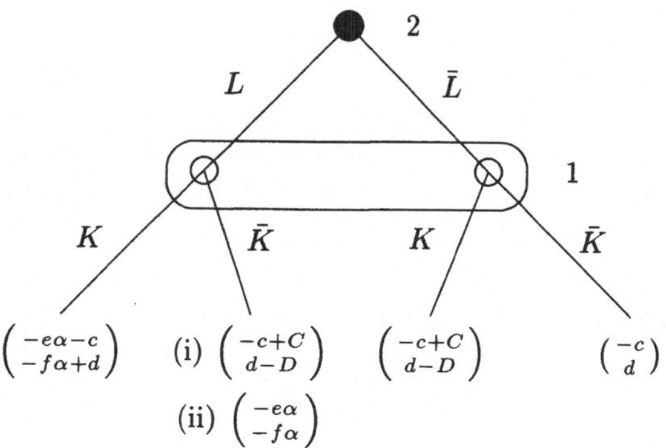

Abb. 2.2. Extensive Form des sequentiellen Inspektionsspiels bei zwei Perioden und einer Inspektion: (i) für $d - D > -f\alpha$, (ii) für $d - D < -f\alpha$.

Das Spiel ist in der sogenannten *extensiven Form* dargestellt, d.h. als eine Art Entscheidungsbaum.[6] Zu Beginn der ersten Periode entscheidet sich der Inspizierte, Spieler 2, für legales (L) oder illegales Verhalten ($\bar{L}$). Am Ende der ersten Periode, bevor Spieler 1 eventuell kontrolliert, weiß er natürlich nicht, welche Option sein Gegner gewählt hat. Diese Unsicherheit wird mit einem *Informationsbezirk* (dem abgerundeten Viereck in der Abbildung) angedeutet: Der Inspektor wählt seine Strategie Kontrolle (K) bzw. keine Kontrolle ($\bar{K}$) ohne zu wissen, ob er sich an seinem rechten oder an seinem linken Knoten befindet.

Angenommen, Spieler 2 spielt L, und Spieler 1 kontrolliert, spielt also Strategie K. Dann entsteht mit Wahrscheinlichkeit α ein Fehlalarm. Spieler 2 beobachtet die Kontrolle und entscheidet sich sofort für illegales Verhalten in der zweiten und letzten Periode, denn er weiß, daß keine Kontrolle mehr stattfinden wird. Die zu erwartenden Auszahlungen sind $-c-e\alpha$ und $-f\alpha+d$ an den Inspektor bzw. an den Inspizierten. Kontrolliert der Inspektor dagegen nicht (d.h., er spielt Strategie $\bar{K}$), gibt es zwei Möglichkeiten: (i) Falls $d - D > -f\alpha$ ist, wird der Inspizierte seine illegale Aktion in der zweiten Periode durchführen und das Risiko der – mit Sicherheit stattfindenden – Kontrolle in Kauf nehmen. Seine zu erwartende Auszahlung ist $d - D$; der Inspektor erwartet $-c + C$. (ii) Anderenfalls verhält sich der Inspizierte auch in der zweiten Periode legal, und beide Spieler bezahlen mit Wahrscheinlichkeit α nur die Fehlalarmkosten. Die Auszahlungen an den anderen beiden Endknoten in Abb. 2.2 sind ähnlich leicht abzuleiten.

Die extensive Form entspricht somit zwei alternativen Bimatrixspielen, und die wollen wir gleich in *Mathematica* programmieren:

---

[6] Spiele in extensiver Form werden im vierten Kapitel näher diskutiert.

```
Clear[Ai, Bi, Aii, Bii];
Ai = {{-ea - c, -c + C}, {-c + C, -c}};
Bi = {{-fa + d, d - D}, {d - D, d}};
Aii = {{-ea - c, -c + C}, {-ea, -c}};
Bii = {{-fa + d, d - D}, {-fa, d}};
{BimatrixForm[Ai, Bi], BimatrixForm[Aii, Bii]}
```

$$
\left\{
\begin{array}{c}
 & S_1 & S_2 \\
R_1 & \begin{pmatrix} -c - e\alpha \\ d - f\alpha \end{pmatrix} & \begin{pmatrix} -c + C \\ d - D \end{pmatrix} \\
R_2 & \begin{pmatrix} -c + C \\ d - D \end{pmatrix} & \begin{pmatrix} -c \\ d \end{pmatrix}
\end{array}
\;,\;
\begin{array}{c}
 & S_1 & S_2 \\
R_1 & \begin{pmatrix} -c - e\alpha \\ d - f\alpha \end{pmatrix} & \begin{pmatrix} -c + C \\ d - D \end{pmatrix} \\
R_2 & \begin{pmatrix} -e\alpha \\ -f\alpha \end{pmatrix} & \begin{pmatrix} -c \\ d \end{pmatrix}
\end{array}
\right\}
$$

Hier ist $R_1 = K$, $R_2 = \bar{K}$, $S_1 = L$ und $S_2 = \bar{L}$. Die Lösungen lauten:

```
Clear[eqi, eqii];
eqi = NashEquilibria[Ai, Bi, Symbolic -> s];
eqii = NashEquilibria[Aii, Bii, Symbolic -> s];
eqi // TableForm
eqii // TableForm
```

$$
\begin{array}{cccc}
\dfrac{D}{2D - f\alpha} & \dfrac{C^2 - c\,(2C + e\alpha)}{2C + e\alpha} & \dfrac{C}{2C + e\alpha} & -\dfrac{D^2 + d\,(-2D + f\alpha)}{2D - f\alpha} \\
\dfrac{D - f\alpha}{2D - f\alpha} & & \dfrac{C + e\alpha}{2C + e\alpha} &
\end{array}
$$

$$
\begin{array}{cccc}
\dfrac{d + f\alpha}{d + D} & -\dfrac{c^2 + Ce\alpha}{c + C} & \dfrac{C}{c + C} & \dfrac{d^2 + Df\alpha}{d + D} \\
\dfrac{D + f\alpha}{d + D} & & \dfrac{c + C}{c + C} &
\end{array}
$$

Im Grenzfall $d - D = -f\alpha$ sind die Auszahlungen an den Inspizierten sowie die Strategien des Inspektors in beiden Gleichgewichten identisch, wie man sich leicht vergewissern kann.

Nun sollen diese Gleichgewichte verallgemeinert werden, und zwar auf n kritische Zeitperioden, wobei aber weiterhin nur eine Inspektion erlaubt werden soll.[7] Wir betrachten die Situation wieder zu Beginn der ersten Periode und bezeichnen die Auszahlungserwartungen an Spieler 1 und 2 zu diesem Zeitpunkt als $I_1(n)$ bzw. $I_2(n)$. Hier ist n die Zahl der verbleibenden Perioden. Die *rekursive* Bimatrix in Abb. 2.3 beschreibt dann die Fortsetzung des Spiels.

---

[7] Aus einem einfachen Grund: Der Autor hat die allgemeine Lösung für $k > 1$ noch nicht gefunden, auch mit *Mathematica* nicht!

	L	$\bar{L}$
K	$-e\alpha - c$ $-f\alpha + d$	$-c + C$ $d - D$
$\bar{K}$	$I_1(n-1)$ $I_2(n-1)$	$-c$ d

Abb. 2.3. Die rekursive Form des sequentiellen Inspektionsspiels für n Perioden und eine Inspektion. Bei legalem Verhalten und keiner Kontrolle sind die Auszahlungen die des $(n-1)$-Spiels.

Die Präferenzrichtungen sind – wie in der Figur angegeben – zyklisch, denn es gilt:

$$-e\alpha - c < I_1(n-1) \quad (-e\alpha - c \text{ ist das denkbar schlechteste Ergebnis für 1})$$
$$I_2(n-1) < d \quad (d \text{ ist das denkbar beste Ergebnis für 2})$$
$$-c < -c + C \quad (\text{weil } C > 0 \text{ ist})$$
$$d - D < d - f\alpha \quad (\text{wegen } b + d > f \text{ und } 1 - \beta > \alpha).$$

Ein Gleichgewicht in reinen Strategien kann es also nicht geben. Wir erhalten mit dem Indifferenzargument von Abschnitt 1.1.2 ohne Mühe die eindeutigen gemischten Gleichgewichtsstrategien:

$$p^* = \frac{d - I_2(n-1)}{d - I_2(n-1) + D - f\alpha}$$
$$q^* = \frac{e\alpha + c + I_1(n-1)}{I_1(n-1) + C + e\alpha} \tag{2.23}$$

und damit die entsprechenden (rekursiven) Formeln für die Gleichgewichtsauszahlungen:

$$I_1(n) = -c + C \cdot \frac{-c - I_1(n-1)}{-c - I_1(n-1) - C - e\alpha}$$
$$I_2(n) = a - D \cdot \frac{d - I_2(n-1)}{d - I_2(n-1) + D - f\alpha}. \tag{2.24}$$

Die Rekursionen (2.24) lassen sich leicht in *Mathematica* ausdrücken, wenn wir als Terminierungsbedingungen die schon bekannten Lösungen des $(n = 2)$-Spiels verwenden:

```
Clear[I1, I2];
I1[2] := eq[[1, 2]];
I1[n_] := -c + C (-c - I1[n-1]) / (-c - I1[n-1] - C - eα);
I2[2] := eq[[1, 4]];
I2[n_] := d - D (d - I2[n-1]) / (d - I2[n-1] + D - fα);
```

Für Fall (i) in Abb. 2.2 erhalten wir z.B. mit $n = 6$:

```
eq = eqi;
I1[6] + c /. eα -> C (y-1) // Simplify
I2[6] - d /. fα -> D (1-x) // Simplify
```

$$\frac{C}{1 + y + y^2 + y^3 + y^4 + y^5}$$

$$\frac{D}{1 + x + x^2 + x^3 + x^4 + x^5}$$

wobei wir die Parameter x, y in (2.9) übernommen haben. Wir überlassen es *Mathematica*, die Verallgemeinerung auf n Perioden zu finden:

```
-c + C / Sum[y^i, {i, 0, n-1}] /. y -> 1 + eα / C
d - D / Sum[x^i, {i, 0, n-1}] /. x -> 1 - fα / D
```

$$-c + \frac{e\alpha}{-1 + \left(1 + \frac{e\alpha}{C}\right)^n}$$

$$d + \frac{f\alpha}{-1 + \left(1 - \frac{f\alpha}{D}\right)^n}$$

Die Gleichgewichtsauszahlungen für n Perioden sind somit gegeben durch:

$$d - D > -f\alpha :$$

$$I_1^*(n) = -c + \frac{e\alpha}{\left(1 + \frac{e\alpha}{C}\right)^n - 1}$$

$$I_2^*(n) = d - \frac{f\alpha}{1 - \left(1 - \frac{f\alpha}{D}\right)^n} \,. \tag{2.25}$$

Zusammen mit (2.23) ist die Lösung für diesen Fall vollständig. Es ist leicht nachzuprüfen, daß diese Lösung mit der des nichtsequentiellen Modells völlig identisch ist, vergl. (2.11), (2.13), (2.14) und (2.15) für $k = 1$. Wir können dieses etwas überraschende Ergebnis auf folgende Weise verstehen: Der Inspizierte wird sich auf jeden Fall illegal verhalten, wegen $d - D > -f\alpha$ spätestens in der letzter Periode, *und zwar ganz gleich, ob er die Inspektion vorher beobachtet oder nicht.* Die Information nutzt ihm schlichtweg nichts.

Wie sieht es im Falle (ii) aus, d.h. Falls $d - D < -f\alpha$ ist?

```
eq = eqii;
I1[6] + c /. ea -> C (y - 1) // Simplify
I2[6] - d /. fa -> D (1 - x) // Simplify
```

$$\frac{C\,(c + C - Cy)}{C + c\,(1 + y + y^2 + y^3 + y^4)}$$

$$\frac{D\,(-d - D + Dx)}{D + d\,(1 + x + x^2 + x^3 + x^4)}$$

Hier ist die Verallgemeinerung weniger offensichtlich. Mit *Mathematica* kommen wir nicht sehr viel weiter:

```
-c + Simplify[C (c + C - Cy) / (C + c Sum[y^i, {i, 0, n - 2}]) ] /. y -> 1 + ea / C]
d +
Simplify[D (-d - D + Dx) / (D + d Sum[x^i, {i, 0, n - 2}]) ] /. x -> 1 - fa / D]
```

$$-c - \frac{(c - e\alpha)\,e\alpha\,(C + e\alpha)}{-e\alpha\,(C + e\alpha) + c\left(C + e\alpha - C\left(\frac{C + e\alpha}{C}\right)^n\right)}$$

$$d + \frac{(D - f\alpha)\,f\alpha\,(d + f\alpha)}{f\alpha\,(-D + f\alpha) + d\left(f\alpha + D\left(-1 + \left(1 - \frac{f\alpha}{D}\right)^n\right)\right)}$$

Doch mit dem guten alten Bleistift und mit Papier vereinfachen wir diese letzten Ausdrücke ohne große Mühe zu:

$$d - D < -f\alpha :$$

$$I_1^*(n) = -c + \frac{e\alpha}{\frac{c}{c - e\alpha}\left(1 + \frac{e\alpha}{C}\right)^{n-1} - 1}$$

$$I_2^*(n) = d - \frac{f\alpha}{1 - \frac{d}{d + f\alpha}\left(1 - \frac{f\alpha}{D}\right)^{n-1}} . \tag{2.26}$$

Die entsprechenden Gleichgewichtsstrategien erhält man wieder durch Substitution in (2.23). Hier zieht der Inspizierte doch seinen Vorteil aus dem sequentiellen Spiel, denn seine Gleichgewichtsauszahlung ist jetzt höher als im nichtsequentiellen Fall. Es gilt

$$d - \frac{f\alpha}{1 - \frac{d}{d+f\alpha}\left(1 - \frac{f\alpha}{D}\right)^{n-1}} > d - \frac{f\alpha}{1 - \left(1 - \frac{f\alpha}{D}\right)^{n}},$$

da diese Ungleichung mit einer kleinen Umformung äquivalent zur Behauptung

$$\left(1 - \frac{f\alpha}{D}\right)\left(1 + \frac{f\alpha}{d}\right) > 1$$

ist, die wiederum wegen $D > 0$ äquivalent zur Voraussetzung $d - D < -f\alpha$ ist.

2.4 Anregungen

1. Um die *Mathematica*-Lösung zu vereinfachen, wurde im Abschnitt 2.1.3 auf die enge Beziehung zwischen der Gleichgewichtsstrategie des einen und der Gleichgewichtsauszahlung des anderen Spielers hingewiesen. Diese Beziehung ist nicht zufällig. Wenn wir die legale Option weglassen, sind die Auszahlungsmatrizen quadratisch mit Dimension $n \times n$. Nehmen wir an, der Inspektor wählt seine Gleichgewichtsstrategie P^* so, daß der Inspizierte völlig indifferent ist bzgl. seiner – illegalen – Strategienwahl Q. Dann ist der Inspizierte auch bzgl. seiner reinen Strategien indifferent, und es gilt:

$$(P^*)^\top BS_j = I_2^*, \quad j = 1 \ldots n,$$

   bzw.

$$(P^*)^\top B = 1_n^\top I_2^*.$$

   Weil $1_n^\top P^* = 1$ und B invertierbar ist, erraten wir sogar die vollständige Lösung für den Inspektor (und mit entsprechenden Überlegungen die des Inspizierten).

2. Bei vorgegebenen Entdeckungswahrscheinlichkeiten $1 - \beta_i$ ist die Schnittzahl k in der Lösung (2.5) allein durch die Nutzenparameter b und d_i des Inspizierten bestimmt. Dies bleibt der Fall, auch wenn die Auszahlungen an den Inspektor bei Nichtentdeckung beliebig standortsabhängig sind, d.h.: $c \to c_i$, wobei c_i in keinerlei Beziehung zu d_i steht.

3. In einem Parameterbereich, in dem der Inspizierte sich legal verhält, ist das Inspektionsspiel stets entartet: Der Inspektor besitzt unendlich viele optimale Strategien, der Inspizierte nur eine. Die Darstellung der einzigen Nash-Komponente des Spiels als Funktion der Auszahlungsparameter des Inspizierten wird manchmal *Abschreckungskegel* (engl. *cone of deterrence*) genannt [AC96]. Bestimmen Sie den Abschreckungskegel für das Standortspiel mit $n = 2$ in Abhängigkeit von d_1.

4. Beim Spiel des Abschnitts 2.2 kann man die Einschränkung fallen lassen, daß höchstens eine Inspektion zu den Zeitpunkten $T, 2T \dots nT$ stattfinden darf. Bei zwei unabhängigen Kontrollen am Ende einer Periode sind die zu erwartenden Auszahlungen an den Inspektor gegeben durch

$$(-a)(1 - \beta^2) + (-c)\beta^2 = -c + C(1 + \beta), \quad -c, \quad -2e\alpha,$$

im Falle von rechtzeitigen Kontrollen, nicht rechtzeitigen Kontrollen, bzw. vorangegangenem legalem Verhalten. Entsprechende Auszahlungen gelten für den Inspizierten. Bestimmen Sie die Lösung des Spiels $n = 3, k = 2$, und zwar für alle x, $0 < x < 1$.

5. Abb. 2.4 zeigt das sequentielle Spiel des Abschnittes 2.3 für drei Perioden und *zwei* Inspektionen.

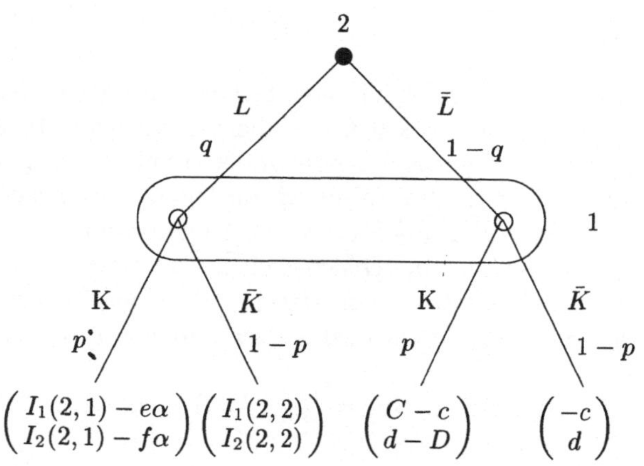

Abb. 2.4. Extensive Form des sequentiellen Inspektionsspiels bei drei Perioden und zwei Inspektionen. $I_i(n, k)$ bezeichnet die Auszahlung an Spieler i für das Spiel mit n Perioden und k Inspektionen, $i = 1, 2$.

Unter den Bedingungen $d - D > -f\alpha$ und $x(1 + x) > 0$ ist die Lösung gegeben durch

$$p^* = \frac{1 + x}{x(2 + x)}, \quad q^* = \frac{1 + y}{y(2 + y)},$$

$$I_1^*(3, 2) = -c + C \cdot \frac{y + 1}{y(2 + y)},$$

$$I_2^*(3, 2) = d - D \cdot \frac{x + 1}{x(2 + x)},$$

wobei p^* die Wahrscheinlichkeit einer Kontrolle am Ende der ersten Periode ist und q^* die Wahrscheinlichkeit ist, daß keine illegale Aktion in der ersten Periode stattfindet.

3. Evolutionsspiele

Eine interessante, fruchtbare – und gänzlich unvermutete – Anwendung fand die nichtkooperative Spieltheorie in der Modellierung von Verhaltensmustern unter Tieren [MS82]. Man fragt sich natürlich sofort, welchen Stellenwert der Begriff des spieltheoretischen Gleichgewichts in der Biologie haben kann. Tiere werden gewiß nicht bewußt versuchen, ihre „Auszahlungen" durch rationales Verhalten im Sinne des Gleichgewichtsprinzips zu maximieren. Paradoxerweise ist die Grundannahme der *evolutionären Spieltheorie*, daß Individuen einer Spezies dies doch tun. Sie tun es aber instinktiv: Optimales Verhalten im Sinne eines nichtkooperativen Spiels stellt sich durch die *natürliche Auslese* ein, also durch die Evolution!

Wir erhalten einen unmittelbaren Zugang zu diesem Zweig der Spieltheorie durch einige einfache Spezialisierungen der Gattung Bimatrixspiele aus dem ersten Kapitel. Zu Beginn betrachten wir ...

3.1 Symmetrische Spiele

Die Strategienmengen vieler Zweipersonenspiele sind oft für beide Kontrahenten gleich, wie beispielsweise {*Konzert,Eishockey*} beim Spiel *Kampf der Geschlechter* des ersten Kapitels. Doch handelt es sich dabei nicht immer um ein *symmetrisches Spiel*. Für die Symmetrie verlangen wir zusätzlich, daß das Spiel unverändert bleibt, wenn die Spieler vertauscht werden, m. a. W., daß für die Auszahlungsmatrizen A und B der beiden Spieler gilt

$$B = A^\top. \tag{3.1}$$

Diese Bedingung wird von den Auszahlungsmatrizen des *Kampfs der Geschlechter* aus dem ersten Kapitel nicht erfüllt. Eines der bekanntesten - und berüchtigsten - aller nichtkooperativen Zweipersonenspiele, die diese Symmetrieeigenschaft besitzen, ist das *Gefangenendilemma*. Dieses Spiel schauen wir uns zunächst an, bevor wir zu den Tieren übergehen.

Zwei eines Diebstahls beschuldigte schwere Jungs werden getrennt verhört, können sich also nicht absprechen. Halten beide den Mund, reichen die Beweise nicht aus, und jeder wird nur zu einem kurzen Aufenthalt im Gefängnis verurteilt – sagen wir 3 Monate – weil im Besitz von gestohlenem Eigentum. Gesteht einer von beiden, greift die Kronzeugenregelung: Er wird auf Bewährung freigesetzt. Der betrogene, ungeständige Kumpel wird aber zu einem Jahr Knast verdonnert. Gestehen beide, sitzen sie jeweils ein halbes Jahr. Drücken wir diese Ganovengeschichte in *Mathematica* aus:

```
Clear[A, s];
A = {{-a, b}, {-c, -d}};
BimatrixForm[A, Transpose[A]]
s = {a -> 6, b -> 0, c -> 12, d -> 3}
```

$$
\begin{pmatrix}
 & S_1 & S_2 \\
R_1 & \begin{pmatrix} -a \\ -a \end{pmatrix} & \begin{pmatrix} b \\ -c \end{pmatrix} \\
R_2 & \begin{pmatrix} -c \\ b \end{pmatrix} & \begin{pmatrix} -d \\ -d \end{pmatrix}
\end{pmatrix}
$$

```
{a -> 6, b -> 0, c -> 12, d -> 3}
```

Die Strategien sind $R_1 = S_1 = gestehen$ und $R_2 = S_2 = Mund\ halten$. Die Auszahlungsparameter sind $a = 6$ Monate, $b = 0$, $c = 12$ Monate und $d = 3$ Monate. Mit der gutgemeinten und naheliegenden Empfehlung: *Haltet beide bloß den Mund, Jungs!*, also $(P^*, Q^*) = (Mund\ halten, Mund\ halten)$, wären wir schnell unseren bisher hart erarbeiteten Ruf als Spieltheoretiker wieder los, denn diese ist keine Gleichgewichtsstrategie. Sobald unsere Empfehlung ausgesprochen wird, gibt es einen Anreiz für die Spieler, davon abzuweichen. Hierin besteht natürlich auch das Dilemma der Gefangenen.

Wir erhalten mit dem Enumerationsalgorithmus des ersten Kapitels das einzige Nash-Gleichgewicht dieses Spiels, nämlich (*gestehen, gestehen*):

```
NashEquilibria[A, Transpose[A], Symbolic -> s]
```

```
{{{1, 0}, -a, {1, 0}, -a}}
```

Die hieraus resultierende, gemeinsame Strafe von $a = 6$ Monaten wird nur den Staatsanwalt erfreuen und ist für die Gefangenen gewiß nicht schön. Dennoch garantieren die Gleichgewichtsstrategien beiden Spielern eine minimale Auszahlung: Ganz gleich, was der Gegner veranstaltet, es kann nicht schlimmer kommen. Wir stellen fest, daß die Lösung des Gefangenendilemmas auch ein *symmetrisches Gleichgewicht* ist. Beide Spieler spielen dieselbe Strategie.

Nun, was hat dies mit Tierkonflikten zu tun? *Evolutionsspiele* in ihrer ureigensten Form sind auch symmetrische Bimatrixspiele, und die einzigen Gleichgewichte, die interessieren, sind darüberhinaus symmetrische Gleichgewichte. Die „Spieler" sind nämlich stets anonyme Stellvertreter einer und derselben Spezies. Da die Aussage des Modells nicht von einer – willkürlichen – Bezeichnung der Tiere abhängen darf, sind nur symmetrische Gleichgewichte von Interesse. Hierzu gleich noch vorweg ein beruhigendes Ergebnis [Nas51]:

Theorem 3.1.1. *Jedes symmetrische Bimatrixspiel besitzt mindestens ein symmetrisches Gleichgewicht.*

Mit der Gleichung (3.1) lassen sich die Nash-Bedingungen (1.6) für symmetrisches Gleichgewicht elegant in einer einzigen Ungleichung zusammenfassen:

$$\forall P: \quad P^{*\top} A P^* \geq P^\top A P^*. \tag{3.2}$$

Die *Mathematica*-Funktion `NashEqSym` unten erzeugt eine Liste der symmetrischen Gleichgewichte:

```
Clear[NashEqSym];
NashEqSym[A_, s_] := Map[ Take[#, 2]&,
Cases[
  NashEquilibria[A, Transpose[A], Symbolic -> s], {a_, b_, a_, b_}]];
```

Eine zweite Verfeinerung des Gleichgewichtskonzeptes, die wir später brauchen werden, ist das sogenannte *quasistrikte* Gleichgewicht. Wir erinnern uns an die Definition des Trägers einer gemischten Gleichgewichtsstrategie. Er ist die Menge aller reinen Strategien, die im Gleichgewicht mit positiven Wahrscheinlichkeit gespielt werden. Nun sei P^* ein symmterisches Gleichgewicht mit Träger $C(P^*)$. Der *erweiterte Träger* $B(P^*)$ ist die Menge aller reinen Strategien, die beste Antworten sind auf P^*. Offensichtlich gilt speziell für symmetrische Gleichgewichte $C(P^*) \subseteq B(P^*)$, denn, wie wir im Abschnitt 1.4.1 gesehen haben, kann ein Spieler nur beste Antworten in seinem Gleichgewicht spielen.

Definition 3.1.1. *Ein quasistriktes, symmetrisches Gleichgewicht P^* liegt genau dann vor, wenn gilt*

$$C(P^*) = B(P^*). \tag{3.3}$$

M. a. W., *alle* beste Antworte tragen zu einem quasistrikten Gleichgewicht bei. Eine *Mathematica*-Funktion für die Bestimmung der quasistrikten Gleichgewichte eines beliebigen – also nicht nur symmetrischen – Bimatrixspiels zeigt Listing 3.1.

```
NashEqQS[A_List,B_List]:= Module[ {NE,crit,Cx,Bx,Cy,By},
(* Criterion for quasi-strict equilibria *)
crit[{x_List,_,y_List,_}]:=(
   (* carrier of x *)
   Cx=Flatten[Position[Map[NonPositive,x],False]];
   (* extended carrier of x *)
   Bx=Flatten[Position[Map[NonNegative,A.y-x.A.y],True]];
   (* carrier of y *)
   Cy=Flatten[Position[Map[NonPositive,y],False]];
   (* extended carrier of y *)
   By=Flatten[Position[Map[NonNegative,x.B-x.B.y],True]];
   (* if quasi-strict, return True *)
   (Cx==Bx)&&(Cy==By) );
(* first get the  Nash equilibria *)
   NE =  NashEq[A,B];
(* then apply criterion *)
   Select[NE,crit] ];
```

Listing 3.1. Eine Funktion für quasistrikte Gleichgewichte: Auszug aus dem *Mathematica*-Package `GameTheory'Bimatrix'`.

3.2 Evolutionsstabilität

Die biologische Entsprechung der spieltheoretischen Auszahlungen wird in der evolutionären Spieltheorie *Fitness* genannt, womit eigentlich Reproduktionsfähigkeit gemeint ist. Diejenigen Individuen, die durch genetische Veränderung ihr Verhalten an das Gleichgewicht anpassen, sind am erfolgreichsten bei der Fortpflanzung. Das Analogon zur Nash-Gleichgewichtsstrategie stellt dabei die sogenannte *evolutionsstabile Strategie* – abgekürzt ESS – dar.

3.2.1 Falke gegen Taube

Wir stellen uns zwei Repräsentanten einer einzigen Spezies vor, die miteinander um eine Ressource konkurrieren, z.B. um einen Nistplatz, Jagdrevier oder ähnliches. Sie verfügen im Zweikampf über die Strategienmenge {*Hawk, Dove*}. Die *Hawk*-Strategie heißt, kämpfen bis zur eigenen oder des Gegners ernsthaften Verletzung, während *Dove* heißt, Präsenz zeigen, bis einer das Feld kampflos räumt oder, falls der Gegner angreift, weglaufen. Ist v der Fitness-Wert der umkämpften Ressource und d der Fitness-Verlust durch Verletzung in einem verlorenen Kampf, und gibt es im Durchschnitt eine fünfzigprozentige Gewinnchance bei jedem Aufeinanderprallen von gleichen Strategien, so ergibt sich folgende symmetrische Auszahlungsbimatrix:

```
Clear[A];
A = {{(v - d) / 2, v}, {0, v / 2}};
BimatrixForm[A, Transpose[A]]
```

$$
\begin{pmatrix}
 & S_1 & S_2 \\
R_1 & \begin{pmatrix} \frac{1}{2}(-d+v) \\ \frac{1}{2}(-d+v) \end{pmatrix} & \begin{pmatrix} v \\ 0 \end{pmatrix} \\
R_2 & \begin{pmatrix} 0 \\ v \end{pmatrix} & \begin{pmatrix} \frac{v}{2} \\ \frac{v}{2} \end{pmatrix}
\end{pmatrix}
$$

Wie in der klassischen Spieltheorie werden *gemischte* Strategien zugelassen, in unserem Fall bedeutet das beispielsweise, daß beim Zusammentreffen die reine Strategie *Hawk* immer mit Wahrscheinlichkeit p, *Dove* mit Wahrscheinlichkeit $1-p$ gewählt wird. Falls sich die Gesamtpopulation der Tiere die gleiche gemischte Strategie $P = (p, 1-p)^\top$ angeeignet hat, ist es offensichtlich unerheblich, ob jedes einzelne Tier die gemischte Strategie spielt, oder ein Bruchteil p der Population die Strategie *Hawk* und der Rest die Strategie *Dove* spielt. Dies folgt aus der Zufälligkeit des Zusammentreffens. Im ersten Fall spricht man von einer *monomorphen*, im letzten von einer *polymorphen* Tierpopulation.

Nun zur Definition einer ESS. Die Grundidee ist einfach: Falls das Verhalten einer Tierpopulation evolutionsstabil ist, können keine von diesem Verhalten abweichenden Mutationen Fuß fassen. Formalmathematisch:

Definition 3.2.1. *Es sei $\bar{P}$ eine gemischte Strategie eines Evolutionsspiels mit Auszahlungsmatrix A und Q eine beliebige andere Strategie $Q \neq \bar{P}$. Weiterhin sei die gemischte Strategie $\hat{P}$ durch*

$$\hat{P} = (1 - \epsilon)\bar{P} + \epsilon Q \tag{3.4}$$

gegeben, wobei ϵ eine Zahl zwischen Null und eins ist. Die Strategie $\bar{P}$ ist genau dann evolutionsstabil, falls gilt

$$\bar{P}^\top A \hat{P} > Q^\top A \hat{P} \tag{3.5}$$

für alle $Q \neq \bar{P}$ und ϵ genügend klein.

In dieser Definition ist Q als eine Mutationsstrategie zu verstehen, die einen kleinen Bruchteil ϵ der Population „infiziert". Vor der Mutation herrscht die evolutionsstabile Strategie $\bar{P}$, und in allen Konflikten ergeben sich die symmetrischen Auszahlungen $\bar{P}^\top A \bar{P}$. Nach der Infizierung spielt ein Tier entweder nach wie vor $\bar{P}$, oder es ist eine Variante und spielt Strategie Q. Im Schnitt werden beide mit der Strategie $\hat{P}$ der infizierten Gesamtpopulation konfrontiert. Laut Bedingung (3.5) ist die ESS $\bar{P}$ der Strategie Q überlegen. Die mutierten Tiere sterben langsam aus, und $\bar{P}$ stellt sich allmählich wieder ein.

Um die Verbindung zum herkömmlichen spieltheoretischen Gleichgewicht zu knüpfen, schreiben wir die ESS-Bedingungen (3.4) und (3.5) in der äquivalenten Form:

$$(1 - \epsilon)\bar{P}^\top A\bar{P} + \epsilon\bar{P}^\top AQ > (1 - \epsilon)Q^\top A\bar{P} + \epsilon Q^\top AQ. \qquad (3.6)$$

Nun sei $\bar{P}$ eine symmetrische Nash-Gleichgewichtsstrategie des symmetrischen Spiels A, siehe (3.2):

$$\forall Q: \quad \bar{P}^\top A\bar{P} \geq Q^\top A\bar{P}. \qquad (3.7)$$

Es gelte zunächst die strikte Ungleichheit in (3.7):

$$\forall Q: \quad \bar{P}^\top A\bar{P} > Q^\top A\bar{P}$$

So definieren wir δ gemäß

$$\delta = \bar{P}^\top A\bar{P} - Q^\top A\bar{P} > 0$$

und machen folgende Fallunterscheidung:

1) $\bar{P}^\top AQ \geq Q^\top AQ$. Dann gilt (3.6) ganz trivial.

2) $\bar{P}^\top AQ < Q^\top AQ$. Wir definieren zusätzlich δ_1 durch

$$\delta_1 = Q^\top AQ - \bar{P}^\top AQ > 0$$

und schreiben mit ein wenig Algebra (3.6) als

$$(1 - \epsilon)\delta > \epsilon\delta_1$$

oder

$$\epsilon < \frac{\delta}{\delta + \delta_1} < 1.$$

Wir brauchen also nur $\epsilon < \delta/(\delta + \delta_1)$ zu wählen, und (3.6) gilt nach wie vor. Falls dagegen Gleichheit in (3.7) vorliegt, also falls gilt

$$\bar{P}^\top A\bar{P} = Q^\top A\bar{P},$$

dann ist Q eine *alternative beste Antwortstrategie* auf $\bar{P}$. Wir verlangen in diesem Fall zusätzlich zur Nash-Gleichgewichtsbedingung (3.7)

$$\bar{P}^\top AQ > Q^\top AQ \qquad (3.8)$$

für alle alternativen besten Antwortstrategien Q, um die Gültigkeit von (3.6) zu gewährleisten.

Die Bedingungen (3.7) und (3.8) beschreiben zusammen eine ESS. Jede ESS ist – wegen (3.7) – eine symmetrische Nash-Gleichgewichtsstrategie, doch wegen (3.8) ist nicht jede symmetrische Nash-Gleichgewichtsstrategie evolutionsstabil.

Schauen wir uns das *Hawk-Dove*-Spiel nun genauer an. Falls $d > v$, also beispielsweise

```
Clear[s];
s = {d -> 4, v -> 2};
```

gibt es drei Nash-Gleichgewichte:

```
NashEquilibria[A, Transpose[A], Symbolic -> s] // MatrixForm
```

$$\begin{pmatrix} \{0, 1\} & 0 & \{1, 0\} & v \\ \{1, 0\} & v & \{0, 1\} & 0 \\ \left\{\frac{v}{d}, 1 - \frac{v}{d}\right\} & \frac{(d-v)\,v}{2d} & \left\{\frac{v}{d}, 1 - \frac{v}{d}\right\} & \frac{(d-v)\,v}{2d} \end{pmatrix}$$

wovon nur die letzte, gemischte Strategie

$$\bar{P} = \left(\frac{v}{d}, 1 - \frac{v}{d}\right)^{\top},$$

symmetrisch und daher ein Kandidat für eine ESS ist. Wir postulieren nun eine alternative beste Antwortstrategie Q. So können wir schreiben

$$\bar{P}^{\top} AQ - Q^{\top} AQ = \bar{P}^{\top} AQ - Q^{\top} AQ - \bar{P}^{\top} A\bar{P} + Q^{\top} A\bar{P},$$

da die letzten beiden Terme exakt gleich sind. Daher gilt

$$\bar{P}^{\top} AQ - Q^{\top} AQ = (\bar{P} - Q)^{\top} A(Q - \bar{P}).$$

Aber dieser Ausdruck ist im *Hawk-Dove*-Spiel stets positiv:

```
Clear[P, Q];
P = {p, 1-p}; Q = {q, 1-q};
(P - Q) . A . (Q - P) // Simplify
```

$$\frac{1}{2} d\,(p - q)^2$$

denn nach Voraussetzung gilt $p \neq q$. Somit ist (3.8) erfüllt, und $\bar{P}$ ist eine ESS.

Falls hingegen gilt $d < v$

```
Clear[s];
s = {d -> 2, v -> 4};
```

gibt es nur ein Nash-Gleichgewicht des Spiels:

```
NashEquilibria[A, Transpose[A], Symbolic -> s] // TableForm

1            1                1            1
-   - (-d + v)     -    - (-d + v)
0   2                0   2
```

Dieses Gleichgewicht ist symmetrisch und besteht aus einer reinen Strategie, nämlich *Hawk*. Es gibt keine alternative beste Antwort und Bedingung (3.8) erübrigt sich. Die Strategie *Hawk* ist eine ESS.

Das *Hawk-Dove*-Spiel besitzt also immer eine ESS. Wie sieht es denn überhaupt aus mit Existenzsätzen für evolutionsstabile Gleichgewichte? Zunächst eine obere Grenze: Die Zahl der Gleichgewichtsstrategien eines Bimatrixspiels – siehe das erste Kapitel – kann unendlich sein, aber

Theorem 3.2.1. [Hai75] *Ein symmetrisches Bimatrixspiel besitzt endlich viele evolutionsstabile Strategien.*

Beweis: Es Sei $\bar{P}$ eine ESS eines symmetrischen Spiels mit Auszahlungsmatrix A und $\bar{Q} \neq \bar{P}$ ebenfalls eine ESS dieses Spiels. Nehmen wir an, $C(\bar{Q}) \subset B(\bar{P})$, d.h. der Träger der Strategie $\bar{Q}$ ist eine Untermenge des erweiterten Trägers von $\bar{P}$, m.a.W. eine Untermenge der Menge der besten Antwortstrategien auf Strategie $\bar{P}$. Also ist $\bar{Q}$ eine alternative beste Antwort auf $\bar{P}$. Aber weil $\bar{P}$ selbst eine ESS ist, folgt mit (3.8) notwendigerweise $\bar{P}^{\top} A \bar{Q} > \bar{Q}^{\top} A \bar{Q}$. Doch dann kann $\bar{Q}$ nicht einmal Nash-Gleichgewichtsstrategie sein, geschweige von einer ESS. Aus diesem Widerspruch folgern wir, daß der Träger von $\bar{Q}$ mindestens eine reine Strategie besitzt, die nicht in $B(\bar{P})$ zu finden ist. Der Träger einer eventuellen dritten ESS besäße nach diesem Argument mindestens eine reine Strategie, die weder in $B(\bar{P})$ noch in $B(\bar{Q})$ zu finden wäre usw. Da das Spiel nur endlich viele reine Strategien besitzt, kann es auch nur endlich viele ESS haben. $\square$

Die untere Grenze ist allerdings Null. Symmetrische Bimatrixspiele können auch *keine* ESS besitzen. Dies zu zeigen ist sogar ...

3.2.2 Ein Kinderspiel

Das Spiel *Stein-Schere-Papier* kennt jedes Kind: Stein bricht Schere, Schere schneidet Papier, Papier bedeckt Stein. Die Chinesen verfinstern das Spiel mit der Bezeichnung *Mensch-Huhn-Wurm*: Mensch ißt Huhn, Huhn frißt Wurm und Wurm ... na ja. Wir können es im Sinne diese Kapitels „vertierlichen", indem wir z.B. die Strategien in *Beißen-Kratzen-Treten* umbenennen. Wie auch immer, nur die Auszahlungsbimatrix ist bestimmend und die lautet z.B.:

```
Clear[e];
A = {{e, 1, -1}, {-1, e, 1}, {1, -1, e}};
BimatrixForm[A, Transpose[A]]
```

$$
\begin{pmatrix}
 & S_1 & S_2 & S_3 \\
R_1 & \begin{pmatrix} e \\ e \end{pmatrix} & \begin{pmatrix} 1 \\ -1 \end{pmatrix} & \begin{pmatrix} -1 \\ 1 \end{pmatrix} \\
R_2 & \begin{pmatrix} -1 \\ 1 \end{pmatrix} & \begin{pmatrix} e \\ e \end{pmatrix} & \begin{pmatrix} 1 \\ -1 \end{pmatrix} \\
R_3 & \begin{pmatrix} 1 \\ -1 \end{pmatrix} & \begin{pmatrix} -1 \\ 1 \end{pmatrix} & \begin{pmatrix} e \\ e \end{pmatrix}
\end{pmatrix}
$$

Normalerweise wählt man $e = 0$, aber dies ist selbstversändlich nicht zwingend. Mit $0 < e < 1$

```
Clear[s];
s = {e -> 1 / 2};
```

erhalten wir eine einzige Nash-Gleichgewichtsstrategie:

```
NashEquilibria[A, Transpose[A], Symbolic -> s] // TableForm
```

$$
\begin{array}{cccc}
\frac{1}{3} & \frac{e}{3} & \frac{1}{3} & \frac{e}{3} \\
\frac{1}{3} & & \frac{1}{3} & \\
\frac{1}{3} & & \frac{1}{3} &
\end{array}
$$

die zwar symmetrisch ist, aber auf keinem Fall eine ESS darstellt. *Jede* Strategie $Q = (q_1, q_2, 1 - q_1 - q_2)^\top$ ist nämlich eine alternative beste Antwort auf sie:

```
Clear[P, Q];
P = {1 / 3, 1 / 3, 1 / 3};
Q = {q1, q2, 1 - q1 - q2};
P.A.Q // Simplify
```

$$
\frac{e}{3}
$$

Insbesondere für $Q = (1,0,0)^\top$ gilt

```
Q.A.Q /. {q1 -> 1, q2 -> 0}

e
```

und Stabilitätsbedingung (3.8) ist verletzt.[1] Das Spiel hat – leider – gar keine ESS. Hier dürfen wir aber vielleicht nicht übermäßig enttäuscht sein. Viele unserer modellmäßigen Vorstellungen von der Natur besitzen keine stabilen Endzustände. Man denke nur an das Wetter.[2]

3.2.3 Negative Definitheit

Wir betrachten ein symmetrisches Bimatrixspiel mit $n \times n$-dimensionaler Auszahlungsmatrix A und charakterisieren zunächst den erweiterten Träger $B(\bar{P})$ einer symmetrischen Gleichgewichtsstrategie $\bar{P} = (\bar{p}_1 \ldots \bar{p}_n)^\top$ mit der Indexmenge $\nu = \{i_1 \ldots i_b\}$. (D.h., der Träger besteht aus den reinen Strategien $\{S_{i_1} \ldots S_{i_b}\}$.) Folgende zwei Definitionen werden für unsere weiteren Überlegungen vonnutzen sein:

Definition 3.2.2. *Eine $n \times n$ Matrix A ist* negativ definit, *falls gilt*

$$X^\top AX < 0 \quad \text{für alle } X = (x_1 \ldots, x_n)^\top \neq 0. \tag{3.9}$$

Definition 3.2.3. *Eine $n \times n$ Matrix A ist* negativ definit bezüglich ν, *falls gilt*

$$X^\top AX < 0 \quad \text{für alle } X = (x_1 \ldots, x_n) \neq 0, \ \sum_{i=1}^{b} x_i = 0, \ x_i = 0 \text{ falls } i \notin \nu. \tag{3.10}$$

Für den Spezialfall $b = 1$ ist jede Matrix A negativ definit bezüglich ν.

Es ist leicht nachzuprüfen, ob eine symmetrische Matrix negativ definit ist. Es gilt z.B., wie in Anhang A gezeigt wird,

Definition 3.2.4. *Die symmetrische Matrix A ist genau dann negativ definit, wenn ihre Eigenwerte alle negativ sind.*

Nachzuprüfen, ob eine Strategie eine ESS ist oder nicht, kann dagegen ziemlich mühsam sein. Schön wäre es, einen Algorithmus zu haben, der analog zum Enumerationsalgorithmus des ersten Kapitels *sämtliche* ESS eines symmetrischen Bimatrixspiels liefert. Einen Versuch in dieser Richtung wollen wir mit Hilfe der obigen Definitionen jetzt unternehmen.

---

[1] Für $e < 0$ ist sie dagegen erfüllt: $e < e/3$.

[2] Es ist – schwacher Trost – leicht zu zeigen, daß jedes symmetrische 2×2-Spiel eine ESS besitzt.

3.2.4 Das Haigh'sche Kriterium

Falls $\bar{P}$ eine symmetrische Nash-Gleichgewichtsstrategie ist, gilt

$$\forall Q: \quad \bar{P}^\top A\bar{P} \geq Q^\top A\bar{P}. \tag{3.11}$$

Laut Bedingung (3.8) ist $\bar{P}$ genau dann eine ESS, wenn zusätzlich gilt

$$\bar{P}^\top AQ > Q^\top AQ \quad \text{für alle } Q \neq \bar{P},\ C(Q) \subset B(\bar{P}), \tag{3.12}$$

denn solche $Q = (q_1 \ldots q_n)^\top$ sind alternative beste Antwortstrategien, d.h.

$$\bar{P}^\top A\bar{P} = Q^\top A\bar{P}. \tag{3.13}$$

Wir ziehen (3.13) von (3.12) ab und erhalten, nach einer kleinen Umformung,

$$(Q - \bar{P})^\top A(Q - \bar{P}) < 0 \quad \text{für alle } Q \neq \bar{P},\ C(Q) \subset B(\bar{P}). \tag{3.14}$$

Falls nun (3.10) erfüllt ist, falls also A negativ definit ist bezüglich des erweiterten Trägers $\nu \sim B(\bar{P})$, so ist auch (3.14) erfüllt. Wir brauchen uns nur daran zu erinnern, daß

$$\sum_{i=1}^{n}(q_i - \bar{p}_i) = \sum_{i=1}^{n} q_i - \sum_{i=1}^{n} \bar{p}_i = 1 - 1 = 0$$

gilt, wobei – *alternative* beste Antwort! – nicht alle $\bar{p}_i$ und q_i gleich sein können. Dementsprechend ersetzt man X in (3.10) mit $Q - \bar{P}$ und (3.14) folgt. Daraus schließen wir

Theorem 3.2.2. [Hai75] *Eine symmetrische Nash-Gleichgewichtsstrategie $\bar{P}$ des symmetrischen Spiels A ist eine ESS, falls A negativ definit ist bezüglich des erweiterten Trägers von $\bar{P}$.*

Man merke, die Bedingung der negativen Definitheit bezüglich des erweiterten Trägers ist hinreichend, *aber nicht notwendig* für die Evolutionsstabilität von $\bar{P}$, eine Feinheit, die selbst Haigh zunächst entgangen ist [Aba80].

Nun bestehe $B(\bar{P})$ aus $b < n$ reinen Strategien. Wir können die Strategien so umnumerieren, daß die Elemente von ν am Anfang stehen. Der Vektor X in (3.10) und die Spielmatrix A schreiben wir dann in der Form

$$X = (\ \overbrace{x_1 \ldots x_b}^{b}, \overbrace{0 \ldots 0}^{n-b}\ )^\top = (X_b^\top, X_0^\top)$$

bzw.

$$A = \begin{pmatrix} A_{bb} & A_{b\bar{b}} \\ A_{\bar{b}b} & A_{\bar{b}\bar{b}} \end{pmatrix}.$$

Wegen

$$X_b^\top A_{b\bar{b}} X_0 = X_0^\top A_{\bar{b}b} X_b = X_0^\top A_{\bar{b}\bar{b}} X_0 = 0$$

ist (3.10) somit äquivalent zu

$$X_b^\top A_{bb} X_b < 0 \quad \text{für alle } X_b = (x_1 \ldots x_b)^\top \neq 0, \ \sum_{i=1}^{b} x_i = 0.$$

Diese Bedingung entspricht fast der Definition 3.2.2 einer negativ definiten Matrix. Nur die Einschränkung $\sum_{i=1}^{b} x_i = 0$ muß noch eliminiert werden. Wir bezeichnen die Elemente der Matrix A_{bb} als a_{ij}. Dann gilt:

$$\begin{aligned}
X_b^\top A_{bb} X_b &= \sum_{i=1}^{b} \sum_{i=1}^{b} x_i a_{ij} x_j \\
&= \sum_{i=i}^{b} \left(\sum_{j=1}^{b-1} x_i a_{ij} x_j + x_i a_{ib} x_b \right) \\
&= \sum_{i=1}^{b} \left(\sum_{j=1}^{b-1} x_i a_{ij} x_j - \sum_{j=1}^{b-1} x_i a_{ib} x_j \right).
\end{aligned}$$

In der letzten Zeile haben wir $x_b = - \sum_{j=1}^{b-1} x_j$ eingesetzt. Weiter:

$$\begin{aligned}
X_b^\top A_{bb} X_b &= \sum_{i=1}^{b-1} \left(\sum_{j=1}^{b-1} x_i a_{ij} x_j - \sum_{j=1}^{b-1} x_i a_{ib} x_j \right) + \sum_{j=1}^{b-1} x_b a_{bj} x_j - \sum_{j=1}^{b-1} x_b a_{bb} x_j \\
&= \sum_{i=1}^{b-1} \sum_{j=1}^{b-1} x_i a_{ij} x_j - \sum_{i=1}^{b-1} \sum_{j=1}^{b-1} x_i a_{ib} x_j - \sum_{j=1}^{b-1} \sum_{i=1}^{b-1} x_i a_{bj} x_j + \sum_{j=1}^{b-1} \sum_{i=1}^{b-1} x_i a_{bb} x_j \\
&= X_{b-1}^\top B X_{b-1},
\end{aligned}$$

wobei $X_{b-1} = (x_1 \ldots x_{b-1})^\top \neq 0$ und die Matrix B durch

$$(B)_{ij} = a_{ij} - a_{ib} - a_{bj} + a_{bb} \tag{3.15}$$

definiert ist. Falls B im Sinne von (3.9) negativ definit ist, dann ist A auch negativ definit bezüglich $\nu = B(\bar{P})$ und – laut Theorem 3.2.2 – ist $\bar{P}$ eine ESS:

Theorem 3.2.3. [Haigh'sche Kriterium] *Die symmetrische Gleichgewichtsstrategie $\bar{P}$ ist eine ESS, falls die Matrix B in (3.15) negativ definit ist.*

Allerdings ist die Matrix B nicht symmetrisch. Wir können Definition 3.2.3 nicht ohne weiteres anwenden, um nach negativer Definitheit zu prüfen. Die symmetrisierte Form $B + B^\top$ ist aber genau dann negativ definit, wenn auch B negativ definit ist. So genügt es, die Eigenwerte von $B + B^\top$ zu bestimmen. Listing 3.2 zeigt die entspechende *Mathematica*-Funktion für eine Ausführung des Haigh'schen Kriteriums.

```
NashEqESS[A_List]:= Module[ {SNE,crit,s,k,B,C},
(* Haigh's criterion for ESS *)
crit[{x_List,_,_,_}]:=(
   (* extended carrier of x *)
   s=Flatten[Position[Map[NonNegative,A.x-x.A.x],True]];
   k=Length[s];
   (* if the carrier is a singleton, return True *)
   If[k==1,Return[True]];
   B=Transpose[Transpose[A[[s]]][[s]]];
   C=Table[B[[i,j]]+B[[k,k]]-B[[i,k]]-B[[k,j]],{i,k-1},{j,k-1}];
   Return[Max[Eigenvalues[C+Transpose[C]]]<0] );
(* first get the symmetric Nash equilibria *)
   SNE = Cases[ NashEq[A,Transpose[A]],{a_,b_,a_,b_} ];
(* Apply Haigh's criterion *)
   Select[SNE,crit] ];
```

Listing 3.2. Eine Funktion für evolutionsstabile Strategien: Auszug aus dem *Mathematica*-Package `GameTheory'Bimatrix'`.

Probieren wir diese Funktion mit dem *Hawk-Dove*-Spiel gleich aus:

```
A = {{(v-d)/2, v}, {0, v/2}};
s = {d->4, v->2};
NashEquilibria[A, Symbolic->s, Select->ESS]
```

$$\left\{\left\{\left\{\frac{v}{d}, 1-\frac{v}{d}\right\}, \frac{(d-v)\,v}{2\,d}, \left\{\frac{v}{d}, 1-\frac{v}{d}\right\}, \frac{(d-v)\,v}{2\,d}\right\}\right\}$$

Es funktioniert! Aber nicht immer, wie wir als nächstes zeigen werden.

3.2.5 Hinreichend UND notwendig

Falls A negativ definit bezüglich des erweiterten Trägers $B(\bar{P})$ ist, ist $\bar{P}$ eine ESS. Die Bedingung ist aber, wie schon erwähnt, nicht notwendig. Es gibt Gleichgewichtsstrategien, die ESS sind und ihr trotzdem nicht genügen. Betrachten wir beispielsweise folgendes Spiel:

```
A = {{0, 2, 2}, {0, 1, 0}, {0, 0, 1}};
MatrixForm[A]
```

$$\begin{pmatrix} 0 & 2 & 2 \\ 0 & 1 & 0 \\ 0 & 0 & 1 \end{pmatrix}$$

Die reine Strategie $\bar{P} = (1, 0, 0)^\top$ ist eine symmetrische Gleichgewichtsstrategie:

```
P = {1, 0, 0};
Q = {q1, q2, 1 - q1 - q2};
P.A.P == Q.A.P
```

```
True
```

d.h. Bedingung (3.7) ist als Gleichheit erfüllt. Außerdem ist $\bar{P}$ eine ESS, denn:

```
Simplify[P.A.Q - Q.A.Q] == Simplify[(1 - q1 - q2)^2 + 4 (1 - q1 - q2) q2 + q2^2]
```

```
True
```

Der Ausduck auf der rechten Seite ist immer größer null, es sei $Q = \bar{P}$, also $q_1 = 1$ und $q_2 = 0$, was bedeutet: (3.8) ist erfüllt. Aber hier versagt das Haigh'sche Kriterium:

```
NashEquilibria[A, Select -> ESS]
```

```
NashEquilibria::degen : degenerate game

{}
```

Wir müssen die Kandidaten für eine ESS offensichtlich etwas enger eingrenzen. Nehmen wir an, die symmetrische Nash-Gleichgewichtsstrategie $\bar{P}$ ist auch quasistrikt, Definition 3.1.1 entsprechend. Dann ist $B(\bar{P}) = C(\bar{P})$ und es muß gelten mit (3.14):

$$(Q - \bar{P})^\top A(Q - \bar{P}) < 0 \quad \text{für alle } Q, \ C(Q) \subset C(\bar{P}), \qquad (3.16)$$

insbesondere auch für alle Q, $C(Q) = C(\bar{P})$. Sei X ein beliebiger Vektor mit $\sum x_i = 0$ und $x_i = 0$ falls $i \notin \nu = C(\bar{P})$. Dann ist es leicht nachzuprüfen, daß man immer eine Strategie Q mit $C(Q) = C(\bar{P})$ finden kann, für die gilt

$$Q - \bar{P} = \epsilon X, \quad \epsilon \neq 0.$$

Mit (3.16) bedeutet dies aber

$$\epsilon^2 X^\top A X < 0.$$

Die Matrix A ist *notwendigerweise* negativ definit bezüglich des erweiterten Trägers von $\bar{P}$. Zusammenfassend:

Theorem 3.2.4. [Aba80] *Eine symmetrische, quasistrikte Nash-Gleichgewichtsstrategie des Spiels A ist genau dann eine ESS, wenn A negativ definit ist bezüglich $B(\bar{P})$, äquivalent dazu, wenn das Haigh'sche Kriterium erfüllt ist.*

Bomze [Bom92] beschreibt einen Algorithmus, der alle – nicht nur alle quasistrikten – evolutionsstabilen Gleichgewichte eines beliebigen, symmetrischen Bimatrixspiels findet.

3.2.6 Einschüchterer und Vergelter

Eine hübsche Erweiterung des *Hawk-Dove*-Spiels bietet das *Hawk-Dove-Bully-Retalliator*-Spiel [MSP73]. Wie der Name impliziert, treffen in diesem Spiel vier mögliche Verhaltensstrategien aufeinander, die in Tabelle 3.1 erklärt sind.

Tabelle 3.1. Verhaltensweise bei reinen Strategien im HDBR-Spiel.

	Strategie	**Ausgangstaktik**	**Falls Gegner eskaliert**
H	Hawk	eskalieren	weiter eskalieren
D	Dove	Präsenz zeigen	weglaufen
B	Bully	eskalieren	weglaufen
R	Retaliator	Präsenz zeigen	eskalieren

Mit den Auszahlungsparametern v, $-d$ und $-t$, die den Fitnesswert der umkämpften Ressource, den Fitnessverlust bei ernsthafter Verletzung bzw. den Fitnessverlust wegen vergeudeter Zeit beim Präsenzzeigen beschreiben, wäre eine plausible Auszahlungsbimatrix dieses Spiels gegeben durch:

```mathematica
A = {{(v-d)/2, v, v, (v-d)/2},
    {0, v/2-t, 0, v/2-t},
    {0, v, v/2, 0},
    {(v-d)/2, v/2-t, v, v/2-t}};
BimatrixForm[A, Transpose[A]]
```

$$
\begin{pmatrix}
 & S_1 & S_2 & S_3 & S_4 \\
R_1 & \begin{pmatrix} \frac{1}{2}(-d+v) \\ \frac{1}{2}(-d+v) \end{pmatrix} & \begin{pmatrix} v \\ 0 \end{pmatrix} & \begin{pmatrix} v \\ 0 \end{pmatrix} & \begin{pmatrix} \frac{1}{2}(-d+v) \\ \frac{1}{2}(-d+v) \end{pmatrix} \\
R_2 & \begin{pmatrix} 0 \\ v \end{pmatrix} & \begin{pmatrix} -t+\frac{v}{2} \\ -t+\frac{v}{2} \end{pmatrix} & \begin{pmatrix} 0 \\ v \end{pmatrix} & \begin{pmatrix} -t+\frac{v}{2} \\ -t+\frac{v}{2} \end{pmatrix} \\
R_3 & \begin{pmatrix} 0 \\ v \end{pmatrix} & \begin{pmatrix} v \\ 0 \end{pmatrix} & \begin{pmatrix} \frac{v}{2} \\ \frac{v}{2} \end{pmatrix} & \begin{pmatrix} 0 \\ v \end{pmatrix} \\
R_4 & \begin{pmatrix} \frac{1}{2}(-d+v) \\ \frac{1}{2}(-d+v) \end{pmatrix} & \begin{pmatrix} -t+\frac{v}{2} \\ -t+\frac{v}{2} \end{pmatrix} & \begin{pmatrix} v \\ 0 \end{pmatrix} & \begin{pmatrix} -t+\frac{v}{2} \\ -t+\frac{v}{2} \end{pmatrix}
\end{pmatrix}
$$

wobei $R_1 = S_1 = H$, $R_2 = S_2 = D$, $R_3 = S_3 = B$ und $R_4 = S_4 = R$.
Für $d > v > t$

```mathematica
s = {d -> 10, v -> 5, t -> 1};
```

besitzt das Spiel nicht weniger als drei symmetrische Nash-Gleichgewichte:

```mathematica
NashEqSym[A, s] // MatrixForm
```

```
NashEquilibria::degen : degenerate game
```

$$
\begin{pmatrix}
\{0, 0, 0, 1\} & \frac{1}{2}(-2t+v) \\
\{0, \frac{1}{2}-\frac{t}{v}, 0, \frac{1}{2}+\frac{t}{v}\} & \frac{1}{2}(-2t+v) \\
\{\frac{v}{d}, 0, 1-\frac{v}{d}, 0\} & \frac{(d-v)v}{2d}
\end{pmatrix}
$$

Doch keines davon erfüllt das Haigh'sche Kriterium:

```mathematica
NashEquilibria[A, Symbolic -> s, Select -> ESS]
```

```
NashEquilibria::degen : degenerate game
```

```
{}
```

Die Erkenntnis, daß es hier um ein entartetes Spiel geht, soll uns übrigens nicht weiter beunruhigen. `NashEquilibria` gibt nicht vor, mehr als diejenigen ESS zu finden, die auch quasistrikt sind. Aber jede ESS, die ein quasistriktes Gleichgewicht darstellt, ist *isoliert*[3] (siehe [vD91], Theorem 9.3.5), und wird als solches auf jeden Fall als LCP-Lösung erfaßt.

Das obige Ergebnis besagt also, daß es keine ESS gibt, die quasistrikt ist. Doch die erste symmetrische Gleichgewichtsstrategie $\bar{P} = (0,0,0,1)^\top$ oben ist eben nicht quasistrikt, denn $Q = (0,1,0,0)^\top$ ist eine alternative beste Antwort auf sie:

```
P = {0, 0, 0, 1}; Q = {0, 1, 0, 0};
{P.A.P, P.A.Q} // Simplify
```

$$\left\{\frac{1}{2}(-2t+v),\ \frac{1}{2}(-2t+v)\right\}$$

Deswegen gilt $C(\bar{P}) \neq B(\bar{P})$. Aber $\bar{P}$ ist trotzdem keine ESS, denn

```
{P.A.Q, Q.A.Q} // Simplify
```

$$\left\{\frac{1}{2}(-2t+v),\ \frac{1}{2}(-2t+v)\right\}$$

und Stabilitätsbedingung (3.8) ist verletzt. Ähnlich kann man zeigen, daß die anderen zwei symmetrischen Gleichgewichtsstrategien ebenfalls nicht quasistrikt aber auch nicht evolutionsstabil sind. Das Spiel besitzt in der Tat keine evolutionsstabilen Zustände.[4]

Mit einer kleinen „Störung" des Spiels [Zee81] tauchen evolutionsstabile Strategien plötzlich auf:

```
Clear[AA];
AA = {{(v - d) / 2, v, v, (v - d) / 2 + e},
      {0, v/2 - t, 0, v/2 - t - e},
      {0, v, v / 2, 0},
      {(v - d) / 2 - e, v / 2 - t + e, v, v / 2 - t}};
AA // MatrixForm
```

$$\begin{pmatrix} \frac{1}{2}(-d+v) & v & v & e+\frac{1}{2}(-d+v) \\ 0 & -t+\frac{v}{2} & 0 & -e-t+\frac{v}{2} \\ 0 & v & \frac{v}{2} & 0 \\ -e+\frac{1}{2}(-d+v) & e-t+\frac{v}{2} & v & -t+\frac{v}{2} \end{pmatrix}$$

---

[3] d.h. nicht Teil einer im Sinne von Abschnitt 1.4.4 entarteten Lösung.

[4] Das HDBR-Spiel besitzt quasistrikte Gleichgewichte, wie man mit `NashEquilibria` leicht feststellen kann, aber sie sind nicht symmetrisch.

Hier ist e eine kleine, positive Zahl, die R einen leichten Vorteil gegenüber D und H einen leichten Vorteil gegenüber R verleihen soll. Mit $d > v > t > e$

```
Clear[ss];
ss = {d -> 10, v -> 5, t -> 1, e -> 1 / 10};
```

stellen wir fest, daß nun alle symmetrischen Gleichgewichtsstrategien auch quasistrikt sind:

```
NashEqSym[AA, ss] ==
Map[ Take[#, 2]&,
    Cases[
    NashEquilibria[AA, Transpose[AA], Symbolic -> ss, Select -> QS],
    {a_, b_, a_, b_}]]

NashEquilibria::degen : degenerate game
NashEquilibria::degen : degenerate game

True
```

Wir können also das Haigh'sche Kriterium uneingeschränkt auf sie anwenden und finden prompt zwei ESS:

```
NashEquilibria[AA, Symbolic -> ss, Select -> ESS] // MatrixForm

NashEquilibria::degen : degenerate game
```

$$\begin{pmatrix} \{0, 0, 0, 1\} & \frac{1}{2}(-2t+v) & \{0, 0, 0, 1\} & \frac{1}{2}(-2t+v) \\ \{\frac{v}{d}, 0, 1-\frac{v}{d}, 0\} & \frac{(d-v)v}{2d} & \{\frac{v}{d}, 0, 1-\frac{v}{d}, 0\} & \frac{(d-v)v}{2d} \end{pmatrix}$$

nämlich die reine „Vergeltungsstrategie" *Retaliator* sowie eine Mischung aus *Hawk* und *Bully*.

3.2.7 Zermürbung

Bei manchen Konflikten um Ressourcen oder Partner kommt es so gut wie nie zum Kampf. Die Kontrahenten versuchen vielmehr ihren Gegner allein durch ständige Präsenz schlichtweg zu zermürben. Vergeudete Zeit in der Tierwelt ist teuer, und früher oder später räumt einer der beiden Kontrahenten das Feld. Im entsprechenden spieltheoretischen Modell ist es naheliegend, die reinen Strategien der konkurrierenden Tiere durch die Zeit bis zum Aufgeben zu charakterisieren. Dann haben wir es genau genommen mit einem *unendlichen* Spiel zu tun, denn die Wartezeit ist natürlich ein Kontinuum. Weil wir unendliche Spiele erst im fünften Kapitel untersuchen wollen, werden wir an dieser Stelle einmal schauen, wie weit wir mit einem endlichen Bimatrixspiel kommen.

Zunächst muß die Spielzeit offensichtlich irgendwie begrenzt werden. Das Spiel wird auf, sagen wir, insgesamt n diskrete Zeitpunkte beschränkt. (Nach Sonnenuntergang endet der Konflikt.) Wenn ein Tier nach i Perioden und vor seinem Gegner aufgibt, ist sein Fitnessverlust $-i$. Macht sein Gegner nach i Perioden zuerst Schluß, gewinnt das noch ausharrende Tier $v - i$, wobei v den Fitnesswert der Ressource darstellt. Geben beide in der i-ten Periode auf, entscheidet der Zufall, wer gewonnen hat und die Ressource bekommt. Die zu erwartende Auszahlung ist in diesem Fall $v/2 - i$. Folgende Funktion erzeugt eine entsprechende Spielmatrix, z.B. für $n = 3$:

```
Clear[AA, genA, v];
AA[i_, j_] := If[i == j, v/2 - i, If[i > j, v - j, -i]];
genA[n_] := Array[AA, {n, n}];
genA[3] // MatrixForm
```

$$\begin{pmatrix} -1 + \frac{v}{2} & -1 & -1 \\ -1 + v & -2 + \frac{v}{2} & -2 \\ -1 + v & -2 + v & -3 + \frac{v}{2} \end{pmatrix}$$

Selbstverständlich sind drei Perioden eine denkbar schlechte Approximation für ein Kontinuum, aber wir fangen ja erst an. Auf jeden Fall besitzt dieses symmetrische Bimatrixspiel eine ESS:

```
NashEquilibria[genA[3], Symbolic -> (v -> 3/2), Select -> ESS] //
  MatrixForm
```

```
NashEquilibria::degen : degenerate game
```

$$\left(\left\{ \frac{4 - 2v + v^2}{4 + v^2}, -\frac{(-2 + v)v}{4 + v^2}, \frac{v^2}{4 + v^2} \right\} \quad \frac{-8 + 4v - 4v^2 + v^3}{2(4 + v^2)} \quad \left\{ \frac{4 - 2v + v^2}{4 + v^2}, -\frac{(-2 + v)v}{4 + v^2}, \frac{v^2}{4 + v^2} \right\} \quad \frac{-8 + 4v - 4v^2 + v^3}{2(4 + v^2)} \right)$$

Wir lassen uns von *Mathematica* die evolutionsstabilen Strategien und Auszahlungen für die Spiele mit $n = 1 \dots 5$ in symbolischer Form zeigen:

```
Clear[eq, P, I1];
Table[{eq = NashEquilibria[genA[n], Symbolic -> (v -> 1),
Select -> ESS], P[n] = eq[[1, 1]], I1[n] = eq[[1, 2]]}, {n, 1, 5}];
Table[P[n], {n, 1, 5}] // MatrixForm
(Table[I1[n], {n, 1, 5}]) // MatrixForm
```

```
NashEquilibria::degen : degenerate game

NashEquilibria::degen : degenerate game

NashEquilibria::degen : degenerate game

General::stop : Further output of NashEquilibria::degen will be
    suppressed during this calculation.
```

$$\left\{1 - \frac{v}{2}, \frac{v}{2}\right\} \tag{1}$$

$$\left\{\frac{4 - 2v + v^2}{4 + v^2}, \frac{(-2+v)\,v}{4+v^2}, \frac{v^2}{4+v^2}\right\}$$

$$\left\{-\frac{-8 + 4v - 4v^2 + v^3}{4\,(2+v^2)}, \frac{v\,(4 - 2v + v^2)}{4\,(2+v^2)}, -\frac{(-2+v)\,v^2}{4\,(2+v^2)}, \frac{v^3}{8 + 4v^2}\right\}$$

$$\left\{\frac{16 - 8v + 12v^2 - 4v^3 + v^4}{16 + 12v^2 + v^4}, -\frac{v\,(-8 + 4v - 4v^2 + v^3)}{16 + 12v^2 + v^4}, \frac{v^2\,(4 - 2v + v^2)}{16 + 12v^2 + v^4}, -\frac{(-2+v)\,v^3}{16 + 12v^2 + v^4}, \frac{v^4}{16 + 12v^2 + v^4}\right\}$$

$$\left\{\frac{1}{2}\,(-2+v)\quad \frac{1}{4}\,(-4 + 2v - v^2)\quad \frac{-8 + 4v - 4v^2 + v^3}{2\,(4+v^2)}\quad -\frac{16 - 8v + 12v^2 - 4v^3 + v^4}{8\,(2+v^2)}\quad \frac{-32 + 16v - 32v^2 + 12v^3 - 6v^4 + v^5}{2\,(16 + 12v^2 + v^4)}\right\}$$

Sie sind wie üblich recht kompliziert, weisen aber Regelmäßigkeiten auf. Wenn wir die ESS für das n-Perioden-Spiel mit $P[n]$ bezeichnen, ist das Verhältnis

$$\frac{P[n]_i}{P[n-1]_{i-1}}, \quad n > 1,$$

offensichtlich eine Konstante für $i = 2 \ldots n$:

```
Simplify[ P[2][[2]] / P[1][[1]] ]

Simplify[{ P[3][[2]] / P[2][[1]] , P[3][[3]] / P[2][[2]] }]

Simplify[{ P[4][[2]] / P[3][[1]] , P[4][[3]] / P[3][[2]] , P[4][[4]] / P[3][[3]] }]

Simplify[{ P[5][[2]] / P[4][[1]] , P[5][[3]] / P[4][[2]] , P[5][[4]] / P[4][[3]] , P[5][[5]] / P[4][[4]] }]
```

$$\frac{v}{2}$$

$$\left\{\frac{2v}{4+v^2}, \frac{2v}{4+v^2}\right\}$$

$$\left\{\frac{v\,(4+v^2)}{4\,(2+v^2)}, \frac{v\,(4+v^2)}{4\,(2+v^2)}, \frac{v\,(4+v^2)}{4\,(2+v^2)}\right\}$$

$$\left\{\frac{4v\,(2+v^2)}{16 + 12v^2 + v^4}, \frac{4v\,(2+v^2)}{16 + 12v^2 + v^4}, \frac{4v\,(2+v^2)}{16 + 12v^2 + v^4}, \frac{4v\,(2+v^2)}{16 + 12v^2 + v^4}\right\}$$

Diese Werte haben wiederum eine einfache Beziehung zum Verhältnis von den ersten Strategienkomponenten zu den jeweiligen Auszahlungen:

```
Simplify[- v/2 { P[2][[1]]/I1[[1]] , P[3][[1]]/I1[[2]] , P[4][[1]]/I1[[3]] , P[5][[1]]/I1[[4]] } ]
```

$$\left\{ \frac{v}{2}, \frac{2v}{4+v^2}, \frac{v(4+v^2)}{4(2+v^2)}, \frac{4v(2+v^2)}{16+12v^2+v^4} \right\}$$

Somit gilt eine – fast – rekursive Formel für die Gleichgewichtsstrategien:

$$\frac{P[n]_i}{P[n-1]_{i-1}} = -\frac{v}{2}\frac{P[n]_1}{I_1[n-1]}, \quad i = 2\ldots n. \tag{3.17}$$

Die Auszahlungen $I_1[n]$ sind hier zwar nicht rekursiv bestimmt, sie können aber direkt aus den Gleichgewichtsstrategien gemäß $I_1[n] = P[n]^\mathsf{T} A[n]P[n]$ berechnet werden. Diese Tatsache veranlaßt uns zur Programmierung folgender rekursiver *Mathematica*-Funktion:

```
Clear[PP];
PP[1] := {1};
PP[n_] := Module[{Pn, Pn1, Pnminus1}, Pnminus1 = PP[n-1];
    Pn = Pn1 Join[{1}, - v/2  Pnminus1/(Pnminus1 . genA[n-1] . Pnminus1)];
    Pn /. Solve[Plus@@Pn == 1, {Pn1}][[1]] // Simplify];
```

In der zweiten Zeile des Moduls wird

$$P[n] = P[n]_1 \cdot \left(1, \frac{P[n]_2}{P[n]_1} \cdots \frac{P[n]_n}{P[n]_1}\right)$$

rekursive aus (3.17) berechnet und dann in der dritten Zeile normiert. Mit dieser Funktion können wir die symbolischen Strategienvektoren für eine beliebig große Periodenzahl n ausrechnen, z.B.

```
Clear[v];
PP[10][[1]]
```

$$\frac{-512 + 256\,v - 1024\,v^2 + 448\,v^3 - 672\,v^4 + 240\,v^5 - 160\,v^6 + 40\,v^7 - 10\,v^8 + v^9}{2\,(256 + 512\,v^2 + 336\,v^4 + 80\,v^6 + 5\,v^8)}$$

aber sinnvoller ist es jetzt, numerisch vorzugehen.

Wir lassen die ESS für $n = 50$ bestimmen[5] und den Logarithmus der einzelnen Komponenten als Graphik ausgeben:

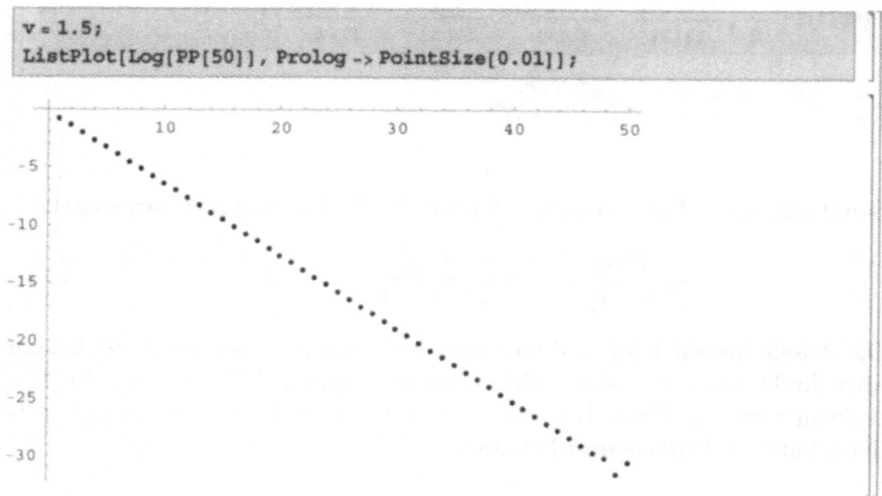

Es scheint, als werden die reinen Strategien – im Grenzfall $n \gg 1$ zumindest – exponentiell gewichtet. Einige Bemerkungen zu diesem Ergebnis:

1. Thomas [Tho86] beweist ein ähnliches Resultat bei der Betrachtung eines entsprechenden unendlichen Spiels. Für einen unendlichen Zeithorizont gibt ein Tier zur Zeit $x \in [0, \infty)$ gemäß der Wahrscheinlichkeitsdichte bzw. Verteilungsfunktion

$$f(x) = \frac{1}{v} \cdot e^{-x/v} \quad \text{bzw.} \quad F(x) = \int_0^x f(t)dt = 1 - e^{-x/v} \qquad (3.18)$$

auf. Thomas verweist auch auf Versuche, bei denen solches evolutionsstabiles Verhalten tatsächlich beobachtet wurde.

2. Die ESS ist immer vollständig gemischt, was bedeutet, daß die Tiere mit endlicher Wahrscheinlichkeit „bis zum bitteren Ende" ausharren, obwohl bis dahin ihre Fitnessverluste den Wert der umstrittenen Ressource längst überschritten haben.

3. Die oben aufgeführten, diskreten Lösungen gelten nur für $0 < v < 2$. Bei $v = 2, 4, 6 \ldots$ nimmt $P[n]$ die Form von immer neuen polynomischen Brüche an. Jedoch bleibt sowohl die Eindeutigkeit als auch die exponentielle Abhängigkeit der Stategien – von „Randeffekten" abgesehen – stets erhalten.

---

[5] Ein Ding der Unmöglichkeit mit `NashEquilibria` direkt.

3.2.8 Asymmetrische Konflikte

Das Konzept einer ESS ist nur für symmetrische Bimatrixspiele definiert.
Konflikte, die in der Natur beobachtet werden, sind jedoch vielfach asymme-
trisch. Unterschiede in Größe, Erfahrung, Rangordnung usw. sind meistens
vorhanden und werden von den Kontrahenten wahrgenommen. Ein simples
Beispiel hierfür ist das *Hawk-Dove*-Spiel mit Besitztum: Ein Tier ist als Besitzer, der andere als Eindringling von vornherein ausgezeichnet. In solchen
Fällen sind asymmetrische Gleichgewichtsstrategien durchaus denkbar. Um
mit dem herkommlichen ESS-Begriff weiterhin auszukommen, werden solche
Spiele oft *symmetrisiert*. Dies geschieht mit Hilfe von *bedingten* Strategien.
Erkennt sich ein Tier z.B. in der Rolle des Besitzers, spielt er stets Strategie X, ist er hingegen der Eindringling, spielt er Y. Abbildung 3.1 zeigt das
entsprechend symmetrisiertes *Hawk-Dove*-Spiel.

	HH	HD	DH	DD
HH	$V + v - 2d$	$2V + v - d$	$V + 2v - d$	$2V + 2v$
HD	$V - d$	$2V$	$V + v - d$	$2V + v$
DH	$v - d$	$V + v - d$	$2v$	$V + 2v$
DD	0	V	v	$V + v$

Abb. 3.1. Symmetrisches *Hawk-Dove*-Spiel mit Besitztum. Strategie HD bedeutet
beispielsweise: Falls Besitzer *Hawk*, falls Eindringling *Dove* spielen. V ist der Wert
der Ressource vom Standpunkt des Besitzers, v von dem des Eindringlings ausgesehen; d ist der Fitnessverlust beim verlorenen Kampf. Alle Auszahlungen sind der
Bequemlichkeit halber mit 4 multipliziert worden.

Der Fitnessverlust d sei für beide Rollen gleich, doch der Fitnesswert der umkämpften Ressource sei für den Besitzer höher als für den Eindringling: $V > v$. Die Auszahlungen sind unter denselben Annahmen wie beim symmetrischen *Hawk-Dove*-Spiel berechnet. Wir nehmen ferner an, daß $d > V$ gilt:

```
Clear[v, d];
A = {{V + v - 2 d, 2 V + v - d, V + 2 v - d, 2 V + 2 v},
    {V - d, 2 V, V + v - d, 2 V + v},
    {v - d, V + v - d, 2 v, V + 2 v},
    {0, V, v, V + v}};
A // MatrixForm
s = {v -> 1, V -> 2, d -> 4};
```

$$\begin{pmatrix} -2d+v+V & -d+v+2V & -d+2v+V & 2v+2V \\ -d+V & 2V & -d+v+V & v+2V \\ -d+v & -d+v+V & 2v & 2v+V \\ 0 & V & v & v+V \end{pmatrix}$$

womit die ESS gegeben sind durch

```
NashEquilibria[A / 4, Symbolic -> s, Select -> ESS]
```

```
NashEquilibria::degen : degenerate game
```

$$\left\{ \left\{ (0, 0, 1, 0), \frac{v}{2}, (0, 0, 1, 0), \frac{v}{2} \right\}, \left\{ (0, 1, 0, 0), \frac{v}{2}, (0, 1, 0, 0), \frac{v}{2} \right\} \right\}$$

Es sind also die reinen bedingten Strategien *Hawk-Dove* (sogenannte *BourgoisStrategie*) sowie *Dove-Hawk* – aus naheliegenden Grunden *Paradoxstrategie* genannt – die sich als evolutionsstabil erweisen.

3.3 Verhaltensdynamik

Die bisherige Diskussion ist – zugegeben – ein wenig abstrakt ausgefallen. Auch wenn ein Tierkonflikt sich halbwegs realistisch als symmetrisches Bimatrixspiel modellieren läßt, kann man sich fragen, ob eine eventuell vorhandene ESS sich tatsächlich einstellen würde. In diesem Abschnitt betrachten wir die Zeitabhängigkeit – sprich die *Dynamik* – von Verhaltensweisen in einer polymorphen Tierpopulation, und zwar in Verbindung mit spieltheoretischen Gleichgewichten.

Die Auszahlungsparameter in einem Evolutionsspiel haben wir als *Fitness*, d.h. als Reproduktionsfähigkeit interpretiert. Die Vermehrungsgeschwindigkeit eines Tiers hängt demzufolge von seiner Strategienwahl ab. In diesem

Sinne implizieren derartige Spiele eine sogenannte *Replikatorendynamik*. Wir betrachten die Population als *dynamisches System* und untersuchen seine *stabilen dynamischen Gleichgewichte*, die wir dann mit den statischen Voraussagungen der Spieltheorie vergleichen können. In einer Population, in der Individuen beliebige reine Strategien spielen, erwarten wir insbesondere eine zeitliche Evolution in Richtung einer ESS, falls eine vorhanden ist.

3.3.1 Ein dynamisches System

In einer polymorphen Population spielt jedes Individuum definitionsgemäß nur reine Strategien. Wir bezeichnen deren Menge wie gehabt mit

$$S = \{S_1, \ldots S_n\}$$

und sagen, daß die Population als ganze eine gemischte Strategie $P = (p_1 \ldots p_n)^\top$ spielt, falls der Bruchteil p_i die Strategie S_i spielt, $i = 1 \ldots n$. Eine reine Strategie ist ein Vektor von der Form

$$S_i = (0, 0 \ldots 1 \ldots 0)^\top,$$

wobei die 1 an der i-ten Stelle liegt, siehe Kapitel 1.

Der *Fitness-Vorteil* v_i einer reinen Strategie S_i, bezogen auf die gerade herrschende gemischte Strategie P, ist der Auszahlungsunterschied zwischen dem, was ein Tier bekommt, das S_i spielt und der mittleren zu erwartenden Auszahlung innerhalb der Gesamtpopulation:

$$v_i = S_i^\top AP - P^\top AP.$$

Dieser Vorteil bestimmt die Reproduktionsrate des Tiers, dem *Gesetz des organischen Wachstums* entsprechend. Der Bruchteil p_i wächst mit einer Geschwindigkeit proportional zu sich selbst mit dem Proportionalitätsfaktor v_i:

$$\dot{p}_i = (S_i^\top AP - P^\top AP)p_i, \quad i = 1 \ldots n. \tag{3.19}$$

Formell handelt es sich hier um n gekoppelte, nichtlineare Differentialgleichungen erster Ordnug, die die Replikatorendynamik bestimmen. Weil die zeitabhängigen Variablen p_i Populationsbruchteile darstellen, sind die Lösungen $p_1(t) \ldots p_n(t)$ dieser Differentialgleichungen auf die Simplexmenge

$$\Delta^{n-1} = \left\{ p_i \mid p_i \geq 0, i = 1 \ldots n, \sum_i p_i = 1 \right\} \tag{3.20}$$

beschränkt.

Hier ist eine *Mathematica*-Funktion, die die rechte Seite von (3.19) unter der Beschränkung (3.20) berechnet:

```
Clear[dynamic, p];
dynamic[A_List] := Module[{m, P}, m = Length[A[[1]]]; P = Array[p, m];
Table[(A.P-P.A.P)[[i]] P[[i]] /. p[m] -> 1 - Sum[p[j], {j, m-1}],
    {i, m-1}]];
```

Die *dynamischen Gleichgewichte* – sogenannte *Fixpunkte* des Gleichungssystems (3.19) – sind die Stellen innerhalb von Δ^{n-1}, an der die Veränderungsraten gerade null sind. Das sind mit (3.19) die Lösungen der Gleichungen

$$(S_i{}^\top AP - P^\top AP)p_i = 0, \quad i = 1 \ldots n. \tag{3.21}$$

Trivialerweise sind alle reine Strategien $P = S_j$ auch dynamische Gleichgewichte. Für $j \neq i$ gilt nämlich

$$(S_i{}^\top AS_j - S_j^\top AS_j)p_i = 0$$

wegen $p_i = 0$. Falls dagegen $j = i$, gilt ebenfalls

$$(S_i{}^\top AS_i - S_i{}^\top AS_i)p_i = 0.$$

Ist $\bar{P}$ eine symmetrische Nash-Gleichgewichtstrategie, dann gilt

$$S_i{}^\top A\bar{P} = \bar{P}^\top A\bar{P} \quad \text{für jede reine Strategie } S_i \in C(\bar{P}),$$

d.h. jedes symmetrische Nash-Gleichgewicht – und daher auch jede ESS – ist auch ein dynamisches Gleichgewicht der Replikatorendynamik.

Wir können dies leicht mit *Mathematica* bestätigen. Folgende Funktion berechnet die dynamischen Gleichgewichtspunkte eines Spieles mit Fitnessmatrix A:

```
Clear[equilibria];
equilibria[A_List] := Module[{crit, pp, m, Eq},
   crit[P_List] := (Select[P, # < 0&] == {});
   m = Length[A[[1]]];
   pp = Table[p[i], {i, m-1}];
   Eq = Append[pp, 1 - Sum[p[j], {j, m-1}]] /. Solve[dynamic[A] == 0, pp];
   Select[Eq, crit] ];
```

Für das modifizierte HDBR-Spiel des Abschnittes 3.2.6 erhalten wir

```
AA = {{(v - d) / 2, v, v, (v - d) / 2 + e},
   {0, v / 2 - t, 0, v / 2 - t - e},
   {0, v, v / 2, 0},
   {(v - d) / 2 - e, v / 2 - t + e, v, v / 2 - t}};
ss = {d -> 10, v -> 5, t -> 1, e -> 1 / 10};
equilibria[AA /. ss] // MatrixForm
```

$$
\begin{pmatrix}
0 & 0 & 0 & 1 \\
\frac{39}{40} & 0 & 0 & \frac{1}{40} \\
1 & 0 & 0 & 0 \\
\frac{975}{1999} & 0 & \frac{999}{1999} & \frac{25}{1999} \\
\frac{1}{2} & 0 & \frac{1}{2} & 0 \\
0 & 0 & 1 & 0 \\
\frac{7}{12} & \frac{5}{12} & 0 & 0 \\
\frac{1}{27} & \frac{1013}{1971} & 0 & \frac{295}{657} \\
0 & 1 & 0 & 0
\end{pmatrix}
$$

Hier tauchen wie behauptet nicht nur sämtliche reine Strategien auf, sondern auch die symmetrischen Gleichgewichtsstrategien.

3.3.2 Evolutions- und dynamische Stabilität

Es sind jedoch nicht die dynamischen Gleichgewichte an sich, die uns interessieren, sondern vielmehr deren *Stabilität*. Wir erwarten, daß jede ESS einem *asymptotisch stabilen* Fixpunkt, bzw. *Punktattraktor* der Replikatorendynamik entspricht. Dies bedeutet, daß jede Strategie P in Δ^{n-1}, die sich in einer hinreichend kleinen Nachbarschaft von einer ESS befindet, zu ihr hingezogen wird.[6] Daß dies in der Tat der Fall ist, besagt

Theorem 3.3.1. [TJ78] *Jede ESS ist ein asymptotisch stabiles dynamisches Gleichgewicht einer polymorphen Population.*

Beweis: Die Strategie $P = (p_1 \ldots p_n)^\top$ sei eine ESS. (Wir führen hier den Beweis durch unter der Annahme, daß P vollständig gemischt ist: Alle reinen Strategien werden mit positiver Wahrscheinlichkeit gespielt und P liegt innerhalb von Δ^{n-1} und nicht auf einer seiner Kanten oder Facetten:

$$
P \in \hat{\Delta}^{n-1}, \quad \hat{\Delta}^{n-1} = \text{das Innere von } \Delta^{n-1}.
$$

Der Beweis für eine nicht vollständig gemischte ESS ist aber ähnlich.) Diese ESS P wird nun verwendet, um eine sogenannte *Lyapunovfunktion V*

---

[6] Siehe Anhang B für eine detailliertere Diskussion von dynamischer Stabilität.

zu erzeugen und zwar gemäß

$$V(Q) = \prod_{i=1}^{n} q_i^{p_i}, \tag{3.22}$$

wobei $Q = (q_1 \ldots q_n)^\top$ eine ebenfalls vollständig gemischte, aber ansonsten beliebige Strategie ist, also $Q \in \hat{\Delta}^{n-1}$. Offensichtlich gilt $V(Q) > 0$ überall in $\hat{\Delta}^{n-1}$. Außerdem erreicht $V(Q)$ seinen maximalen Wert bei $Q = P$ und es gibt überdies keine stationären Punkte in $\hat{\Delta}^{n-1} - P$. Um dies zu beweisen, müssen wir nur zeigen, daß gilt

$$\forall Q \neq P: \quad \frac{\partial V}{\partial Q}^\top (P - Q) > 0. \tag{3.23}$$

Hier ist mit $\partial V / \partial Q$ der Gradient von V gemeint:

$$\frac{\partial V}{\partial Q} = \left(\frac{\partial V}{\partial q_1} \cdots \frac{\partial V}{\partial q_n} \right)^\top.$$

Gl. (3.23) besagt also: Die Projektion des Gradienten an der Stelle Q entlang eines Vektors in Richtung P ist stets positiv. Mit (3.22) erhalten wir

$$\frac{\partial V}{\partial q_i} = V \frac{p_i}{q_i}$$

und daher

$$\frac{\partial V}{\partial Q}^\top (P - Q) = \sum_i V \frac{p_i}{q_i}(p_i - q_i) = V \left(\sum_i \frac{p_i}{q_i}(p_i - q_i) - p_i + q_i \right)$$

$$= V \sum_i \frac{p_i}{q_i} \left(p_i - q_i + \frac{q_i^2}{p_i} \right) = \sum_i \frac{(p_i - q_i)^2}{q_i} > 0.$$

Schließlich zeigen wir, daß $\dot{V} > 0$ entlang sämtlicher dynamischer Bahnen des Systems ist. Letztere sind diejenigen Funktionen $Q(t)$, die den Differentialgleichungen (3.19) genügen, also für die gilt:

$$\dot{q}_i(t) = (S_i^\top AQ(t) - Q(t)^\top AQ(t))q_i(t), \quad i = 1 \ldots n. \tag{3.24}$$

Ist dies der Fall, dann ist V eine Lyapunovfunktion und P ist asymptotisch stabil: Entlang jeder Bahn nimmt V ständig zu, und jede Bahn endet unweigerlich am maximierenden Punkt P. Es gilt in der Tat mit (3.24)

$$\dot{V} = \sum_i \frac{\partial V}{\partial q_i} V \dot{q}_i$$

$$= \sum_i V \frac{p_i}{q_i} \dot{q}_i = V \sum_i \frac{p_i}{q_i}(S_i^\top AQ - Q^\top AQ)q_i = V(P^\top AQ - Q^\top AQ) > 0.$$

Die letzte Ungleichheit folgt aus der Evolutionsstabilität von P. $\qquad\square$

Als kleine Visualisierungshilfe schauen wir uns das Kinderspiel von Abschnitt 3.2.2 noch einmal an. Mit $e < 0$ gibt es eine ESS bei $(1/3, 1/3, 1/3)$:

```
Clear[A, s, P, Q];
Q = {q1, q2, 1 - q1 - q2};
A = {{e, 1, -1}, {-1, e, 1}, {1, -1, e}};
s = {e -> -1 / 2};
P = NashEquilibria[A, Symbolic -> s, Select -> ESS][[1, 1]]
```

$$\left\{ \frac{1}{3}, \frac{1}{3}, \frac{1}{3} \right\}$$

Die Lyapunovfunktion V sieht dann so aus:

```
Clear[v];
v[Q_List] := If[ Map[# > 0&, Q] == {True, True, True},
    Q[[1]] ^P[[1]] Q[[2]] ^P[[2]] Q[[3]] ^P[[3]], 0];
Plot3D[v[Q], {q1, 0, 1}, {q2, 0, 1}];
```

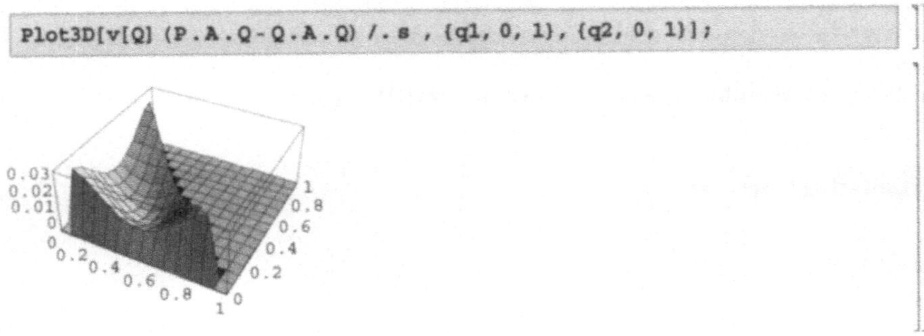

und $\dot{V}(Q)$ ist positiv für alle $Q \neq P$:

```
Plot3D[v[Q] (P.A.Q - Q.A.Q) /. s , {q1, 0, 1}, {q2, 0, 1}];
```

Jede ESS eines symmetrischen Bimatrixspiels ist also dynamisch stabil. Aus der Tatsache, daß Q ein beliebiger Punkt in $\hat{\Delta}^{n-1}$ ist, folgt außerdem:

Korollar 3.3.1. *Existiert eine ESS, die vollständig gemischt ist, so ist sie auch die einzige ESS des Spiels.*

Aber wie sieht es aus mit der Umkehrung des Theorems 3.3.1? Ist jeder Punktattraktor auch eine ESS?

3.3.3 Beispiel und Gegenbeispiel

Zunächst demonstrieren wir Theorem 3.3.1 anhand unseres HDBR-Spiels. Dann zeigen wir ein Gegenbeispiel für dessen Umkehrung, d.h. ein Spiel mit einem stabilen Fixpunkt, der nicht eine ESS ist.

Betrachten wir als erstes die *Jacobi'sche Matrix*

$$(J)_{ij} = \frac{\partial}{\partial p_i}(S_j{}^\top AP - P^\top AP)p_j).$$

In Anhang B wird gezeigt, daß ein dynamisches Gleichgewicht asymtotisch stabil ist, wenn alle Eigenwerte der am Punkt P ausgewerteten Jacobi'schen Matrix Realteile haben, die kleiner als null sind. Diese Realteile heißen *Lyapunovexponenten* und bestimmen lokal die Geschwindigkeit, mit der sich eine Bahn ihrem Attraktor (ob Fixpunkt, Grenzzyklus oder gar „seltsamen Attraktor") nähert. Hierfür eine *Mathematica*-Funktion:

```
Clear[stableEquilibria];
stableEquilibria[A_List] := Module[{crit, m, p, dyn},
  crit[P_List] := ( Max[Re[Eigenvalues[
     Table[D[dyn[[i]], p[j]], {i, m-1}, {j, m-1}]
         /. Table[p[i] -> P[[i]], {i, m-1}]]]] < 0);
m = Length[A[[1]]];
dyn = dynamic[A];
Select[equilibria[A], crit] ];
```

wonach die stabilen Gleichgewichte des HDBR-Spiels

```
stableEquilibria[AA /. ss]
```

$$\left\{ (0, 0, 0, 1),\ \left(\tfrac{1}{2},\ 0,\ \tfrac{1}{2},\ 0 \right) \right\}$$

sind. Und diese sind genau die evolutionsstabilen Strategien des Spiels, nämlich *Retaliator* und die Mischung *Hawk-Bully*.

Hingegen besitzt das Spiel

```
Clear[A];
A = {{0, 6, -4}, {-3, 0, 5}, {-1, 3, 0}};
A // MatrixForm
```

$$\begin{pmatrix} 0 & 6 & -4 \\ -3 & 0 & 5 \\ -1 & 3 & 0 \end{pmatrix}$$

zwei Punktattraktoren, nämlich

```
stableEquilibria[A]
```

$$\left\{ \left\{ \tfrac{1}{3}, \tfrac{1}{3}, \tfrac{1}{3} \right\}, \{1, 0, 0\} \right\}$$

Der erstere ist zwar ein symmetrisches Nash-Gleichgewicht:

```
NashEquilibria[A, Transpose[A]][[1]]
```

$$\left\{ \left\{ \tfrac{1}{3}, \tfrac{1}{3}, \tfrac{1}{3} \right\}, \tfrac{2}{3}, \left\{ \tfrac{1}{3}, \tfrac{1}{3}, \tfrac{1}{3} \right\}, \tfrac{2}{3} \right\}$$

und, weil vollkommen gemischt, auch quasistrikt, doch nur der letztere ist eine ESS:

```
NashEquilibria[A, Select -> ESS]
```

$$\{\{\{1, 0, 0\}, 0, \{1, 0, 0\}, 0\}\}$$

Die Strategie $(1/3, 1/3, 1/3)$ ist also nicht eine ESS, obwohl sie ein asymptotisch stabiler Fixpunkt der Replikatorendynamik ist: Die Umkehrung von Theorem 3.3.1 ist falsch.[7] Andererseits gilt das dynamische Modell nur für eine polymorphische Population, d.h. jedes Tier spielt stets eine reine Strategie. Wenn man auch gemischte Strategien zuläßt, gibt es Anzeichen dafür,

---

[7] Man kann allerdings zeigen, daß für 2×2 Spiele eine Strategie genau dann eine ESS ist, wenn sie auch asymptotisch stabil ist.

daß die beiden Konzepte – ESS und stabiler Fixpunkt – doch äquivalent sind. Dies ist aber noch ein Gebiet aktiven Forschungs [Cre92].

3.3.4 Aus einer ESS wird ein Grenzzyklus

Wir schließen das Kapitel mit dem hübschen Beispiel eines Spiels, dessen einzige ESS ein *Phasenübergang* in einen periodischen Endzustand aufweist.

```
Clear[A];
A = {{0, 1, e, 0}, {0, 0, 1, e}, {e, 0, 0, 1}, {1, e, 0, 0}};
A // MatrixForm
```

$$\begin{pmatrix} 0 & 1 & e & 0 \\ 0 & 0 & 1 & e \\ e & 0 & 0 & 1 \\ 1 & e & 0 & 0 \end{pmatrix}$$

Für $0 < e < 1$ gibt es einen stabilen Fixpunkt im Mittelpunkt des Simplex Δ^{n-1}, nämlich

```
stableEquilibria[A /. e -> 1 / 2]
```

$$\left\{\left\{\frac{1}{4}, \frac{1}{4}, \frac{1}{4}, \frac{1}{4}\right\}\right\}$$

der auch eine ESS ist:

```
NashEquilibria[A, Symbolic -> {e -> 1/2}, Select -> ESS]
```

$$\left\{\left\{\left\{\frac{1}{4}, \frac{1}{4}, \frac{1}{4}, \frac{1}{4}\right\}, \frac{1+e}{4}, \left\{\frac{1}{4}, \frac{1}{4}, \frac{1}{4}, \frac{1}{4}\right\}, \frac{1+e}{4}\right\}\right\}$$

Aus Korrolar 3.3.1 wissen wir, daß diese ESS auch die einzige ist.

Der Fixpunkt wird bei $e < 0$ instabil, d.h. die Lyapunovexponenten werden positiv. Dies sieht man in einer zweidimensionalen Darstellung der Eigenwerte der Jakobischen Matrix, dem sogenanten *Euler-Plot*. Hierzu eine *Mathematica*-Funktion:

```
Clear[EulerPlot];
EulerPlot[A_List, P_List] := Module[{m, dyn, jac, eivs},
m = Length[A[[1]]];
dyn = dynamic[A];
jac = Table[D[dyn[[i]], p[j]], {i, m-1}, {j, m-1}];
eivs = Eigenvalues[jac /. Table[p[i] -> P[[i]], {i, m-1}]];
ListPlot[Transpose[{Re[eivs], Im[eivs]}],
              Frame -> True, Ticks -> None,
              PlotRange -> {{-0.5, 0.5}, {-0.5, 0.5}},
                  Prolog -> AbsolutePointSize[5]]];
```

sowie das Ergebnis für $e > 0$ und $e < 0$:

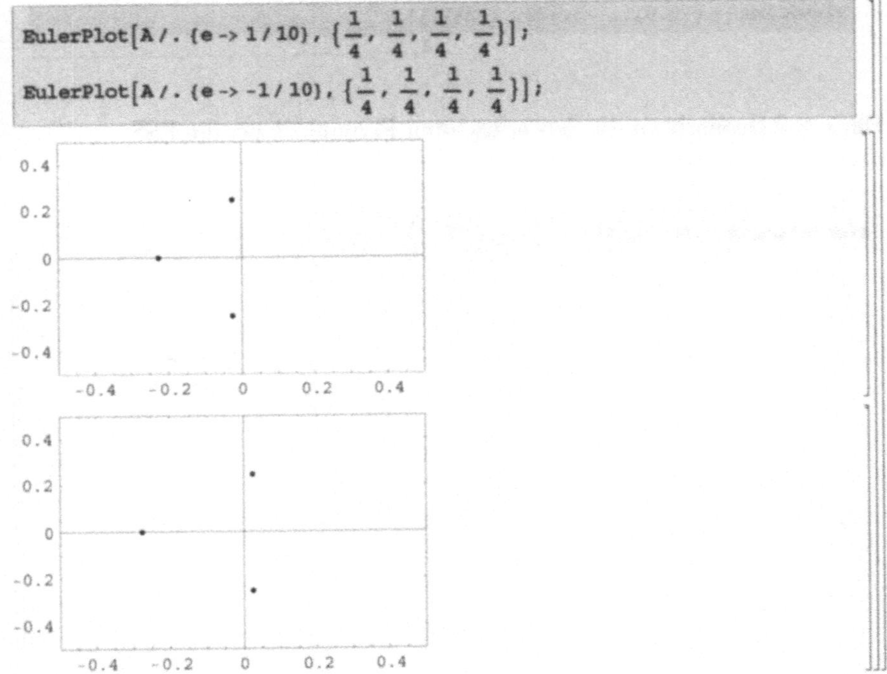

Das Positivwerden von Realteilen eines komplexen Eigenwertpaares ist charakteristisch für eine sogenannte *Hopf-Bifurkation*. Ein Punktattraktor geht in einen Grenzzyklus über, der entweder stabil oder instabil sein kann. Im Falle des berühmten Lorenzsystems ist der entstehende Grenzzyklus instabil und ein *seltsamer Attraktor* wird geboren. Wie auch immer, um zu sehen, was hier geschieht, müssen die dynamischen Gleichungen numerisch integriert werden, da sie ja nicht analytisch lösbar sind. Was natürlich kein Problem ist für *Mathematica*...

```
Clear[simulation];
simulation[A_List] := Module[ {P, p, q, sol, m},
   m = 4;  P = Array[p, m];
   eqs = Table[q[i] == (A . P - P . A . P)[[i]] P[[i]] /.
       p[m] -> 1 - Sum[p[j], {j, m - 1}], {i, m - 1}] /.
     p[i_] -> p[i][t] /. q[i_] -> p[i]'[t];
   eqs = Join[eqs, Table[p[i][0] == 1 / 50, {i, 1, m - 1}]];
   sol = NDSolve[ eqs, Table[p[i], {i, 1, m - 1}],
     {t, 0, 500}, MaxSteps -> 1000];
  ParametricPlot3D[
   Evaluate[Table[p[i][t], {i, m - 1}] /. sol], {t, 0, 500},
   PlotPoints -> 1000, Ticks -> None, PlotRange -> {{0, 1}, {0, 1}, {0, 1}},
   ViewPoint -> {-0.011, -3.152, 1.231}]];
```

Für $e > 0$ beobachten wir den erwarteten Fixpunkt bzw. die ESS:

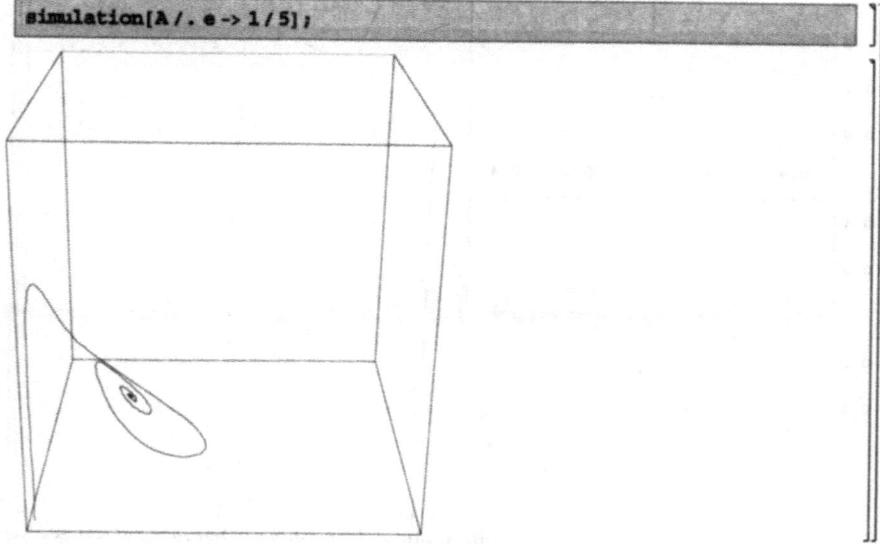

aber für $e < 0$ existiert nur noch ein – in diesem Fall stabiler – Grenzzyklus:

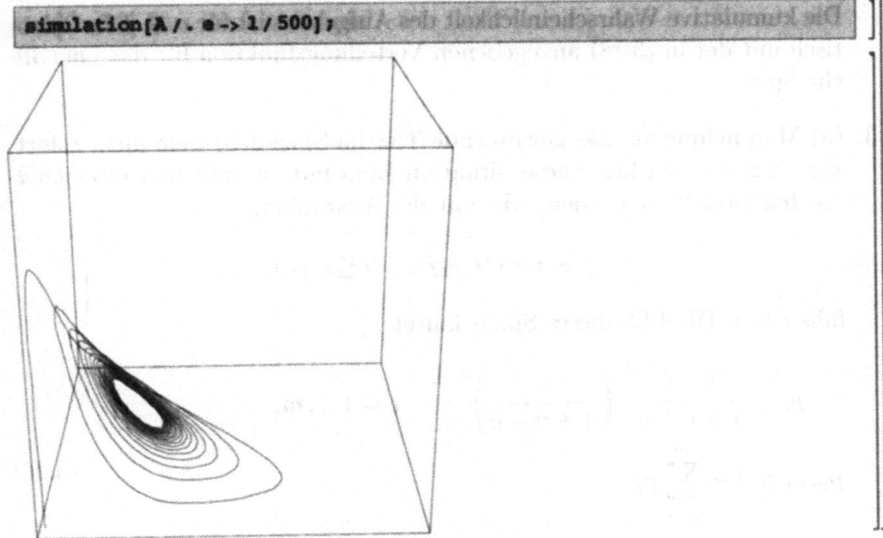

Dieses dynamische System hat eher eine nichtbiologische Interpretation. Es stellt nämlich eine Art „chemische Uhr" dar [Zee80], wobei die vier zeitabhängigen Variablen als die Konzentrationen von vier miteinander reagierenden Chemikalien zu verstehen sind.

3.4 Anregungen

1. [Bom92] Das Evolutionsspiel mit Auszahlungsmatrix

$$A = \begin{pmatrix} 1 & 0 & 2 & 2 & 2 \\ 0 & 1 & 2 & 2 & 2 \\ 2 & 2 & 1 & 0 & 0 \\ 2 & 2 & 0 & 1 & 0 \\ 2 & 2 & 0 & 0 & 1 \end{pmatrix}$$

hat genau 6 evolutionsstabile Gleichgewichte.

2. (a) Es ist leicht zu sehen, daß das Zermürbungsspiel keine symmetrische Nash-Gleichgewichte – und daher auch keine ESS – in den reinen Strategien besitzt.

(b) Das Spiel wird wesentlich einfacher, wenn beide Tiere bei gleichzeitiger Aufgabe leer ausgehen. Dann ist die ESS explizit exponentiell und gegeben durch

$$p_i = \frac{1}{1+v} \cdot \left(\frac{v}{1+v}\right)^{i-1}, \quad i = 1, 2 \dots . \tag{3.25}$$

Die kumulative Wahrscheinlichkeit des Aufgebens ist für $v \gg 1$ fast identisch mit der in (3.18) angegebenen Verteilungsfunktion für das unendliche Spiel.

3. (a) Man nehme an, das gewinnende Tier im Spiel 2(b) weiß nicht sofort, *daß* es gewonnen hat. Diese Situation kann mit zusätzlichen *Overshoot-Kosten* modelliert werden, z.B. mit der Auszahlung

$$v - i - c(i - j), \quad 0 \le c \le 1,$$

falls $i > j$. Die ESS dieses Spiels lautet

$$p_i = \frac{1 - c}{1 + v - c} \cdot \left(\frac{v}{1 + v - c} \right)^{i-1} \quad i = 1 \ldots m,$$

$$p_{m+1} = 1 - \sum_{j=1}^{m} p_j \tag{3.26}$$

$$p_i = 0, \quad i > m + 1,$$

wobei m gegeben ist durch

$$m = \left\lfloor \frac{\log(c)}{\log(\frac{v}{1+v-c})} \right\rfloor.$$

Der Grenzfall $c \doteq 0$ entspricht (3.25), denn $\lim_{c \to 0} m = \infty$.

(b) Das entsprechende unendliche Spiel besitzt auch eine eindeutige ESS, die (3.26) sehr ähnlich ist:

$$p(x) = \frac{1}{v} \cdot \exp\left(\frac{(c-1)x}{v} \right), \quad x \in [0, b)$$

$$p(x) = 0, \quad x \ge b,$$

wobei

$$b = \frac{v}{c - 1} \cdot \log(c),$$

siehe [HR80]. Die beiden Schnittzahlen m und b sind fast identisch für $v \gg 1$.

(c) Im Grenzfall $c = 1$ gilt $b \to v$ und $p(x) = 1/v$, $0 \le x < v$. Diese Strategie ist jedoch *keine* ESS, wenn bei gleichzeitiger Aufgabe die umkämpfte Ressource geteilt wird.

4. Das „Kinderspiel" des Abschnitts 3.2.2 besitzt eine ESS für $e < 0$, und mit Theorem 3.3.1 einen Punktattraktor. Untersuchen Sie die entsprechende Replikatorendynamik, auch für $e = 0$.

5. [Cre92] Das Evolutionsspiel

$$A = \begin{pmatrix} -1 & 0 & 1 & -1 \\ 2 & 3 & -1 & -1 \\ 0 & 4 & -1 & -1 \\ 0 & 2 & 1 & -1 \end{pmatrix}$$

besitzt als einzige ESS die Strategie $P = (0, 0, 1/2, 1/2)$.

(a) Die Funktion `stableEquilibria` findet keinen asymptotisch stabilen Fixpunkt der Replikatorendynamik. Trotzdem ist Theorem 3.3.1 nicht widersprochen: Die ESS ist asymptotisch stabil.

(b) Die ESS ist nicht isoliert, aber das auf S. 87 erwähnte Theorem 9.3.5 in [vD91] ist auch nicht widersprochen.

4. Perfektes Gleichgewicht

To err is human
- John Donne

Wie wir gleich zu Beginn des ersten Kapitels gesehen haben, kann die Mehrdeutigkeit von Nash-Gleichgewichten ein erhebliches Problem bei der Suche nach rationalen Konfliktlösungen darstellen. Ein Großteil der modernen Spieltheorie befaßt sich deswegen mit der Entwicklung von plausiblen Verfeinerungen des Gleichgewichtsprinzips, mit dem Ziel, die Zahl der in Frage kommenden Gleichgewichte eines nichtkooperativen Spiels zu reduzieren. Wir untersuchen im vorliegenden Kapitel eine der wichtigsten solcher Verfeinerungen, das 1975 von Selten vorgeschlagene *perfekte Gleichgewicht* [Sel75].

Perfekte Gleichgewichte sind eng verbunden mit den sogenannten *nichtdominierten Strategien*, und deren algorithmische Erkennung wiederum ist mit der Theorie der *Matrixspiele* verknüpft. Beide Themen werden im Laufe der Diskussion angesprochen.

Die Definition eines perfekten Gleichgewichts bezieht sich auf Spiele in der Normalform, beispielsweise auf die uns wohlbekannten Bimatrixspiele. Eine wichtige Motivation für das Konzept findet man allerdings unter den sogenannten *Extensivformspielen*. Infolgedessen wollen wir die Gelegenheit ergreifen und mit einer kurzen Beschreibung von dieser Kategorie der nichtkooperativen Spiele beginnen.

4.1 Spiele in extensiver Form

Abb. 4.1 zeigt ein Zweipersonenspiel in extensiver Form. Die Baumstruktur soll hier die *Reihenfolge* der Entscheidungen der Spieler und auch deren jeweiliges *Informationsgrad* explizit machen. In diesem Beispiel zieht Spieler 1 zuerst und wählt entweder Strategie U oder Strategie D. Spieler 2, in völliger Kenntnis der Wahl des ersten Spielers, entscheidet sich dann entweder für L oder für R. Die Auszahlungen an beide Spieler für alle vier möglichen Ausgänge des Spiels sind an den Endknoten des Spielbaums angegeben (Spieler 1 oben, Spieler 2 unten).

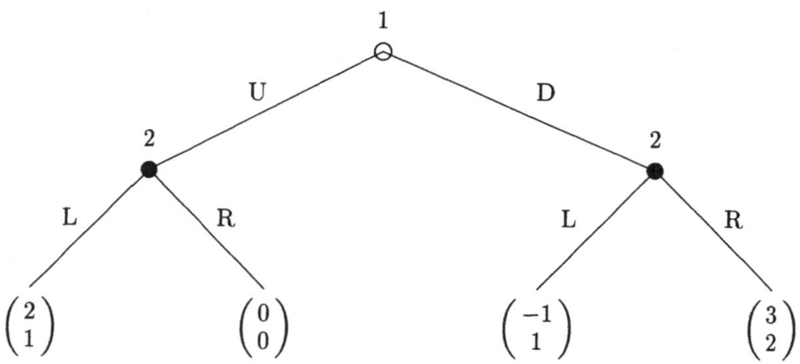

Abb. 4.1. Extensive Form eines Zweipersonenspiels.

Der erste Spieler besitzt lediglich die zwei strategischen Alternativen U und D. Spieler 2 dagegen hat insgesamt vier reine Strategien: LL, LR, RL und RR. Jede davon ist eine vollständige Vorschrift, wie der Spieler sich im Laufe des Spiels zu verhalten hat. Zum Beispiel heißt reine Strategie LR: falls U gespielt wurde, L wählen, sonst R.

Das Spiel ist auch in der Normalform als Bimatrix beschreibbar, siehe Abb. 4.2. Hier muß man allerdings annehmen, daß die Kontrahenten sich simultan für ihre jeweiligen Strategien entscheiden und dann unabhängig vom Spielverlauf bei ihren Entscheidungen bleiben.

Ein Nash-Gleichgewicht eines Extensivformspiels ist ein Nash-Gleichgewicht seiner Normalformrepäsentation. Im vorliegenden Fall:

```
Clear[A, B];
A = {{2, 2, 0, 0}, {-1, 3, -1, 3}};
B = {{1, 1, 0, 0}, {1, 2, 1, 2}};
NashEquilibria[A, B]

NashEquilibria::degen : degenerate game

{{{0, 1}, 3, {0, 0, 0, 1}, 2}, {{0, 1}, 3, {0, 1, 0, 0}, 2},
 {{1, 0}, 2, {1/4, 3/4, 0, 0}, 1}, {{1, 0}, 2, {1, 0, 0, 0}, 1}}
```

Das Bimatrixspiel ist also entartet. Es stellt sich heraus, daß dies auch die Regel für die Normalform eines extensiven Spiels ist. Fast jedes nichttriviale Extensivformspiel entspricht einer entarteten Normalform.

Betrachten wir als nächstes das extensive Spiel in Abb. 4.3, welches Selten benutzte, um *Teilspielperfektheit* zu motivieren [Sel65]. Wählt Spieler 1 seine reine Strategie D, ist der Ausgang des Geschehens schon entschieden, unabhängig von der Aktion des zweiten Spielers. Spielt er dagegen U, so kann Spieler 2 die Auszahlungen auch beeinflussen.

2 1	LL	LR	RL	RR
U	2 1	2 1	0 0	0 0
D	-1 1	3 2	-1 1	3 2

Abb. 4.2. Normalform des Spiels in Abb. 4.1.

Durch einfache *Rückwärtsinduktion* kommen wir schnell zu einer intuitiv vernünftigen Lösung dieses Spiels. Befindet sich Spieler 2 am schwarzen Knoten, so wird er mit Sicherheit R wählen, um die Auszahlung 1 anstatt 0 zu erhalten. Dabei bekommt Spieler 1 die Auszahlung 3. Dies weißt Spieler 1, und wird deshalb mit Sicherheit U und nicht D spielen. Die Lösung muß also U,R lauten, und zwar eindeutig. (Mit demselben Argument ist die Lösung des Spiels in Abb. 4.1 das Gleichgewicht D,LR.)

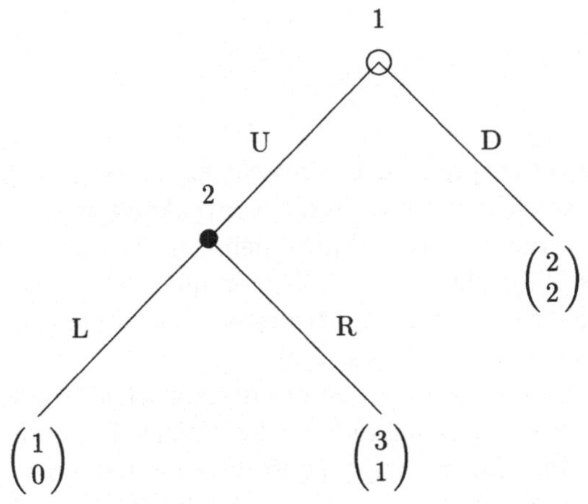

Abb. 4.3. Noch ein Spiel in extensiver Form.

Abb. 4.4 zeigt die Situation in Normalform. Wir erhalten mit `NashEquilibria` wieder anstatt eines eindeutigen, isolierten Gleichgewichts, mehrere Extremgleichgewichte eines entarteten Spiels:

	L	R
U	1 0	3 1
D	2 2	2 2

Abb. 4.4. Normalform des Spiels in Abb. 4.3.

```
A = {{1, 3}, {2, 2}};
B = {{0, 1}, {2, 2}};
NashEquilibria[A, B] // MatrixForm

NashEquilibria::degen : degenerate game

( {0, 1}  2  { 1/2 , 1/2 }  2 )
( {0, 1}  2  {1, 0}         2 )
( {1, 0}  3  {0, 1}         1 )
```

Das letzte davon entpricht der Rückwärtsinduktionslösung. In den anderen
beiden Gleichgewichten (und deren Konvexkombinationen) spielt Spieler 2
die Strategie L mit positiver Wahrscheinlichkeit, während Spieler 1 stets D
wählt. Spieler 2 „droht" seinem Gegner mit der Strategie L und Ausgang
(1,0) falls Spieler 1 „es wagt", Strategie U zu spielen. Er sichert sich dabei
das für ihn günstigste Ergebnis (2,2).

Doch diese Drohung ist wegen der dynamischen Stuktur des zugrundelie-
genden extensiven Spiels unglaubwürdig. Spieler 1 kann immer U spielen und
Spieler 2 mit einer *fait accompli* konfrontieren. Letzterer wird sich dann aus
eigenem Interesse – wenn auch zähneknirschend – für R entscheiden.

Im folgenden Abschnitt stellen wir – wie angekündigt – das Konzept eines
perfekten Gleichgewichtes vor, das u.a. unglaubwürdige Lösungen wie die
obige aus der Gleichgewichtsmenge der Normalformdarstellung eliminieren
soll.

4.2 Irren ist menschlich

Nehmen wir an, es gibt eine kleine, aber endliche Wahrscheinlichkeit, daß den Spielern bei ihren Überlegungen und bei ihrem darauf beruhenden Verhalten *Fehler* unterlaufen. Wir fragen dann, ob ein Nash-Gleichgewicht derartigen Situationen gegenüber stabil ist. Ist dies nicht der Fall, wird das Gleichgewicht zugunsten eines in diesem Sinne besseren verworfen. Das Verhalten von Spieler 2 im Gleichgewicht U,R in Abb. 4.3 ist beispielsweise stabil gegenüber Fehlern des ersten Spielers. Ein Fehler des Gegners in Richtung D würde Spieler 2 keinen Anreiz bieten, L zu spielen. Sein Verhalten beim Gleichgewicht D,L ist dagegen nicht stabil. Falls Spieler 1 mit kleiner Wahrscheinlichkeit irrtümlich U spielen sollte, ist 2 geneigt, R zu spielen, um seine Verluste zu minimieren.

Wir können diese Aspekte in der Normalform des Spiels berücksichtigen, indem wir gemischte Strategien betrachten, in denen *alle* reinen Strategien mit endlichen Wahrscheinlichkeiten gespielt werden. Diese Idee führt uns dann zu einer (zu mehreren anderen äquivalenten) Definition eines perfekten Gleichgewichts:

Definition 4.2.1. *Das Strategienpaar (P^*, Q^*) eines Bimatrixspiels heißt* perfektes Gleichgewicht, *falls eine Sequenz von vollständig gemischten Strategienpaaren $(P(k), Q(k))$, $k = 1 \ldots \infty$, existiert, für die*

$$\lim_{k \to \infty} (P(k), Q(k)) = (P^*, Q^*)$$

gilt, wobei P^* beste Antwort auf $Q(k)$ und Q^* beste Antwort auf $P(k)$ ist für alle k.

Um diese Definition zu verdeutlichen, betrachten wir folgendes Bimatrixspiel:

```
A = {{1, 3, 4}, {1, 3, 2}, {0, 2, 3}};
B = {{3, 4, 2}, {2, 1, 1}, {4, 3, 3}};
BimatrixForm[A, B]
```

$$\begin{pmatrix} & S_1 & S_2 & S_3 \\ R_1 & \begin{pmatrix} 1 \\ & 3 \end{pmatrix} & \begin{pmatrix} 3 \\ & 4 \end{pmatrix} & \begin{pmatrix} 4 \\ & 2 \end{pmatrix} \\ R_2 & \begin{pmatrix} 1 \\ & 2 \end{pmatrix} & \begin{pmatrix} 3 \\ & 1 \end{pmatrix} & \begin{pmatrix} 2 \\ & 1 \end{pmatrix} \\ R_3 & \begin{pmatrix} 0 \\ & 4 \end{pmatrix} & \begin{pmatrix} 2 \\ & 3 \end{pmatrix} & \begin{pmatrix} 3 \\ & 3 \end{pmatrix} \end{pmatrix}$$

bzw. dessen Gleichgewichte:

```
NashEquilibria[A, B] // MatrixForm

NashEquilibria::degen : degenerate game

/  {0, 1, 0}   1  {1, 0, 0}  2  \
|  {1/2, 1/2, 0}  1  {1, 0, 0}  5/2  |
|  {1/2, 1/2, 0}  3  {0, 1, 0}  5/2  |
\  {1, 0, 0}   3  {0, 1, 0}  4  /
```

Nur eines der hier berechneten extremen Gleichgewichte ist perfekt, und zwar
das vierte: ($(1,0,0)^\top$, $(0,1,0)^\top$). Wir zeigen, daß dies nach der Definition 4.2.1 ein perfektes Gleichgewicht ist, in dem wir zwei Sequenzen von
vollständig gemischten Strategien $(P(k), Q(k))$, die zum Gleichgewicht kon-
vergieren, produzieren:

```
Clear[P, Q];
P[k_] := {1 - 2 / (3 + k), 1 / (3 + k), 1 / (3 + k)};
Q[k_] := {1 / (2 + k), 1 - 2 / (2 + k), 1 / (2 + k)};
Map[TraditionalForm, {P[k], Q[k]}]
```

$$\left\{\left\{1 - \frac{2}{k+3}, \frac{1}{k+3}, \frac{1}{k+3}\right\}, \left\{\frac{1}{k+2}, 1 - \frac{2}{k+2}, \frac{1}{k+2}\right\}\right\}$$

Folgende Graphikfunktionen erzeugen Auszahlungen

$$P^\top A Q(k) \quad \text{und} \quad P(k)^\top B Q$$

für beliebige P bzw. Q und für $k = 1\ldots100$:

```
Clear[g1, g2];
g1[P_, t_] := Plot[P . A . Q[k], {k, 1, 100},
    DisplayFunction -> Identity, PlotRange -> {1, 4},
    PlotStyle -> {Thickness[t]}];
g2[Q_, t_] := Plot[P[k] . B . Q, {k, 1, 100},
    DisplayFunction -> Identity, PlotRange -> {1, 4},
    PlotStyle -> {Thickness[t]}];
```

Die reine Strategie $P^* = (1,0,0)^\top$ (fette Kurve in der folgenden Graphik) ist
eine beste Antwort auf $Q(k)$ für alle k:

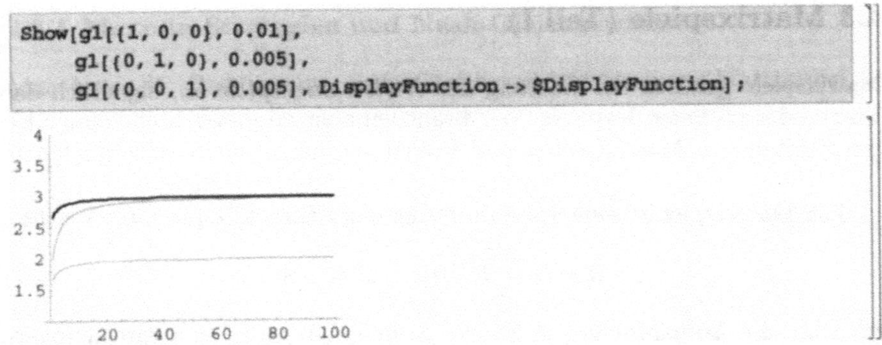

D.h., eine beliebige Beimischung der anderen beiden reinen Strategien würde unabhängig von k die Auszahlung an Spieler 1 nur verschlimmern. Entsprechend ist $Q^* = (0,1,0)^\top$ (fette Kurve unten) eine beste Antwort für Spieler 2 auf $P(k)$, ebenfalls für alle k:

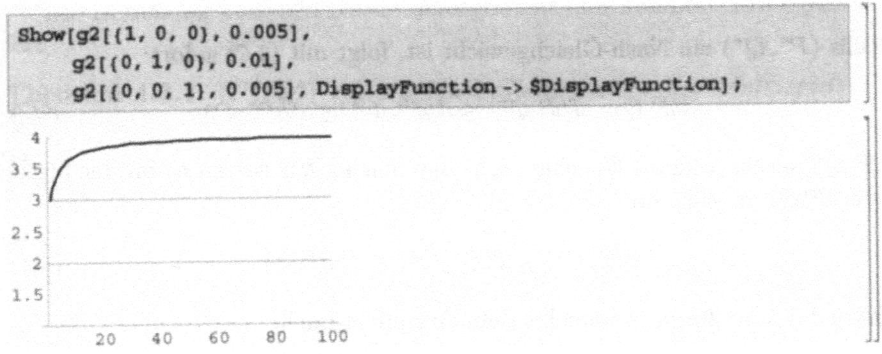

Somit ist (P^*, Q^*) nach der Definition 4.2.1 ein perfektes Gleichgewicht.

Nicht unwesentlich für die Relevanz des Perfektheitskonzeptes ist

Theorem 4.2.1. [Sel75] *Jedes Bimatrixspiel besitzt mindestens ein perfektes Gleichgwicht.*

Für einen Beweis, siehe [Sel75] oder [vD91].

Das „Hinzaubern" geeigneter Sequenzen von gemischten Strategien, um Perfektheit zu demonstrieren, bzw. zu widerlegen, kann ziemlich umständlich sein. Wir wollen deswegen, und im Geiste dieses Buches, einen Algorithmus zur Bestimmung von perfekten Gleichgewichten eines x-beliebigen Bimatrixspiels ableiten (und ihn natürlich auch in *Mathematica* programmieren). Dabei halten wir uns an [vD91], Kapitel 3, und interessieren uns zunächst für *Matrixspiele*.

4.3 Matrixspiele (Teil I)

Matrixspiele gehören der Gattung der *Nullsummenspiele* an, eigentlich das Thema des nächsten Kapitels. Wir brauchen aber an dieser Stelle einige Eigenschaften von Matrixspielen und wollen sie hier deshalb vorwegnehmen.

Ein Matrixspiel ist eine Spezialisierung eines Bimatrixspiels, für welche

$$A + B = 0 \quad \text{bzw.} \quad B = -A \tag{4.1}$$

gilt, d.h. die Auszahlungen an Spieler 2 für gegebene reine Strategienpaare sind die negativen Auszahlungen an Spieler 1. Wir bezeichnen ein Matrixspiel ganz allgemein mit

$$\Gamma = \langle R, S, I \rangle,$$

wobei R und S die Mengen der reinen Strategien sind und I die erwartete Auszahlung an Spieler 1 für gemischtes Strategienpaar (P, Q) bezeichnet:

$$I(P,Q) = I_1(P,Q) = P^{\mathsf{T}} A Q = -P^{\mathsf{T}} B Q = -I_2(P,Q).$$

Falls (P^*, Q^*) ein Nash-Gleichgewicht ist, folgt mit (1.7) sofort:

$$\forall P, Q : \quad I(P, Q^*) \le I(P^*, Q^*) \le I(P^*, Q). \tag{4.2}$$

$(\bar{P}, \bar{Q})$ sei ein anderes Gleichgewicht des Spiels. Wir setzen es an der Stelle von (P, Q) in (4.2) ein:

$$I(\bar{P}, Q^*) \le I(P^*, Q^*) \le I(P^*, \bar{Q}). \tag{4.3}$$

Aber dann muß mit entsprechendem Argument auch

$$I(P^*, \bar{Q}) \le I(\bar{P}, \bar{Q}) \le I(\bar{P}, Q^*) \tag{4.4}$$

gelten, und daher

$$I(P^*, Q^*) = I(\bar{P}, \bar{Q}) =: v(\Gamma).$$

$v(\Gamma)$ – oder einfach v – heißt *Wert* (engl. *value*) des Spiels. Alle Gleichgewichte eines Matrixpiels erzeugen somit die gleichen Auszahlungen an die beteiligten Spieler. Aus (4.3) und (4.4) folgt auch

$$I(P^*, \bar{Q}) = I(\bar{P}, Q^*) = v(\Gamma).$$

Gleichgewichtsstrategien eines Matrixspiels sind – im Gegensatz zu Bimatrixspielen – generell völlig austauschbar.

4.3.1 Maxmin-Strategien und Nash-Gleichgewicht

Man kann die Bestimmung eines Gleichgewichts in einem Matrixspiel als *Maxminproblem* formulieren.

Definition 4.3.1. *Im Matrixspiel Γ heißt Strategie P^** Maxmin-Strategie für Spieler 1 *falls gilt*

$$\forall P: \quad \min_Q I_1(P^*, Q) \geq \min_Q I_1(P, Q).$$

Strategie Q^* heißt Maxmin-Strategie für Spieler 2 *falls gilt*

$$\forall Q: \quad \min_P I_2(P, Q^*) \geq \min_P I_2(P, Q).$$

Jeder Spieler geht davon aus, daß der jeweilige Gegner seine Strategie so wählen wird, um ihm maximal zu schaden. Die Strategie $P^*(Q^*)$ maximiert diejenige Auszahlung an Spieler 1(2), der er sich vergewissern kann. (Siehe auch die Diskussion in Abschnitt 1.2.)

Die Beziehung zwischen Nash-Gleichgewicht und Maxmin-Strategien liefert

Theorem 4.3.1. *(P^*, Q^*) sei ein Nash-Gleichgewicht des Matrixpiels Γ. Dann sind P^* und Q^* Maxmin-Strategien und*

$$I(P^*, Q^*) = \max_P \min_Q I(P, Q) = \min_P \max_Q I(P, Q).$$

Beweis: Aus (4.2) folgt

$$\forall Q: \ I(P^*, Q^*) \leq I(P^*, Q),$$

was äquivalent ist zu

$$I(P^*, Q^*) = \min_Q I(P^*, Q). \tag{4.5}$$

Aber aus (4.2) folgt auch:

$$\forall P: \ I(P^*, Q^*) \geq I(P, Q^*) \geq \min_Q I(P, Q). \tag{4.6}$$

Die Gleichungen (4.5) und (4.6) lassen sich zu

$$\forall P: \quad \min_Q I(P^*, Q) \geq \min_Q I(P, Q)$$

kombinieren. Mit $I(P, Q) = I_1(P, Q)$ und Definition 4.3.1 ist P^* eine Maxmin-Strategie des ersten Spielers. Außerdem gilt

$$I(P^*, Q^*) = \min_Q I(P^*, Q) \leq \max_P \min_Q I(P, Q).$$

Aber mit (4.5) gilt auch

$$I(P^*, Q^*) \geq \max_P \min_Q I(P, Q),$$

woraus wir schließen:

$$I(P^*, Q^*) = \max_P \min_Q I(P, Q).$$

Auf gleiche Weise läßt sich zeigen, daß Q^* Maxmin-Strategie für Spieler 2 ist, und daß

$$I(P^*, Q^*) = \min_P \max_Q I(P, Q)$$

womit die Behauptungen bewiesen sind. $\qquad\square$

Theorem 1.3.1 garantiert die Existenz eines Nash-Gleichgewichts für jedes Matrixspiel, und so schließen wir aus Theorem 4.3.1:

Theorem 4.3.2. (Minimax-Theorem für Matrixspiele) *Für das Matrixspiel* $\Gamma = \langle R, S, I \rangle$ *mit Auszahlungsmatrix A an Spieler 1 gilt:*

$$\max_P \min_Q P^\top A Q = \min_P \max_Q P^\top A Q = v(\Gamma).$$

4.3.2 Maxmin-Strategien und lineare Optimierung

Wir machen o.B.d.A. die Annahme $A > 0$. Dann ist natürlich $v(\Gamma) > 0$. Nach Theorem 4.3.2 versucht Spieler 1 in einem Gleichgewicht seine *minimale* Auszahlung zu *maximieren*, d.h. er sucht P mit der Eigenschaft $P^\top A S_j \geq v$, $j = 1 \ldots n$, und v möglichst groß. Etwas formeller ausgedrückt:

$$\begin{aligned} P^\top A &\geq v 1_n^\top, \quad v \text{ möglichst groß} \\ P^\top 1_m &= 1 \\ P &\geq 0_m. \end{aligned} \tag{4.7}$$

Wir definieren $X = P/v \geq 0_m$, womit gilt $X^\top 1_m = 1/v$. Den Wert v maximieren heißt demnach: $X^\top 1_m$ minimieren unter den Bedingungen (4.7). Spieler 1 muß mit anderen Worten folgendes LP lösen:

$$\begin{aligned} X^\top 1_m &\to \min \\ A^\top X &\geq 1_n \\ X &\geq 0_m. \end{aligned} \tag{4.8}$$

Spieler 2 dagegen versucht mit seiner Strategienwahl Q die *maximale* Auszahlung des Spielers 1 zu *minimieren*. Wir erhalten analog zu (4.8) das entsprechende LP des Spielers 2:

$$Y^\top 1_n \to \max$$
$$AY \le 1_m \qquad (4.9)$$
$$Y \ge 0_n.$$

LP (4.9) ist das duale Optimierungsproblem zu LP (4.8). Beide LP besitzen die gleichen optimalen Werte für ihre Zielfunktionen, nämlich den Wert des Spiels $v(\Gamma)$, wie wir im fünften Kapitel formell zeigen werden.

Auf der Basis von (4.8) erhalten wir eine effiziente *Mathmatica*-Funktion zur Bestimmung des Gleichgewichts eines beliebigen Matixspiels. Sie heißt `Minimax` und ist in dem *Mathematica*-Package `GameTheory'Bimatrix'` enthalten, Listing 4.1.

```
sol[A_List]:= Module[ {s,b,m,c,u,v},
              s = Min[Flatten[A]];
              b = Table[1,{i,Length[A[[1]]]}];
              c = Table[1,{i,Length[A]}];
              m = Transpose[A-s+1];
              u = LinearProgramming[c,m,b];
              v = 1/Apply[Plus,u];
              {v u,v+s-1} ];

Minimax[A_List]:= Join[sol[A],sol[-Transpose[A]]];
```

Listing 4.1. Die Lösung eines Matrixspiels: Auszug aus dem *Mathematica*-Package `GameTheory'Bimatrix'`.

Die Funktion `Minimax` verwendet LP (4.8) auch für Spieler 2, weil sich dieses LP schon in der für `LinearProgramming` geeigneten Form befindet. Mit `sol[-Transpose[A]]` werden die Rollen der Spieler lediglich getauscht. Hier ein einfaches Beispiel:

```
A = {{1, 2, 3}, {5, 4, 3}, {3, 2, 1}};
A // MatrixForm
Timing[NashEquilibria[A, -A] // MatrixForm]
Timing[Minimax[A]]
```

$$\begin{pmatrix} 1 & 2 & 3 \\ 5 & 4 & 3 \\ 3 & 2 & 1 \end{pmatrix}$$

```
NashEquilibria::degen : degenerate game
```

$$\left\{0.39\,\text{Second},\ \begin{pmatrix} \{0,\,1,\,0\} & 3 & \{0,\,0,\,1\} & -3 \\ \{\tfrac{1}{2},\,\tfrac{1}{2},\,0\} & 3 & \{0,\,0,\,1\} & -3 \end{pmatrix}\right\}$$

$$\left\{0.\,\text{Second},\ \left\{\{\tfrac{1}{2},\,\tfrac{1}{2},\,0\},\,3,\,\{0,\,0,\,1\},\,-3\right\}\right\}$$

`Minimax` findet nur ein Gleichgewicht von vielen, aber diese sind, wie oben gezeigt wurde, ohnehin austauschbar. Dafür ist `Minimax` wesentlich schneller als `NashEquilibria`.

4.3.3 Gleichgewichte und reine Strategien

Zum Schluß dieser Diskussion über Matrixspiele müssen wir uns mit einer wichtigen Eigenschaft befassen, die allerdings nicht ganz leicht zu demonstrieren ist. Deshalb zunächst zwei Definitionen und zwei Hilfssätze:

Definition 4.3.2. $C_i(\Gamma)$ *ist die Menge aller reinen Strategien des i-ten Spielers, die in irgendeinem Gleichgewicht eines Matrixspiels Γ mit positiver Wahrscheinlichkeit gespielt werden, $i = 1, 2$:*

$$C_1(\Gamma) = \bigcup_{P^*} C(P^*), \quad C_2(\Gamma) = \bigcup_{Q^*} C(Q^*).$$

In dieser Definition bezeichnet $C(P)$ den Träger einer gemischten Strategie P, siehe Definition 1.3.7.

Definition 4.3.3. *Die Menge K aller nichtnegativen Linearkombinationen endlich vieler Vektoren im $\mathbb{R}^m$ heißt* konvexer Kegel.

Die Vektoren $X^1 \ldots X^n \in \mathbb{R}^m$ bestimmen z.B. einen konvexen Kegel $K \in \mathbb{R}^m$ gegeben durch

$$K(X^1 \ldots X^n) = \{X \mid X = \sum_{j=1}^{n} \lambda_j X^j, \quad \lambda_j \geq 0, \; j = 1 \ldots n\}.$$

Offensichtlich gehört auch der Nullvektor zu K:

$$0_m \in K(X^1 \ldots X^n).$$

Lemma 4.3.1. *C sei eine abgeschlossene konvexe Menge im $\mathbb{R}^m$ und $\bar{X} \notin C$ ein Punkt außerhalb von C. Dann existiert ein Vektor W und ein Skalar d mit der Eigenschaft:*

$$\forall X \in C: \quad W^\top X > d, \quad W^\top \bar{X} = d. \tag{4.10}$$

Beweis: Wir definieren eine am Punkt $\bar{X}$ zentrierte (hyper)sphärische Menge $S = \{X \mid \|X - \bar{X}\| \leq r\}$, deren Durchschnittsmenge $C \cap S$ mit C nicht leer ist, siehe Abb. 4.5. Weil C abgeschlossen und S abgeschlossen und beschränkt ist gilt: $C \cap S$ ist abgeschlossen und beschränkt. Die stetige Funktion $f(X) = \|\bar{X} - X\|^2$ nimmt somit ihr Minimum und ihr Maximum in $C \cap S$ an. Insbesondere existiert $X^0 \in C \cap S$ mit $f(X^0) = \min_{X \in C \cap S} f(X)$. Aus $X^0 \in C \cap S$ folgt

$$0 < f(X^0) \leq r^2$$

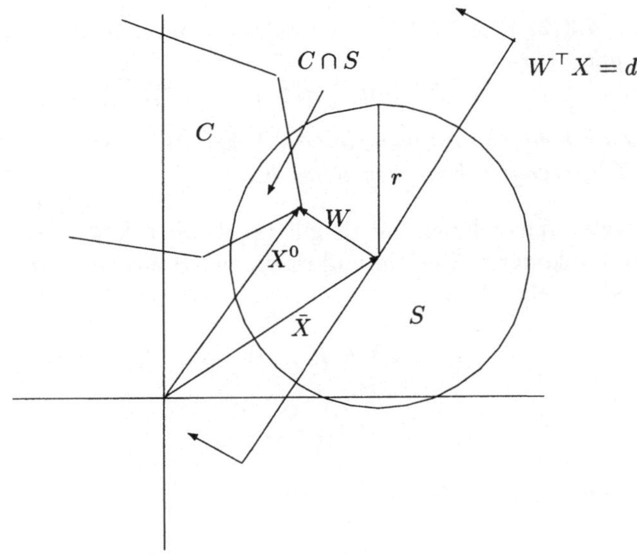

Abb. 4.5. Die Hyperebene $W^\top X = d$ vom Lemma 4.3.1.

und es gilt:

$$\forall X \in C: \quad 0 < f(X^0) \leq f(X), \tag{4.11}$$

denn, falls $X \in C \cap S$ ist, gilt $f(X) \geq f(X^0)$ und, falls $X \in C$ aber $X \notin S$ ist, gilt $f(X) > r^2 \geq f(X^0)$.

Nun sei $X \in C$. Dann ist $\mu X + (1 - \mu)X^0 \in C$, $0 \leq \mu \leq 1$, weil C konvex ist. Also gilt $f(X^0) \leq f(\mu X + (1 - \mu)X^0)$ oder ausgeschrieben:

$$(\bar{X} - X^0)^\top(\bar{X} - X^0) \leq (\bar{X} - \mu X - (1 - \mu)X^0)^\top(\bar{X} - \mu X - (1 - \mu)X^0).$$

Mit $W := X^0 - \bar{X}$ ist dies äquivalent zu

$$0 \leq \mu^2(X^0 - X)^\top(X^0 - X) - 2\mu W^\top(X^0 - X)$$

für alle μ, $0 \leq \mu \leq 1$, und für alle $X \in C$. Daraus folgt:

$$\forall X \in C: \quad W^\top(X^0 - X) \leq 0. \tag{4.12}$$

Aber mit (4.11) gilt $f(X^0) = (\bar{X} - X^0)^\top(\bar{X} - X^0) > 0$, oder

$$W^\top X^0 > W^\top \bar{X}. \tag{4.13}$$

Gleichungen (4.12) und (4.13) lassen sich schließlich zu

$$\forall X \in C: \quad W^\top X > W^\top \bar{X}$$

kombinieren, und mit $d := W^\top \bar{X}$ folgt die Behauptung. $\qquad\Box$

Lemma 4.3.2. [Vor77] $X^1 \ldots X^n$ *sowie* $\bar{X}$ *seien m-dimensonale Vektoren, für die gilt*

$$W^\top X^j \geq 0, \ j = 1 \ldots n \ \Rightarrow \ W^\top \bar{X} \geq 0 \tag{4.14}$$

für einen beliebigen m-dimensionalen Vektor W. *Dann liegt* $\bar{X}$ *in dem durch* $X^1 \ldots X^n$ *erzeugten konvexen Kegel* K.

Beweis: Wir nehmen an: Es gilt (4.14) aber $\bar{X} \notin K$. Dann sind $\bar{X}$ und K disjunkte konvexe Mengen und es existieren mit Hilfssatz 4.3.1 ein Vektor W und ein Skalar d mit

$$\forall X \in K : \ W^\top X > d, \tag{4.15}$$

und

$$W^\top \bar{X} = d. \tag{4.16}$$

Die Situation ist in Abb. 4.6 dargestellt.

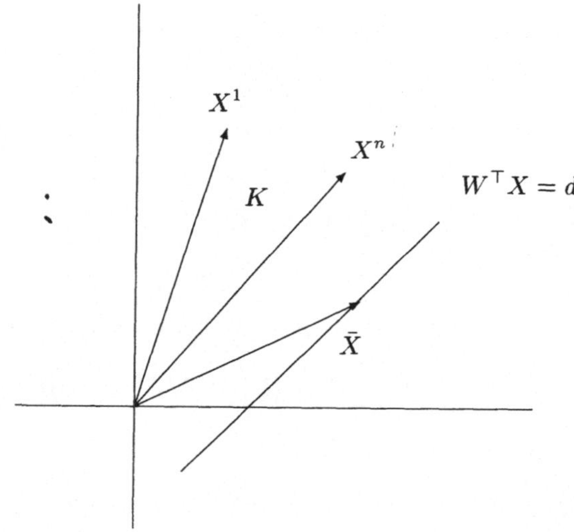

Abb. 4.6. Der Kegel K, der Vektor $\bar{X}$ und die Hyperebene $W^\top X = d$.

Aus $0_m \in K$ folgt $d < 0$, d.h. mit (4.16) $W^\top \bar{X} < 0$. Laut (4.14) existiert aber dann mindestens ein Vektor $X^{j'}$, für den

$$W^\top X^{j'} < 0 \tag{4.17}$$

sein muß, wobei $X^{j'} \in K$ ist. Für eine beliebig große positive Zahl z ist wegen (4.17) $W^\top(zX^{j'})$ eine beliebig große negative Zahl. Insbesondere kann z so gewählt werden, daß $W^\top(zX^{j'}) < d$ ist. Aber $zX^{j'} \in K$. Dies widerspricht (4.15), also ist $\bar{X} \in K$. $\qquad\square$

Nun lautet die zu Beginn diese Abschnittes angekündigte, wichtige Eigenschaft eines Matrixspiels wie folgt: Eine reine Strategie $R_i(S_j)$ des ersten (zweiten) Spielers wird genau dann in mindestens einem Gleichgewicht gespielt, wenn sie beste Antwort auf *sämtliche* Gleichgewichtsstrategien des Gegners ist. Weil dieses Ergebnis eben wesentlich für unsere weiteren Überlegungen ist, wollen wir uns hier vor dem – etwas langen – Beweis nicht scheuen:

Theorem 4.3.3. *Es gilt für Matrixspiel Γ mit Auszahlungsmatrix A:*

$$R_i \in C_1(\Gamma) \;\Leftrightarrow\; \forall Q^* : \; R_i{}^\top A Q^* = v(\Gamma)$$
$$S_j \in C_2(\Gamma) \;\Leftrightarrow\; \forall P^* : \; P^*{}^\top A S_j = v(\Gamma),$$

wobei P^* und Q^* Gleichgewichtsstrategien sind.

Beweis: Wir führen den Beweis für den zweiten Spieler durch. Zunächst zeigen wir

$$S_j \in C_2(\Gamma) \;\Rightarrow\; \forall P^* : \; P^*{}^\top A S_j = v(\Gamma). \tag{4.18}$$

Nehmen wir an, daß $S_j \in C_2(\Gamma)$ gilt, es existiert jedoch ein P^*, für das

$$P^*{}^\top A S_j > v(\Gamma) \tag{4.19}$$

ist. Weil P^* optimal ist, gilt

$$P^*{}^\top A S_{j'} \geq v(\Gamma), \quad j' = 1 \ldots n. \tag{4.20}$$

Laut Voraussetzung existiert aber eine optimale Strategie Q^*, in der S_j mit positiver Wahrscheinlichkeit gespielt wird, d.h. $q_j^* > 0$. Daher gilt mit (4.19)

$$q_j^* P^*{}^\top A S_j > q_j^* v(\Gamma). \tag{4.21}$$

Aus (4.20) folgt aber auch

$$\sum_{j' \neq j}^n q_{j'}^* P^*{}^\top A S_{j'} \geq \left(\sum_{j' \neq j}^n q_{j'}^* \right) v(\Gamma). \tag{4.22}$$

Wir addieren die Gleichungen (4.21) und (4.22) zusammen und erhalten mit (1.2) den Widerspruch

$$P^*{}^\top A Q^* > v(\Gamma).$$

Somit ist (4.18) bewiesen. Nun zeigen wir, daß

$$S_j \in C_2(\Gamma) \;\Leftarrow\; \forall P^* : \; P^*{}^\top A S_j = v(\Gamma). \tag{4.23}$$

Wir nehmen wieder das Gegenteil an: $P^*{}^\top A S_j = v(\Gamma)$ für alle P^* jedoch $S_j \notin C_2(\Gamma)$. Wie üblich können wir o.B.d.A. $v(\Gamma) = 0$ voraussetzen. Mit der Definition der Einheitsvektoren im $\mathbb{R}^m$:

$$E_m^i = (\overbrace{0\ldots0,1,0\ldots0}^{i})^{\top}$$

betrachten wir den konvexen Kegel

$$K = K(E_m^1 \ldots E_m^m, AS_1 \ldots AS_{j-1}, AS_{j+1} \ldots AS_n)$$

und behaupten zunächst, daß der Vektor $-AS_j$ Element von K ist. Ist dies der Fall, so können wir schreiben:

$$-AS_j = \sum_{i'=1}^{m} \eta_{i'} E_m^{i'} + \sum_{j' \neq j}^{n} \alpha_{j'} AS_{j'}$$

oder komponentenweise:

$$-(A)_{ij} = \eta_i + \sum_{j' \neq j}^{n} \alpha_{j'} (A)_{ij'}, \quad i = 1 \ldots m, \tag{4.24}$$

wobei gilt

$$\eta_{i'} \geq 0, \ i' = 1 \ldots m, \quad \alpha_{j'} \geq 0, \ j' = 1 \ldots n, \ j' \neq j.$$

Aus (4.24) folgt

$$\sum_{j' \neq j}^{n} \alpha_{j'} (A)_{ij'} + (A)_{ij} = -\eta_i \leq 0, \quad i = 1 \ldots m. \tag{4.25}$$

Nun teilen wir (4.25) durch $1 + \sum_{j'' \neq j}^{n} \alpha_{j''} > 0$ und definieren $Q = (q_1 \ldots q_n)^{\top}$ gemäß

$$q_{j'} = \frac{\alpha_{j'}}{1 + \sum_{j'' \neq j}^{n} \alpha_{j''}}, \ j' \neq j, \quad q_j = \frac{1}{1 + \sum_{j'' \neq j}^{n} \alpha_{j''}} > 0.$$

Dann ist Q eine gemischte Strategie für Spieler 2, und es gilt mit (4.25)

$$(AQ)_i \leq 0 = v(\Gamma), \quad i = 1 \ldots m,$$

d.h. Q ist eine Gleichgewichtsstrategie des zweiten Spielers, für die $q_j > 0$ ist. Wenn also $S_j \notin C_2(\Gamma)$ gelten soll, muß unsere Behauptung bezüglich $-AS_j$ falsch gewesen sein und

$$-AS_j \notin K$$

ebenfalls gelten. Wir identifizieren $-AS_j$ mit dem Vektor $\bar{X}$ in Hilfssatz 4.3.2. Mit (4.14) existiert demnach ein Vektor $W \in \mathbb{R}^m$ mit der Eigenschaft

$$W^{\top} E_m^i \geq 0, \quad i = 1 \ldots m, \tag{4.26}$$

und

$$W^\top A S_{j'} \geq 0, \quad j' = 1 \ldots n, \ j' \neq j, \tag{4.27}$$

aber

$$-W^\top A S_j < 0. \tag{4.28}$$

Mit (4.26) ist $w_i \geq 0$, $i = 1 \ldots m$, und laut (4.28) ist $W \neq 0$. Daraus folgt $\sum_i^m w_i > 0$ und wir können eine gemischte Strategie P für Spieler 1, gegeben durch

$$P = (p_1 \ldots p_m)^\top, \quad p_i = \frac{w_i}{\sum_i^m w_i}, \ i = 1 \ldots m,$$

definieren. Nun folgt aber aus (4.27) und (4.28):

$$P^\top A S_{j'} \geq 0 = v(\Gamma), \quad j' = 1 \ldots n.$$

P ist demnach eine Gleichgewichtsstrategie für Spieler 1. Aber mit (4.28) gilt

$$P^\top A S_j > 0 = v(\Gamma)$$

in Widerspruch zur Annahme $P^{*\top} A S_j = v(\Gamma)$ für alle Gleichgewichtsstrategien P^*. Also muß $S_j \in C_2(\Gamma)$ sein und (4.23) ist auch bewiesen. $\qquad\Box$

Zwei Bemerkungen, die für spätere Überlegungen wichtig sind: Erstens: Falls $C_2(\Gamma) = S$ ist, d.h., falls *jede* reine Strategie des zweiten Spielers in mindestens einem Gleichgewicht gespielt wird, besitzt Spieler 2 eine vollständig gemischte Gleichwichtsstrategie, denn jede Konvexkombination von Gleichgewichtsstrategien ist auch eine solche. Zweitens: Wir folgern insbesondere aus Theorem 4.3.3:

$$S_j \notin C_2(\Gamma) \Rightarrow P^{*\top} A S_j > v(\Gamma) \text{ für mindestens eine } P^*. \tag{4.29}$$

4.4 Dominanz

Den Schlüssel zur algorithmischen Bestimmung von perfekten Gleichgewichten liefert das

Theorem 4.4.1. [vD91] *Ein Nash-Gleichgewicht (P^*, Q^*) des Bimatrixspiels Γ_{12} ist genau dann perfekt, wenn P^* und Q^* nichtdominierte Strategien sind.*

Der Beweis dieses Satzes wird im nächsten Abschnitt gebracht, doch zunächst erklären wir, was eine dominierte Strategie ist und leiten einen Algorithmus ab, der nichtdominierte Strategien erkennen kann. Damit werden wir mit Theorem 4.4.1 in der Lage sein, aus der im ersten Kapitel beschriebenen Abzählung der Nash-Gleichgewichte genau diejenigen Extremgleichgewichte herauszufiltern, die perfekt sind.

Definition 4.4.1. *Eine Strategie P für Spieler 1 in einem Bimatrixspiel Γ_{12} heißt* dominierte Strategie *genau dann, wenn eine Strategie $\bar{P}$ desselben Spielers existiert, für die gilt: $\bar{P}^\top A \geq P^\top A$ und $\bar{P}^\top A \neq P^\top A$. Falls $\bar{P}^\top A > P^\top A$ ist, heißt P* striktdominierte *Strategie.*

Strategie P ist demnach dominiert, falls eine Strategie $\bar{P}$ existiert, die wenigstens die gleiche Auszahlung gegen alle reinen Strategien des zweiten Spielers erzielt, und eine höhere Auszahlung gegen mindestens eine dieser reinen Strategien. Es gibt natürlich eine entsprechende Definition für den zweiten Spieler.

Reine Strategien können von anderen reinen Strategien, aber auch von gemischten Strategien dominiert sein und umgekehrt. Im Bimatrixspiel

```
A = {{1, -2}, {-2, 1}, {0, 0}};
B = {{3, 0}, {0, 3}, {1, 1}};
BimatrixForm[A, B]
```

$$
\begin{pmatrix}
 & S_1 & S_2 \\
R_1 & \begin{pmatrix} 1 \\ 3 \end{pmatrix} & \begin{pmatrix} -2 \\ 0 \end{pmatrix} \\
R_2 & \begin{pmatrix} -2 \\ 0 \end{pmatrix} & \begin{pmatrix} 1 \\ 3 \end{pmatrix} \\
R_3 & \begin{pmatrix} 0 \\ 1 \end{pmatrix} & \begin{pmatrix} 0 \\ 1 \end{pmatrix}
\end{pmatrix}
$$

gibt es keine reine Strategie, die von einer anderen solchen dominiert ist. Doch die gemischte Strategie $P = (1/2, 1/2, 0)^\top$ des ersten Spielers ist von seiner dritten reinen Strategie strikt dominiert:

```
Map[Greater, {{0, 0, 1} .A, {1 / 2, 1 / 2, 0} .A}]

{True, True}
```

Die Feststellung von Dominanzen ist also ein nichttriviales Unterfangen. Theorem 4.4.2 unten zeigt uns aber den Weg.

Der Vektor P bezeichne eine beliebige Strategie des ersten Spielers in einem Bimatrixspiel Γ_{12} mit Auszahlungsmatrizen A und B. Wir definieren ein assoziiertes Matrixspiel Γ_P, dessen Auszahlungsmatrix A_P gegeben ist durch

$$
(A_P)_{ij} = (A)_{ij} - (P^\top A)_j, \quad i = 1 \ldots m, \ j = 1 \ldots n.
$$

Theorem 4.4.2. [vD91] *Die Strategie P in Γ_{12} ist genau dann nichtdominiert, falls $v(\Gamma_P) = 0$ und $C_2(\Gamma_P) = S$ ist.*

Beweis: Für $\bar{P}$ eine beliebige Strategie von Spieler 1 in Γ_P gilt

$$(\bar{P}^\top A_P)_j = (\bar{P}^\top A)_j - (P^\top A)_j \left(\sum_i \bar{P}_i \right), \quad j = 1 \ldots n,$$

oder äquivalent dazu:
$$\bar{P}^\top A_P = \bar{P}^\top A - P^\top A. \tag{4.30}$$

In Γ_P kann sich Spieler 1 immer Auszahlung 0 dadurch vergewissern, indem er Strategie P spielt. Denn mit (4.30) gilt

$$P^\top A_P = 0_n^\top.$$

Demnach ist auf jeden Fall
$$v(\Gamma_P) \geq 0. \tag{4.31}$$

Strategie P sei von der Strategie $\bar{P}$ dominiert in Γ_{12}, d.h.

$$\bar{P}^\top A \geq P^\top A$$
$$\bar{P}^\top A S_{j'} > P^\top A S_{j'} \quad \text{für mindestens eine Strategie } S_{j'} \in S.$$

Daher gilt mit (4.30)

$$\bar{P}^\top A_P \geq 0_n^\top$$
$$\bar{P}^\top A_P S_{j'} > 0 \quad \text{für mindestens eine Strategie } S_{j'} \in S. \tag{4.32}$$

Wir nehmen jetzt an, daß in (4.31) Gleichheit herrscht, d.h., daß $v(\Gamma_p) = 0$ ist. Q^* sei eine beliebige Gleichgewichtsstrategie des zweiten Spielers in Γ_P. Dann kann $C(Q^*)$ die reine Strategie $S_{j'}$ nicht enthalten. Sonst könnte Spieler 1 Strategie $\bar{P}$ gegen Q^* spielen und mit (4.32) eine höhere Auszahlung als 0 erreichen. Weil Q^* beliebig ist, taucht $S_{j'}$ in keinem Gleichgewicht auf, mit anderen Worten, es gilt $C_2(\Gamma_P) \neq S$. Wir haben somit gezeigt:

$$P \text{ ist dominiert in } \Gamma_{12} \Rightarrow \big((v(\Gamma_P) = 0) \Rightarrow C_2(\Gamma_P) \neq S \big).$$

Nun zeigen wir, daß die Implikation auch andersherum gilt. Wir nehmen an, daß $v(\Gamma_P) = 0$ ist. Dann ist $C_2(\Gamma_P) \neq S$. $S_{j'}$ sei eine reine Strategie, die nicht in $C_2(\Gamma_P)$ enthalten ist. Laut (4.29) existiert eine Gleichgewichtsstrategie P^* des ersten Spielers, für die

$$P^{*\top} A_P S_{j'} > 0 \tag{4.33}$$

ist. Weil P^* optimal ist, gilt auch

$$P^{*\top} A_P \geq 0_n. \tag{4.34}$$

Aus (4.33) und (4.35) folgt mit (4.29):

$$P^{*\top} A S_{j'} > P^{\top} A S_{j'}$$
$$P^{*\top} A \geq P^{\top} A.$$

Gemäß Definition 4.4.1 ist P also in Γ_{12} dominiert. Zusammenfassend stellen wir fest, daß wir folgende Äquivalenz bewiesen haben:

$$P \text{ ist dominiert in } \Gamma_{12} \Leftrightarrow \big((v(\Gamma_P) = 0) \Rightarrow C_2(\Gamma_P) \neq S \big).$$

Die logische Äquivalenz $\neg(a \Rightarrow b) = a \wedge \neg b$ vervollständigt den Beweis. $\square$

Um eine gegebene Strategie P in einem Bimatrixspiel für Nichtdominanz zu testen, muß man laut Theorem 4.4.2 feststellen, ob erstens der Wert des assoziierten Matrixspiels Γ_P null ist und ob zweitens alle reinen Strategien des zweiten Spielers in Γ_P in mindestens einer seiner Gleichgewichtsstrategien vorkommen, d.h. ob $C_2(\Gamma_P) = S$ ist oder nicht. Betrachten wir z.B. das Spiel des Abschnittes 4.2:

```
A = {{1, 3, 4}, {1, 3, 2}, {0, 2, 3}};
B = {{3, 4, 2}, {2, 1, 1}, {4, 3, 3}};
NashEquilibria[A, B] // MatrixForm
```

```
NashEquilibria::degen : degenerate game
```

$$\begin{pmatrix} \{0, 1, 0\} & 1 & \{1, 0, 0\} & 2 \\ \{\tfrac{1}{2}, \tfrac{1}{2}, 0\} & 1 & \{1, 0, 0\} & \tfrac{5}{2} \\ \{\tfrac{1}{2}, \tfrac{1}{2}, 0\} & 3 & \{0, 1, 0\} & \tfrac{5}{2} \\ \{1, 0, 0\} & 3 & \{0, 1, 0\} & 4 \end{pmatrix}$$

Es wurde dort gezeigt, daß das letzte Gleichgewicht perfekt ist. Dann ist $P = (1, 0, 0)^{\top}$ laut Theorem 4.4.1 nichtdominiert. Tatsächlich gilt $v(\Gamma_P) = 0$ sowie $C_2(\Gamma_P) = S$:

```
Clear[P, Ap];
P = {1, 0, 0};
Ap := Transpose[Transpose[A] - P . A];
NashEquilibria[Ap, -Ap] // MatrixForm
```

```
NashEquilibria::degen : degenerate game
```

$$\begin{pmatrix} \{1, 0, 0\} & 0 & \{0, 0, 1\} & 0 \\ \{1, 0, 0\} & 0 & \{0, 1, 0\} & 0 \\ \{1, 0, 0\} & 0 & \{1, 0, 0\} & 0 \end{pmatrix}$$

Die Gleichgewichtsstrategie $P = (1/2, 1/2, 0)^{\top}$ hingegen ist dominiert, denn es gilt $C_2(\Gamma_P) = \{S_1, S_2\} \neq S$:

```
P = {1 / 2, 1 / 2, 0};
NashEquilibria[Ap, -Ap] // MatrixForm

NashEquilibria::degen : degenerate game

/ {½, ½, 0}   0   {0, 1, 0}   0 \
| {½, ½, 0}   0   {1, 0, 0}   0 |
| {1, 0, 0}   0   {0, 1, 0}   0 |
\ {1, 0, 0}   0   {1, 0, 0}   0 /
```

Auf diese Weise nach Nichtdominanz zu prüfen ist – gelinde gesagt – umständlich. Es gibt einen besseren Weg, den wir im folgenden Abschnitt beschreiten werden.

4.4.1 Ein Algorithmus

Ohne die strategische Situation des Spiels Γ_P zu ändern, wird zunächst für einen positiven Spielwert gesorgt, und zwar durch Hinzuaddieren einer geeigneten Konstante c zur Auszahlungsmatrix A_P:

$$A_P \to \tilde{A}_P = A_P + c > 0. \tag{4.35}$$

Aus der Diskussion von Abschnitt 4.3.2 wissen wir, daß (P, Q) genau dann ein Gleichgewicht dieses modifizierten Spiels ist, wenn die Bedingungen

$$X^\top 1_m = Y^\top 1_n = 1/\tilde{v}$$
$$\tilde{A}_P^\top X \geq 1_n \tag{4.36}$$
$$\tilde{A}_P Y \geq 1_m$$

erfüllt sind, wobei $X = P/\tilde{v}$, $Y = Q/\tilde{v}$ und $\tilde{v} > 0$ der Spielwert ist.

Nun sei $S_j \in C_2(\Gamma_P)$, was gleichbedeutend ist mit $y_j > 0$ für mindestens eine Lösung von (4.36). Wir nennen diese Lösung $(\bar{X}, \bar{Y})$. Durch Multiplizieren der mittleren Gleichung in (4.36) von links mit $\bar{Y}^\top$ erhalten wir

$$\bar{Y}^\top (\tilde{A}_P^\top X) \geq \bar{Y}^\top 1_n = 1/\tilde{v}. \tag{4.37}$$

Wir stellen nun fest, daß $(\tilde{A}_P^\top X)_j$ nicht größer eins sein kann, denn daraus ergäbe sich ein Widerspruch. Mit (4.36) gelte nämlich

$$\bar{Y}^\top (\tilde{A}_P^\top X) > \bar{Y}^\top 1_n = 1/\tilde{v}.$$

Aus der Austauschbarkeit der Gleichgewichtsstrategien folgt aber

$$\bar{Y}^\top (\tilde{A}_P^\top X) = \bar{Q}^\top (\tilde{A}_P^\top P)/\tilde{v}^2 = 1/\tilde{v}.$$

Aus diesem Widerspruch schließen wir

$$S_j \in C_2(\Gamma_P) \ \Rightarrow \ (\tilde{A}_P^\top X)_j = 1, \quad j = 1 \ldots n.$$

Umgekehrt, sei $(\tilde{A}_P^\top X)_j = 1$. Wenn wir annehmen, daß $S_j \notin C_2(\Gamma_P)$ ist, erhalten wir abermals einen Widerspruch. Denn mit (4.29) existiert dann mindestens eine optimale Strategie $\bar{P} = \tilde{v}\bar{X}$, für die $\bar{P}^\top \tilde{A}_P S_j > \tilde{v}$, gleichbedeutend mit $\bar{X}^\top A S_j > 1$ bzw. $(\tilde{A}_P^\top X)_j > 1$, gelten würde. Es folgt also

$$S_j \in C_2(\Gamma_P) \ \Leftrightarrow \ (\tilde{A}_P^\top X)_j = 1, \quad j = 1 \ldots n,$$

und wir haben bewiesen:

$$C_2(\Gamma_P) = S \ \Leftrightarrow \ 1_n^\top (\tilde{A}_P^\top X) = X^\top \tilde{A}_P 1_n = |S| = n.$$

Wir definieren nun folgendes LP:

$$\begin{aligned}
X^\top \tilde{A}_P 1_n &\to \max \\
X^\top 1_m &= Y^\top 1_n \\
\tilde{A}_P^\top X &\geq 1_n \\
\tilde{A}_P Y &\geq 1_m,
\end{aligned} \tag{4.38}$$

das wir in `LinearProgramming`-gerechter Form äquivalent als

$$\begin{aligned}
\left(-(\tilde{A}_P 1_n)^\top \quad 0_n \right) \begin{pmatrix} X \\ Y \end{pmatrix} &\to \min \\
\begin{pmatrix} 1_m^\top & -1_n^\top \\ -1_m^\top & 1_n^\top \\ \tilde{A}_P^\top & 0_{nn} \\ 0_{mm} & -\tilde{A}_P \end{pmatrix} \begin{pmatrix} X \\ Y \end{pmatrix} &\geq \begin{pmatrix} 0 \\ 0 \\ 1_n \\ -1_n \end{pmatrix} \\
\begin{pmatrix} X \\ Y \end{pmatrix} &\geq 0
\end{aligned} \tag{4.39}$$

schreiben können. Ist die optimale Lösung von (4.38) bzw. (4.39) gleich n, so gilt $C_2(\Gamma_P) = S$. Falls außerdem

$$v = (X^\top \tilde{A} Y)^{-1} - c = 0 \tag{4.40}$$

ist, dann ist P nichtdominiert in Γ_{12}.

Listing 4.2 zeigt eine im Package `Gametheory'Bimatrix'` enthaltene *Mathematica*-Funktion `Undominated`, die diesen Test für Nichtdominanz anwendet.

```
Undominated[P_List,A_List]:= Module[
            {Ap,s,c,m,b,n1,m1,n0,nn0,mm0,v},
            Ap = Transpose[Transpose[A]-P.A];
            If[Minimax[Ap][[2]]==0,
              s = Min[Flatten[Ap]];
              Ap = Ap - s + 1;
              m1 = Table[1,{i,Length[A]}];
              n1 = Table[1,{j,Length[A[[1]]]}];
              n0 = Table[0,{j,Length[A[[1]]]}];
              mm0 = ZeroMatrix[Length[A]];
              nn0 = ZeroMatrix[Length[A[[1]]]];
              c = Join[-Ap.n1,n0];
              b = Join[{0,0},n1,-m1];
              m = BlockMatrix[{{ {m1},-{n1}},
                               {-{m1}, {n1}},
                               {Transpose[Ap],nn0},
                               {mm0,-Ap}}];
              v = LinearProgramming[c,m,b];
              If[-v.c==Length[A[[1]]],True,False],
                  False] ];
```

Listing 4.2. Ein Test für Nichtdominanz: Auszug aus dem *Mathematica*-Package `GameTheory'Bimatrix'`.

4.4.2 Iterative Eliminierung

Zur Illustrierung der Funktion `Undominated` führen wir eine sogenannte *iterative Eliminierung dominierter Strategien* durch. Dies ist eine Prozedur, die zur Vereinfachung von Bimatrixspielen eingesetzt werden kann. Manchmal läßt sich ein Spiel mit dieser Methode sogar bis auf ein Gleichgewicht völlig reduzieren. Wenn – wie hier – dominierte und nicht nur striktdominierte Strategien eliminiert werden, können allerdings Nash-Gleichgewichte verlorengehen.

Die folgende Bimatrix [Mor94b] besitzt zum Beispiel genau ein Nash-Gleichgewicht:

```
A = {{4, 3, -3, -1, -2}, {-1, 2, 2, -1, 2}, {2, -1, 0, 4, 0},
     {1, -3, -1, 1, -1}, {0, 1, -3, -2, -1}};
B = {{-1, 0, 1, 4, 0}, {1, 2, 3, 0, 5}, {1, -1, 4, -1, 2},
     {6, 0, 4, 1, 4}, {0, 4, 1, 3, -1}};
BimatrixForm[A, B]
NashEquilibria[A, B]
```

$$\begin{array}{c} \\ R_1 \\ R_2 \\ R_3 \\ R_4 \\ R_5 \end{array} \left(\begin{array}{ccccc} S_1 & S_2 & S_3 & S_4 & S_5 \\ \binom{4}{-1} & \binom{3}{0} & \binom{-3}{1} & \binom{-1}{4} & \binom{-2}{0} \\ \binom{-1}{1} & \binom{2}{2} & \binom{2}{3} & \binom{-1}{0} & \binom{2}{5} \\ \binom{2}{1} & \binom{-1}{-1} & \binom{0}{4} & \binom{4}{-1} & \binom{0}{2} \\ \binom{1}{6} & \binom{-3}{0} & \binom{-1}{4} & \binom{1}{1} & \binom{-1}{4} \\ \binom{0}{0} & \binom{1}{4} & \binom{-3}{1} & \binom{-2}{3} & \binom{-1}{-1} \end{array} \right)$$

```
{{{0, 1, 0, 0, 0}, 2, {0, 0, 0, 0, 1}, 5}}
```

Dieses Gleichgewicht läßt sich allein durch iterative Eliminierung von dominierten *reinen* Strategien finden. Zunächst brauchen wir Funktionen für reine Strategien:

```
Clear[R, S];
R[i_] := Table[If[k == i, 1, 0], {k, Length[A]}];
S[j_] := Table[If[k == j, 1, 0], {k, Length[A[[1]]]}];
```

Wir eliminieren zuerst alle dominierten reinen Strategien des ersten Spielers:

```
Table[Undominated[R[i], A], {i, Length[A]}]
```

```
{True, True, True, False, False}
```

```
A = Drop[A, -2]; B = Drop[B, -2];
BimatrixForm[A, B]
```

$$\begin{array}{c} \\ R_1 \\ R_2 \\ R_3 \end{array} \left(\begin{array}{ccccc} S_1 & S_2 & S_3 & S_4 & S_5 \\ \binom{4}{-1} & \binom{3}{0} & \binom{-3}{1} & \binom{-1}{4} & \binom{-2}{0} \\ \binom{-1}{1} & \binom{2}{2} & \binom{2}{3} & \binom{-1}{0} & \binom{2}{5} \\ \binom{2}{1} & \binom{-1}{-1} & \binom{0}{4} & \binom{4}{-1} & \binom{0}{2} \end{array} \right)$$

Aus dem reduzierten Spiel löschen wir dann die dominierten reinen Strategien des zweiten Spielers:

```
Table[Undominated[S[j], Transpose[B]], {j, Length[A[[1]]]}]
```

```
{False, False, True, True, True}
```

```
A = Transpose[Drop[Transpose[A], 2]];
B = Transpose[Drop[Transpose[B], 2]];
BimatrixForm[A, B]
```

$$\begin{pmatrix} & S_1 & S_2 & S_3 \\ R_1 & \begin{pmatrix} -3 \\ 1 \end{pmatrix} & \begin{pmatrix} -1 \\ 4 \end{pmatrix} & \begin{pmatrix} -2 \\ 0 \end{pmatrix} \\ R_2 & \begin{pmatrix} 2 \\ 3 \end{pmatrix} & \begin{pmatrix} -1 \\ 0 \end{pmatrix} & \begin{pmatrix} 2 \\ 5 \end{pmatrix} \\ R_3 & \begin{pmatrix} 0 \\ 4 \end{pmatrix} & \begin{pmatrix} 4 \\ -1 \end{pmatrix} & \begin{pmatrix} 0 \\ 2 \end{pmatrix} \end{pmatrix}$$

und fahren so fort:

```
Table[Undominated[R[i], A], {i, Length[A]}]
```

```
{False, True, True}
```

```
A = Drop[A, 1]; B = Drop[B, 1];
BimatrixForm[A, B]
```

$$\begin{pmatrix} & S_1 & S_2 & S_3 \\ R_1 & \begin{pmatrix} 2 \\ 3 \end{pmatrix} & \begin{pmatrix} -1 \\ 0 \end{pmatrix} & \begin{pmatrix} 2 \\ 5 \end{pmatrix} \\ R_2 & \begin{pmatrix} 0 \\ 4 \end{pmatrix} & \begin{pmatrix} 4 \\ -1 \end{pmatrix} & \begin{pmatrix} 0 \\ 2 \end{pmatrix} \end{pmatrix}$$

```
Table[Undominated[S[j], Transpose[B]], {j, Length[A[[1]]]}]
```

```
{True, False, True}
```

```
A = Transpose[Drop[Transpose[A], {2, 2}]];
B = Transpose[Drop[Transpose[B], {2, 2}]];
BimatrixForm[A, B]
```

$$\begin{pmatrix} & S_1 & S_2 \\ R_1 & \begin{pmatrix} 2 \\ 3 \end{pmatrix} & \begin{pmatrix} 2 \\ 5 \end{pmatrix} \\ R_2 & \begin{pmatrix} 0 \\ 4 \end{pmatrix} & \begin{pmatrix} 0 \\ 2 \end{pmatrix} \end{pmatrix}$$

Eine Eliminierung der dominierten Strategien dieses letzten (2×2)-Spiels führt zum Gleichgewicht. Selbstverständlich ist das obige Spiel in dieser Hinsicht eine Ausnahme. Nicht alle Spiele können so leicht gelöst werden.

4.5 Perfektheit

Wir liefern jetzt den noch fehlenden

Beweis (von Theorem 4.4.1): Wir betrachten ein Nash-Gleichgewicht (P, Q) des Bimatrixspiels Γ_{12}. Die Strategien P und Q seien nichtdominiert. Dann folgt aus Theorem 4.4.2 für das assoziierte Matrixspiel Γ_P: $v(\Gamma_P) = 0$ und $C_2(\Gamma_P) = S$. Demnach besitzt Spieler 2 in Γ_P eine vollständig gemischte Strategie, die wir mit Q' bezeichnen. Nun sei $\bar{P}$ eine beliebige Strategie des ersten Spielers. Dann gilt mit (4.30)

$$0 \geq \bar{P}^\top A Q' = (\bar{P}^\top A - P^\top A)Q' = \bar{P}^\top A Q' - P^\top A Q',$$

d.h. P ist eine beste Antwort auf Q' in Γ_{12}:

$$P^\top A Q' \geq \bar{P}^\top A Q' \text{ für alle } \bar{P}.$$

Die Strategie P ist somit auch eine beste Antwort auf $Q(k)$, gegeben durch

$$Q(k) = (1 - 1/k)Q + (1/k)Q'.$$

Die Strategie $Q(k)$ ist vollständig gemischt und $\lim_{k \to \infty} Q(k) = Q$. Mit einem ähnlichen Argument existiert eine vollständig gemischte Strategie $P(k)$, für die gilt: $\lim_{k \to \infty} P(k) = P$ und Q ist eine beste Antwort auf $P(k)$. Laut Definition 4.2.1 ist (P, Q) ein perfektes Gleichgewicht.

Andersherum sei (P, Q) ein perfektes Gleichgewicht des Spiels Γ_{12}. Dann existiert eine vollständig gemischte Strategie $Q(k)$, für die P ein beste Antwort darstellt:

$$\bar{P}^\top A Q(k) \leq P^\top A Q(k) \text{ für alle } \bar{P}. \tag{4.41}$$

Falls P dominiert ist, existiert aber eine $\bar{P}$ mit der Eigenschaft

$$\bar{P}^\top A \geq P^\top A, \quad \bar{P}^\top A S_j > P^\top A S_j$$

für mindestens eine reine Strategie S_j. Weil $Q(k)$ vollständig gemischt ist, folgt

$$\bar{P}^\top A Q(k) > P^\top A Q(k).$$

in Widerspruch zu (4.41). P ist deshalb nichtdominiert und das gleiche gilt für Q. $\qquad \square$

Nun sind wir endlich in der Lage, perfekte Gleichgewichte beliebiger Bimatrixspiele zu bestimmen. Listing 4.3 zeigt die entsprechende Ausführung im Package GameTheory'Bimatrix'.

```
NashEqPerfect[A_List,B_List]:= Module[ {NE,crit},
(* criterion for perfectness *)
crit[{P_,_,Q_,_}]:= Undominated[P,A]&&Undominated[Q,Transpose[B]];
(* first get the  Nash equilibria *)
    NE = NashEq[A,B];
(* Apply criterion *)
    Select[NE,crit] ];
```

Listing 4.3. Bestimmung von perfekten Nash-Gleichgewichten: Auszug aus dem *Mathematica*-Package GameTheory'Bimatrix'.

Wir wollen diese Funktion an den ersten drei Spielen dieses Kapitels ausprobieren:

```
A = {{2, 2, 0, 0}, {-1, 3, -1, 3}};
B = {{1, 1, 0, 0}, {1, 2, 1, 2}};
NashEquilibria[A, B, Select -> Perfect]
A = {{1, 3}, {2, 2}};
B = {{0, 1}, {2, 2}};
NashEquilibria[A, B, Select -> Perfect]
A = {{1, 3, 4}, {1, 3, 2}, {0, 2, 3}};
B = {{3, 4, 2}, {2, 1, 1}, {4, 3, 3}};
NashEquilibria[A, B, Select -> Perfect]

NashEquilibria::degen : degenerate game

{{{0, 1}, 3, {0, 1, 0, 0}, 2}}

NashEquilibria::degen : degenerate game

{{{1, 0}, 3, {0, 1}, 1}}

NashEquilibria::degen : degenerate game

{{{1, 0, 0}, 3, {0, 1, 0}, 4}}
```

NashEquilibria selektiert jeweils das einzige, perfekte Gleichgewicht.

4.5.1 Vorbehalte

Perfektheit ist leider kein Allheilmittel, wie das Beispiel in der Abb. 4.7 zeigt. In diesem extensiven Spiel führt Rückwärtsinduktion zur einzigen vernünftigen Lösung (Bb,R). In der Normalform sieht das Spiel so aus:

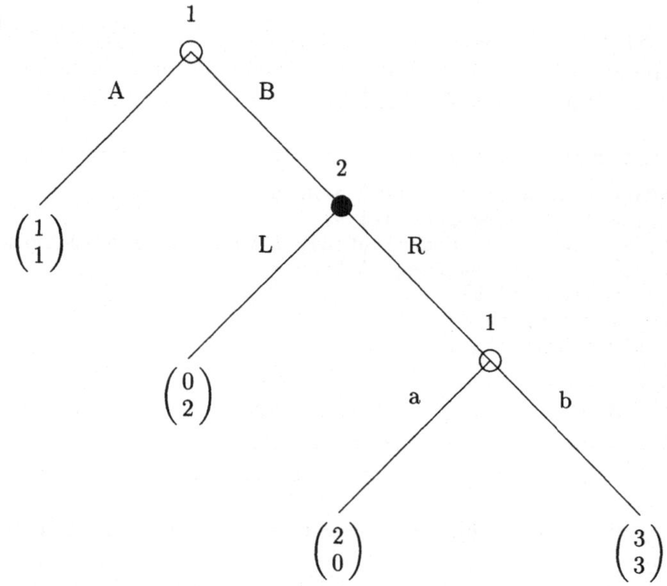

Abb. 4.7. Ein extensives Spiel in dem Spieler 1 vor und nach Spieler 2 zieht.

```
Clear[A, B];
A = {{1, 1}, {1, 1}, {0, 2}, {0, 3}};
B = {{1, 1}, {1, 1}, {2, 0}, {2, 3}};
BimatrixForm[A, B]
```

$$\begin{pmatrix} & S_1 & S_2 \\ R_1 & \begin{pmatrix} 1 \\ 1 \end{pmatrix} & \begin{pmatrix} 1 \\ 1 \end{pmatrix} \\ R_2 & \begin{pmatrix} 1 \\ 1 \end{pmatrix} & \begin{pmatrix} 1 \\ 1 \end{pmatrix} \\ R_3 & \begin{pmatrix} 0 \\ 2 \end{pmatrix} & \begin{pmatrix} 2 \\ 0 \end{pmatrix} \\ R_4 & \begin{pmatrix} 0 \\ 2 \end{pmatrix} & \begin{pmatrix} 3 \\ 3 \end{pmatrix} \end{pmatrix}$$

wobei $\{R_1..R_4\} = \{Aa, Ab, Ba, Bb\}$ und $\{S_1, S_2\} = \{L, R\}$ sind.

Wir erhalten viele perfekte Gleichgewichte, wovon das erste – aber natürlich nicht die anderen – der Rückwärtsinduktionslösung entspricht:

```
NashEquilibria[A, B, Select -> Perfect] // MatrixForm

NashEquilibria::degen : degenerate game
```

$$
\begin{pmatrix}
\{0, 0, 0, 1\} & 3 & \{0, 1\} & 3 \\
\{0, 1, 0, 0\} & 1 & \{\frac{2}{3}, \frac{1}{3}\} & 1 \\
\{0, 1, 0, 0\} & 1 & \{1, 0\} & 1 \\
\{1, 0, 0, 0\} & 1 & \{\frac{2}{3}, \frac{1}{3}\} & 1 \\
\{1, 0, 0, 0\} & 1 & \{1, 0\} & 1
\end{pmatrix}
$$

Der Haken hier ist die Tatsache, daß in der Normalform die Fehlerwahr-scheinlichkeiten für Spieler 1 in seinem ersten und zweiten Zug notwendi-gerweise miteinander korrelieren, während sie in der extensiven Form nicht korreliert sind. Abhilfe verschafft man sich mittels der sogenannten *Agenten-normalform* des extensiven Spiels. An jedem seiner zwei Knoten in Abb. 4.7 setzt Spieler 1 einen Agenten ein, der dieselben Auszahlungen an den End-knoten hat wie er selbst. Der Agent Nr. 1 wählt zwischen A und B. Wählt er A, so wird Agent Nr. 2 das triviale Spiel

```
A = {{1, 1}, {1, 1}};
B = {{1, 1}, {1, 1}};
BimatrixForm[A, B]
```

$$
\begin{pmatrix}
 & S_1 & S_2 \\
R_1 & \begin{pmatrix} 1 \\ 1 \end{pmatrix} & \begin{pmatrix} 1 \\ 1 \end{pmatrix} \\
R_2 & \begin{pmatrix} 1 \\ 1 \end{pmatrix} & \begin{pmatrix} 1 \\ 1 \end{pmatrix}
\end{pmatrix}
$$

als Spaltenspieler bestreiten müssen, mit eindeutiger Auszahlung 1 an seinen „Auftraggeber" Spieler 1. Spielt Agent Nr. 1 dagegen B, wird Agent Nr. 2 – wieder als Spaltenspieler – mit dem Spiel

```
A = {{2, 2}, {0, 3}};
B = {{0, 0}, {2, 3}};
BimatrixForm[A, B]
```

$$
\begin{pmatrix}
 & S_1 & S_2 \\
R_1 & \begin{pmatrix} 2 \\ 0 \end{pmatrix} & \begin{pmatrix} 2 \\ 0 \end{pmatrix} \\
R_2 & \begin{pmatrix} 0 \\ 2 \end{pmatrix} & \begin{pmatrix} 3 \\ 3 \end{pmatrix}
\end{pmatrix}
$$

konfrontiert, wobei $R_1 = $ L, $R_2 = $ R, $S_1 = $ a und $S_2 = $ b. Agent Nr. 2 und
Spieler 2 werden hier vernünftigerweise das eindeutige, perfekte Gleichgewicht

```
NashEquilibria[A, B, Select -> Perfect]

NashEquilibria::degen : degenerate game

{{{0, 1}, 3, {0, 1}, 3}}
```

auswählen, d.h. (R,b) mit Auszahlung 3 an Spieler 1. Also wird Agent Nr.
1 Strategie B der Strategie A vorziehen. Wir erhalten auf diese Weise die
gewünschte Rückwärtsinduktionslösung (Bb,R). In diesem Sinne eine letzte

Definition 4.5.1. *Ein perfektes Gleichgewicht eines extensiven Spiels ist ein*
perfektes Gleichgewicht seiner Agentennormalform.

Mit dieser Definition ist dafür gesorgt, daß jedes perfekte Gleichgewicht
eines extensiven Spiels auch ein *teilspielperfektes* Gleichgewicht ist (siehe z.B.
[FT91]), daß insbesondere extensive Spiele mit eindeutigen Rückwärtsinduk-
tionslösungen wie das obige auch eindeutige perfekte Gleichgewichte haben.

Perfektheit hilft allerdings nicht beim *Kampf der Geschlechter*. Alle
Gleichgewichte eines nichtentarteten Bimatrixspiels (wie des *Kampfes*) sind
perfekt, siehe [vD91], Theorem 3.3.4. Zur Bestätigung:

```
Clear[s];
A = {{a, -b}, {-c, 0}};
B = {{0, -b}, {-c, a}};
s = {a -> 1, b -> 1, c -> 2};
NashEquilibria[A, B, Select -> Perfect, Symbolic -> s] // MatrixForm
```

$$
\begin{pmatrix}
\{0, 1\} & 0 & \{0, 1\} & a \\
\{1, 0\} & a & \{1, 0\} & 0 \\
\left\{ \frac{a+c}{a+b+c}, \frac{b}{a+b+c} \right\} & -\frac{bc}{a+b+c} & \left\{ \frac{b}{a+b+c}, \frac{a+c}{a+b+c} \right\} & -\frac{bc}{a+b+c}
\end{pmatrix}
$$

Ein letzter Vorbehalt: Die Funktion `NashEquilibria` mit den Optionen
`Algorithmus->AF` und `Select->Perfect` findet sämtliche, perfekte Extremgleichgewichte eines beliebigen Bimatrixspiels. Bei der Bildung der Konvexkombinationen (siehe die Diskussion der Nash-Komponenten auf S. 36) muß
man jedoch die Tatsache berücksichtigen, daß eine Konvexkombination zweier
nichtdominierter Strategien selbst dominiert sein kann. In diesem Zusammenhang sprechen Borm et al. [BJPT93] von *Selten-Komponenten* (engl. *maxi-*
mal Selten subsets), das sind Konvexkominationen von extremen, perfekten

Gleichgewichten, die auch perfekt sind. Sie zeigen, daß jedes Extremgleichgewicht einer Selten-Komponente auch ein Extremgleichgewicht im herkömmlichen Sinn ist, d.h. sie werden mit `Nashequilbria` auf jeden Fall erfaßt.

Allen Vorbehalten zum Trotz, bei manchen Normalformspielen kann Perfektheit sehr hilfreich sein. Dazu eine ...

4.5.2 Versteigerung auf Holländisch

Zwei Bewerber nehmen an einer sogenannten *Holländischen Auktion*[1] teil, bei der die angebotene Ware unterschiedlich mit Werten v_1 bzw. v_2 eingeschätzt wird; die gegnerische Wertschätzungen sind beiden Bewerbern bekannt. Es gilt o.B.d.A $v_1 \geq v_2$. Der Versteigerer setzt den Wert auf $V > v_1$, und die Bewerber bieten (simultan) b_1 bzw. b_2, wobei $0 \leq b_1, b_2 \leq V$. Die Ware geht an den Anbieter mit dem höchsten Angebot, aber falls $b_1 = b_2$ ist, entscheidet ein Münzwurf, wer die Ware bekommt. Wir schließen kooperatives Verhalten (Absprache) aus. Wenn außerdem die Größen V, v_1, v_2, b_1, b_2 in diskreten Geldeinheiten gemessen werden, haben wir es mit einem Bimatrixspiel zu tun.

Ein sehr naheliegender Ausgang dieser Auktion, im Falle $v_1 > v_2$, wäre der folgende: Bewerber 1 bietet $v_2 + 1$, also eine Geldeinheit mehr als die Ware Bewerber 2 überhaupt wert ist. Letzterer bietet v_2, weil ihm dann völlig gleichgültig ist, ob er damit die Auktion gewinnt oder nicht. Dadurch kassiert Bewerber 1 den Betrag $v_1 - v_2 - 1 \geq 0$, und Bewerber 2 bekommt Null. Wir wollen diese Hypothese mit `Nashequilbria` prüfen. Zur Erzeugung der Auszahlungsmatrizen zunächst die üblichen *Mathematica*-Funktionen:

```
Clear[genA, genB];
genA[v1_, v2_, V_] := Module[{A},
    A[b1_, b2_] :=
  Which[b1 > b2, v1 - b1, b1 == b2, (v1 - b1) / 2, b1 < b2, 0];
    Table[Table[A[i, j], {j, 0, V}], {i, 0, V}]];
genB[v1_, v2_, V_] := Module[{B},
    B[b1_, b2_] :=
  Which[b1 > b2, 0, b1 == b2, (v2 - b2) / 2, b1 < b2, v2 - b2];
    Table[Table[B[i, j], {j, 0, V}], {i, 0, V}]];
```

Beispielsweise für $v_1 = 5$, $v_2 = 2$ und $V = 7$ lautet die Bimatrix

---

[1] Siehe [Tho86] neuntes Kapitel für eine Diskussion verschiedener Auktionsmodelle.

```
BimatrixForm[genA[5, 2, 7], genB[5, 2, 7]]
```

$$
\begin{array}{c c c c c c c c c}
 & S_1 & S_2 & S_3 & S_4 & S_5 & S_6 & S_7 & S_8 \\
R_1 & \binom{5/2}{1} & \binom{0}{1} & \binom{0}{0} & \binom{0}{-1} & \binom{0}{-2} & \binom{0}{-3} & \binom{0}{-4} & \binom{0}{-5} \\
R_2 & \binom{4}{0} & \binom{2}{1/2} & \binom{0}{0} & \binom{0}{-1} & \binom{0}{-2} & \binom{0}{-3} & \binom{0}{-4} & \binom{0}{-5} \\
R_3 & \binom{3}{0} & \binom{3}{0} & \binom{3/2}{0} & \binom{0}{-1} & \binom{0}{-2} & \binom{0}{-3} & \binom{0}{-4} & \binom{0}{-5} \\
R_4 & \binom{2}{0} & \binom{2}{0} & \binom{2}{0} & \binom{1}{-1/2} & \binom{0}{-2} & \binom{0}{-3} & \binom{0}{-4} & \binom{0}{-5} \\
R_5 & \binom{1}{0} & \binom{1}{0} & \binom{1}{0} & \binom{1}{0} & \binom{1/2}{-1} & \binom{0}{-3} & \binom{0}{-4} & \binom{0}{-5} \\
R_6 & \binom{0}{0} & \binom{0}{0} & \binom{0}{0} & \binom{0}{0} & \binom{0}{0} & \binom{0}{-3/2} & \binom{0}{-4} & \binom{0}{-5} \\
R_7 & \binom{-1}{0} & \binom{-1}{0} & \binom{-1}{0} & \binom{-1}{0} & \binom{-1}{0} & \binom{-1}{0} & \binom{-1/2}{-2} & \binom{0}{-5} \\
R_8 & \binom{-2}{0} & \binom{-2}{0} & \binom{-2}{0} & \binom{-2}{0} & \binom{-2}{0} & \binom{-2}{0} & \binom{-2}{0} & \binom{-1}{-5/2}
\end{array}
$$

Die reinen Strategien sind:

$$R_i = (b_1 = i - 1), \ S_j = (b_2 = j - 1), \quad i, j = 1 \dots 8.$$

Die einzigen striktdominierten, reinen Strategien in dieser Bimatrix sind R_8 und S_8. Wenn wir sie eliminieren, also die letzte Zeile und Spalte streichen, sind in der daraus resultierenden Bimatrix die Strategien R_7 und S_7 auch striktdominiert und können ebenfalls gestrichen werden. Es ist leicht zu sehen, daß eine weitere iterative Eliminierung striktdominierter Strategien (siehe Abschnitt 4.4.2) das Spiel schließlich auf die Bimatrix

```
A = Transpose[Drop[Transpose[genA[5, 2, 4]], -1]];
B = Transpose[Drop[Transpose[genB[5, 2, 4]], -1]];
BimatrixForm[A, B]
```

$$
\begin{array}{c c c c c}
 & S_1 & S_2 & S_3 & S_4 \\
R_1 & \binom{5/2}{1} & \binom{0}{1} & \binom{0}{0} & \binom{0}{-1} \\
R_2 & \binom{4}{0} & \binom{2}{1/2} & \binom{0}{0} & \binom{0}{-1} \\
R_3 & \binom{3}{0} & \binom{3}{0} & \binom{3/2}{0} & \binom{0}{-1} \\
R_4 & \binom{2}{0} & \binom{2}{0} & \binom{2}{0} & \binom{1}{-1/2} \\
R_5 & \binom{1}{0} & \binom{1}{0} & \binom{1}{0} & \binom{1}{0}
\end{array}
$$

reduziert, deren Nash-Gleichgewichte

```
NashEquilibria[A, B, Algorithm -> AF] // MatrixForm

NashEquilibria::degen : degenerate game

/ {0, 0, 0, 0, 1}   1     {0, 0, 0, 1}       0 \
| {0, 0, 0, 1, 0}   2     {0, 0, 1, 0}       0 |
| {0, 0, 0, 1, 0}   2     {0, 1/3, 2/3, 0}   0 |
| {0, 0, 0, 1, 0}   2     {1/3, 0, 2/3, 0}   0 |
| {0, 0, 1, 0, 0}   2     {0, 1/3, 2/3, 0}   0 |
| {0, 0, 1, 0, 0}   2     {1/3, 0, 2/3, 0}   0 |
| {0, 0, 1, 0, 0}  12/5   {3/5, 0, 2/5, 0}   0 |
| {0, 0, 1, 0, 0}   3     {0, 1, 0, 0}       0 |
\ {0, 0, 1, 0, 0}   3     {1/2, 1/2, 0, 0}   0 /
```

lauten.

Unsere Vermutung war richtig: ($b_1 = v_2 + 1 = 3, b_2 = v_2 = 2$) ist in der Tat ein Nash-Gleichgewicht, das zweite in der obigen Liste. Dieses Gleichgewicht hat aber reichlich Gesellschaft. Bewerber 2 geht zwar immer leer aus, aber sein Kontrahent hat offensichtliche Präferenzen in der Gleichgewichtsauswahl, und es stellt sich wie beim *Kampf der Geschlechter* die Frage: Welches Verhalten sollen wir den Spielern eigentlich empfehlen? Hier kommt das Konzept eines perfekten Gleichgewichts gut zum Tragen, denn:

```
NashEquilibria[A, B, Algorithm -> AF, Select -> Perfect] // MatrixForm

NashEquilibria::degen : degenerate game

( {0, 0, 1, 0, 0}  3  {0, 1, 0, 0}  0 )
```

Die „intuitive" Lösung ($b_1 = 3, b_2 = 2$) z.B. ist kleinen Irrtumswahrscheinlichkeiten in der Strategienwahl des ersten Spielers gegenüber nicht stabil. Verirrt sich nämlich Bewerber 1 in die Strategie $b_1 = 0$ mit Wahrscheinlichkeit ϵ, will Bewerber 2 lieber Strategie $b_2 = 1$ spielen, denn er bekommt dadurch die Auszahlung $0 \cdot (1 - \epsilon) + 1 \cdot \epsilon > 0$. Alle Lösungen außer ($b_1 = 2, b_2 = 1$) scheiden auf diese Weise aus.

Dieses Ergebnis läßt eine Verallgemeinerung vermuten, die wir auch leicht beweisen können:

Theorem 4.5.1. *Ein perfektes Nash-Gleichgewicht der holländischen Auktion mit zwei Spielern und bekannten Wertschätzungen v_1 und v_2, wobei $0 < v_2 < v_1 - 1 < \infty$ gilt, lautet: Spieler 1 bietet v_2, Spieler 2 bietet $v_2 - 1$.*

Beweis: Wir bezeichnen die reinen Strategien der Spieler wie oben mit b_i, $i = 1,2$. Mit Lemma 1.3.1 ist $(v_2, v_2 - 1)$ genau dann ein Gleichgewicht, wenn gilt:

$$\begin{aligned}
\forall b_1: && I_1(b_1, v_2 - 1) &\leq I_1(v_2, v_2 - 1) = v_1 - v_2 \\
\forall b_2: && I_2(v_2, b_2) &\leq I_2(v_2, v_2 - 1) = 0.
\end{aligned} \qquad (4.42)$$

Die erste Ungleichung ist erfüllt:

$$\begin{aligned}
\forall\, b_1 < v_2 - 1: \quad & I_1(b_1, v_2 - 1) = 0 < v_1 - v_2 \\
& I_1(v_2 - 1, v_2 - 1) = (v_1 - v_2 + 1)/2 < v_1 - v_2 \\
\forall\, b_1 \geq v_2: \quad & I(b_1, v_2) = v_1 - b_1 \leq v_1 - v_2
\end{aligned}$$

und die zweite ebenfalls:

$$\begin{aligned}
\forall\, b_2 \leq v_2: \quad & I_2(v_2, b_2) = 0 \leq 0 \\
\forall\, b_2 > v_2: \quad & I(v_2, b_2) = v_2 - b_2 < 0.
\end{aligned}$$

Betrachten wir diejenige Spalte in der Auszahlungsmatrix des ersten Spielers, die der reinen Strategie $v_2 - 1$ des Spielers 2 entspricht:

$$\begin{pmatrix}
0 \\
\vdots \\
0 \\
\frac{v_1 - v_2 + 1}{2} \\
\mathbf{v_1 - v_2} \\
v_1 - v_2 - 1 \\
v_1 - v_2 - 2 \\
\vdots
\end{pmatrix} .$$

Das fettgedruckte Element entspricht der Gleichgewichtsstrategie $b_1 = v_2$ des ersten Spielers und ist ein striktes Maximum in seiner Spalte. Daraus schließen wir, daß es keine andere Strategie des ersten Spielers gibt, weder rein noch gemischt, die diese Strategie dominiert. Nun betrachten wir diejenige Zeile in der Auszahlungsmatrix des zweiten Spielers, die der reinen Strategie $v_2 - 1$ des ersten Spielers entspricht:

$$(0, \ldots 0, \mathbf{1/2}, 0, -1, -2 \ldots)$$

Das fettgedruckte Element entspricht der Gleichgewichtsstrategie $b_2 = v_2 - 1$ des zweiten Spielers und ist ein striktes Maximum in seiner Zeile. Diese Strategie ist also ebenfalls nichtdominiert. Aus Theorem 4.4.1 folgt: Das Gleichgewicht $(v_2, v_2 - 1)$ ist perfekt. $\qquad\square$

4.5.3 Ein Wiedersehen mit ESS

Es gibt recht komplexe und tiefgreifende Zusammenhänge zwischen den verschiedenen Verfeinerungen des Nash-Gleichgewichts, wovon z.B. die Monographie von van Damme [vD91] eindrucksvoll zeugt. Weil wir schon im vorigen Kapitel evolutionsstabile Gleichgewichte untersucht und uns gerade ausführlich mit perfekten Gleichgewichten auseinandergesetzt haben, sei hier zum Schluß folgende Beziehung zwischen diesen beiden Konzepten noch erwähnt:

Theorem 4.5.2. *Falls P eine ESS ist, ist (P, P) ein perfektes Gleichgewicht.*

Beweis: Nach Voraussetzung ist P ein (symmetrisches) Nash-Gleichgewicht eines symmetrischen Spiels mit Auszahlungsmatrix A. Nehmen wir an, P ist von einer Strategie Q dominiert. Dann ist mit Definition 4.4.1 $Q^{\mathsf{T}} A \geq P^{\mathsf{T}} A$. Insbesondere gilt $Q^{\mathsf{T}} A P \geq P^{\mathsf{T}} A P$, d.h. Q ist eine alternative beste Antwort auf P. Aber es gilt auch $Q^{\mathsf{T}} A Q \geq P^{\mathsf{T}} A Q$. Das Stabilitätskriterium (3.8) ist somit nicht erfüllt, und P ist nicht eine ESS. Aus diesem Widerspruch schließen wir, daß P nichtdominiert ist, und mit Theorem 4.4.1, daß das Gleichgewicht (P, P) perfekt sein muß. $\qquad\square$

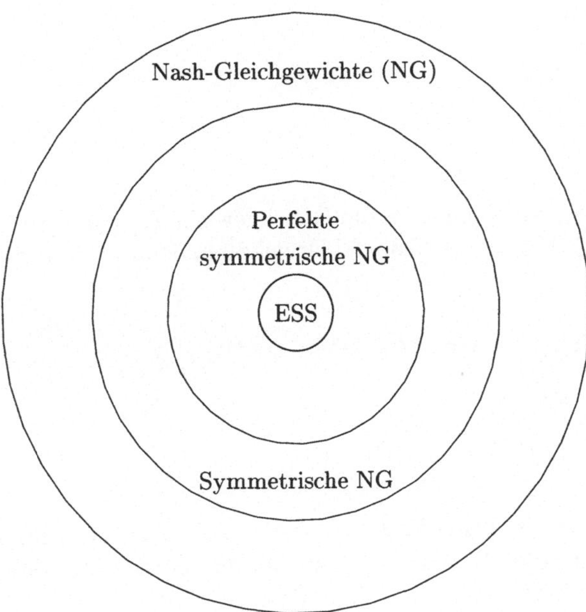

Abb. 4.8. Lösungsmengen eines symmetrischen Bimatrixspiels. Für Matrizen mit Dimensionen größer als 2×2 kann der innerste Kreis leer sein, siehe Theorem 3.1.1 und die Fußnote 2 auf S. 80.

Die Begriffe sind aber nicht äquivalent, d.h. die Umkehrung dieses Theorems ist falsch: Nicht jedes symmetrische, perfekte Gleichgewicht ist eine ESS. Abb. 4.8 verdeutlicht die Zusammenhänge. Als Beispiel betrachten wir das symmetrische Spiel:

```
A = {{1, 1, 0}, {1, 0, 0}, {1, 0, 0}};
A // MatrixForm
```

$$\begin{pmatrix} 1 & 1 & 0 \\ 1 & 0 & 0 \\ 1 & 0 & 0 \end{pmatrix}$$

und wenden unser ganzes Arsenal an:

```
NashEquilibria[A, Transpose[A]]
NashEquilibria[A, Transpose[A], Select -> Perfect]
NashEquilibria[A, Select -> ESS]
```

```
NashEquilibria::degen : degenerate game

{{{0, 0, 1}, 0, {0, 0, 1}, 0}, {{0, 0, 1}, 1, {1, 0, 0}, 0},
 {{0, 1, 0}, 1, {1, 0, 0}, 1}, {{1, 0, 0}, 0, {0, 0, 1}, 1},
 {{1, 0, 0}, 1, {0, 1, 0}, 1}, {{1, 0, 0}, 1, {1, 0, 0}, 1}}

NashEquilibria::degen : degenerate game

{{{1, 0, 0}, 1, {1, 0, 0}, 1}}

NashEquilibria::degen : degenerate game

{}
```

Das einzige perfekte, symmetrische Gleichgewicht $P = (1, 0, 0)^\top$ ist anscheinend keine ESS. Vorsicht ist jedoch hier geboten, denn P ist nicht quasistrikt:

```
NashEquilibria[A, Transpose[A], Select -> QS]
```

```
NashEquilibria::degen : degenerate game

{}
```

Aber P ist in der Tat keine ESS,[2] denn $Q = (q_1, 0, 1 - q_1)^\top$ mit $0 \leq q_1 < 1$ ist eine alternative beste Antwortstrategie, für die das Stabilitätskriterium (3.8) nicht erfüllt ist:

```
P = {1, 0, 0}; Q = {q1, 0, 1 - q1}; {Q.A.P, P.A.Q, Q.A.Q}
```

```
{1, q1, q1}
```

---

[2] Trotz gegenteiliger Behauptung auf S. 225 in [vD91].

4.6 Anregungen

1. [Jon80] Eine $(m \times m)$-Bimatrixspiel heißt *symmetrisches Matrixspiel*, wenn $B = -A$ und A *schiefsymmetrisch* ist, d.h. $A = -A^{\top}$. Eine notwendige (aber nicht hinreichende) Bedingung dafür, daß *alle* Gleichgewichtspaare vollständig gemischt sind ist: m ist ungerade. Untersuchen Sie beispielsweise

$$A = \begin{pmatrix} 0 & a \\ -a & 0 \end{pmatrix} \quad \text{und} \quad A = \begin{pmatrix} 0 & a & b \\ -a & 0 & c \\ -b & -c & 0 \end{pmatrix}.$$

2. [Mye91] Die Menge der Gleichgewichte eines Spiels wird nicht durch die Eliminierung striktdominierter Strategien reduziert. Dies kann aber passieren, wenn dominierte Strategien eliminiert werden, z.B. aus

$$A = \begin{pmatrix} 2 & 2 & 2 \\ 2 & 9 & 0 \\ 2 & 1 & 1 \end{pmatrix}, \quad B = \begin{pmatrix} 0 & 0 & 0 \\ 7 & 0 & 1 \\ 7 & 0 & 8 \end{pmatrix}.$$

3. [vD91] Ein perfektes Gleichgewicht kann von einem nichtperfekten Gleichgewicht auszahlungsdominiert sein, z.B.

$$A = \begin{pmatrix} 1 & 10 \\ 0 & 10 \end{pmatrix}, \quad B = \begin{pmatrix} 1 & 0 \\ 10 & 10 \end{pmatrix}.$$

Wenn die Strategienmengen beider Spieler durch zusätzliche, striktdominierte Strategien ergänzt werden, würde man zunächst glauben, daß diese Ergänzung bei rationalem Verhalten keine Rolle spielen könnte. Doch die Menge der perfekten Gleichgewichte kann dadurch größer werden.

4. Falls $v_2 > 2$ ist, ist das perfekte Gleichgewicht des Theorems 4.5.1 nicht eindeutig. Doch Spieler 1 spielt immer $b_2 = v_2$, gewinnt immer $v_1 - v_2$, und Spieler 2 ist seiner perfekten Gleichgewichtsstrategien gegenüber stets indifferent.

5. [Kap91] Falls ein Bimatrixpiel ein vollständig gemischtes Gleichgewicht besitzt, sind alle seine Gleichgewichte perfekt, z.B.

$$A = \begin{pmatrix} 5 & 0 \\ 0 & 5 \\ 5 & 0 \end{pmatrix}, \quad B = \begin{pmatrix} 0 & 5 \\ 5 & 0 \\ 0 & 0 \end{pmatrix}.$$

6. Alle Gleichgewichte eines nichtentarteten Spiels sind perfekt.

7. (a) Das Spiel

$$A = B = \begin{pmatrix} 2 & 0 & 0 \\ 0 & 1 & 0 \\ 0 & 0 & 0 \end{pmatrix}$$

hat endlich viele Gleichgewichte, ist aber trotzdem entartet. Nur ein Gleichgewicht ist nicht perfekt.

(b) Wieviele Gleichgewichte hat das Spiel

$$A = B = \begin{pmatrix} n-1 & 0 & \cdots & 0 & 0 \\ 0 & n-2 & \cdots & 0 & 0 \\ \cdots & \cdots & \cdots & \cdots & \cdots \\ 0 & 0 & \cdots & 1 & 0 \\ 0 & 0 & \cdots & 0 & 0 \end{pmatrix} ?$$

8. [BJPT93] Folgendes Bimatrixspiel illustriert den Unterschied zwischen Nash- und Selten-Komponenten:

$$A = \begin{pmatrix} -3 & -3 & -3 & -3 \\ 3 & 3 & 3 & -6 \\ -3 & -3 & -3 & -3 \end{pmatrix}, \quad B = \begin{pmatrix} 3 & 0 & 0 & 2 \\ 0 & 0 & 0 & 0 \\ 0 & 0 & 3 & 2 \end{pmatrix}.$$

Eine der Nash-Komponenten lautet $\{P^1\} \times \langle Q^2, Q^3, Q^4, Q^5, Q^6, Q^7 \rangle$, wobei

$$Q^2 = (0,0,1/3,2/3)^\top, \quad P^1 = (0,1,0)^\top$$
$$Q^3 = (0,0,1,0)^\top$$
$$Q^4 = (0,1/3,0,2/3)^\top$$
$$Q^5 = (0,1,0,0)^\top$$
$$Q^6 = (1/3,0,0,2/3)^\top$$
$$Q^7 = (1,0,0,0)^\top.$$

Die Strategien P^1 sowie Q^2, Q^3, Q^6 und Q^7 sind außerdem nichtdominiert. Jedoch stellt $\{P^1\} \times \langle Q^2, Q^3, Q^6, Q^7 \rangle$ *keine* Selten-Komponente dar: Nur die Komponenten $\{P^1\} \times \langle Q^2, Q^3 \rangle$ und $\{P^1\} \times \langle Q^6, Q^7 \rangle$ bestehen aus nichtdominierten und daher perfekten Gleichgewichten.

9. [BJPT93] Untersuchen Sie die Struktur der Nash-Gleichgewichtsmenge sowie die Struktur der Menge der perfekten Gliechgewichte für das Bimatrixspiel

$$A = \begin{pmatrix} 2 & 0 & 0 & 0 & 3 & -1 \\ 0 & 0 & 1 & 2 & 1 & 0 \end{pmatrix}, \quad B = \begin{pmatrix} 0 & 6 & 8 & 6 & 8 & 3 \\ 8 & 6 & 0 & 6 & -8 & 7 \end{pmatrix}.$$

5. Nullsummenspiele

Reine Konkurrenzsituationen, in denen des einen Spielers Gewinn des anderen Verlust bedeutet, werden in der Spieltheorie als Nullsummenspiele bezeichnet. Die Spieler agieren antagonistisch. Rationales Verhalten – wie in Abschnitt 4.3.1 für Matrixspiele gezeigt – kommt einer Maxmin-Strategie gleich, und Maxmin-Strategien können durch die Lösung eines geeigneten linearen Optimierungsproblems gefunden werden. Wir beginnen das vorliegende Kapitel mit einer abschließenden Behandlung der Lineareren Optimierung und beweisen den schon in früheren Kapiteln erwähnten strengen Dualitätssatz. Dieser erste Abschnitt ist [Jon80] entnommen und lediglich unserer Schreibweise angepasst. Er dient hauptsächlich der Vollständigkeit, denn der Dualitätssatz liefert einen schönen, unabhängigen Beweis des Existenzsatzes von Nash für Matrixspiele.[2] Der zweite Abschnitt behandelt das bisher viel verwendete, aber noch nicht erklärte Simplexverfahren zur Lösung eines LP und baut ein kleines *Mathematica*-Programm auf, um das Prinzip zu verdeutlichen.

Die Nullsummenbedingung ist eigentlich sehr restriktiv, und die wenigsten reellen gesellschaftlichen Konflikte lassen sich durch sie glaubwürdig beschreiben. Eine interessante Ausnahme bieten immerhin die Inspektionsspiele des zweiten Kapitels. Man kann hier unter gewissen Annahmen die abstrakten, schwer zu bestimmenden Nutzungsparameter wegfallen lassen und stattdessen mit objektiv quantifizierbaren Auszahlungen arbeiten. Wir werden in diesem Kapitel deswegen auch zum Thema Inspektionsspiele zurückkehren und – mit Unterstützung von *Mathematica* versteht sich – einige interessante Exemplare aus Sicht des Nullsummenansatzes untersuchen. Wir werden da-

---

[1] CALVIN AND HOBBES (c) Watterson. Reprinted with permission of UNIVERSAL PRESS SYNDICATE. All rights reserved.

[2] Siehe Theorem 5.1.5. Der erste Abschnitt dieses Kapitels ist übrigens nicht gerade mit *Mathematica*-Beispielen gespickt. Der(die) Leser(in) – mit dem Beweis des allgemeineren Theorems 1.3.1 zufrieden – wird ihn eventuell überspringen wollen, um schneller zu den Anwendungen zu gelangen.

bei auch Konflikten mit unendlich vielen reinen Strategien begegnen und ein Wiedersehen mit rekursiven Spielen genießen.

5.1 Matrixspiele (Teil II)

Wir erinnern uns an die beiden linearen Programme (4.8) und (4.9), die die optimalen Strategien von Spieler 1 und Spieler 2 in einem Matrixspiel mit $m \times n$-dimensionaler Auszahlungsmatrix $A > 0$ bestimmen. Diese Optimierungsprobleme sind spezielle Formen eines Standardproblems, nämlich

$$
\begin{aligned}
C^\top X &\to \min \\
A^\top X &\geq B \\
X &\geq 0_m,
\end{aligned}
\tag{5.1}
$$

bzw. seiner Dualform

$$
\begin{aligned}
B^T Y &\to \max \\
AY &\leq C \\
Y &\geq 0_n.
\end{aligned}
\tag{5.2}
$$

Man gelangt von (5.1) und (5.2) zu (4.8) und (4.9) mit $C \to 1_m$, $B \to 1_n$ und $A \to$ Auszahlungsmatrix an Spieler 1.

5.1.1 Vorbereitungen

Ein Vektor, der den Bedingungen eines LP genügt, heißt, wie im ersten Kapitel schon erwähnt, *zulässiger Vektor*. Existiert ein zulässiger Vektor für ein LP, so heißt es *zulässiges LP*. Als erstes stellen wir fest:

Theorem 5.1.1. *LP* (4.8) *und LP* (4.9) *sind zulässig.*

Beweis: Zunächst ist (4.9) offensichtlich zulässig, denn $Y = 0$ ist ein zulässiger Vektor. Mit $(A)_{ik} := \min_j (A)_{ij} > 0$ für beliebige i, $1 \leq i \leq m$, ist

$$
X^\top = (A)_{ik}^{-1}(\overbrace{0,0\ldots1,0\ldots0}^{i})
$$

auch ein zulässiger Vektor für (4.8), denn $X \geq 0_m$; außerdem gilt $A^\top X = (A)_{ik}^{-1}(A)_i \geq 1_n$. $\qquad\square$

Theorem 5.1.2. *Falls X und Y zulässige Vektoren für (5.1) bzw. (5.2) sind, gilt $B^\top Y \leq C^\top X$.*

Beweis: Es gilt wegen $B^\top \leq X^\top A$:

$$B^\top Y = \sum_j b_j y_j \leq \sum_j \left(\sum_i x_i(A)_{ij} \right) y_j$$

bzw.

$$B^\top Y \leq \sum_i x_i \left(\sum_j (A)_{ij} y_j \right) = \sum_i x_i(AY)_i$$

oder wegen $AY \leq C$: $B^\top Y \leq \sum_i x_i c_i = C^\top X$. $\square$

Aus diesem Satz folgt sofort

Korollar 5.1.1. *Falls X und Y zulässige Vektoren für LP (5.1) bzw. LP (5.2) sind, und falls außerdem gilt $C^\top X = B^\top Y$, dann ist X optimaler zulässiger Vektor für (5.1) und Y optimaler zulässiger Vektor für (5.2).*

Wir sagen, LP (5.1) ist *nicht beschränkt*, falls die Zielfunktion $C^\top X$ auf dem zulässigen Bereich nicht nach unten beschränkt ist. Eine entsprechende Definition gilt für LP (5.2): Es ist nicht beschränkt, falls die Zielfunktion $B^\top Y$ auf dem zulässigen Bereich nicht nach oben beschränkt ist.

Korollar 5.1.2. *Falls ein LP nicht beschränkt ist, dann ist das Dualproblem nicht zulässig.*

Beweis: Nehmen wir z.B. an, (5.2) ist nicht beschränkt, aber (5.1) ist zulässig. Dann gilt nach Theorem 5.1.2: $B^\top Y \leq C^\top X$ für jeden zulässigen Vektor X in Widerspruch zur Annahme, LP (5.2) sei nicht beschränkt. $\square$

Die Umkehrung ist allerdings falsch. Falls ein LP nicht zulässig ist, heißt dies nicht, daß sein Dualproblem nicht beschränkt sein muß. Es kann stattdessen auch nicht zulässig sein. Beispielsweise sind

$$(1 \quad -3) \begin{pmatrix} x_1 \\ x_2 \end{pmatrix} \to \min$$

$$\begin{pmatrix} 1 & -1 \\ -1 & 1 \end{pmatrix} \begin{pmatrix} x_1 \\ x_2 \end{pmatrix} \geq \begin{pmatrix} 6 \\ 1 \end{pmatrix}$$

$$\begin{pmatrix} x_1 \\ x_2 \end{pmatrix} \geq \begin{pmatrix} 0 \\ 0 \end{pmatrix}$$

und das dazugehörige Dualproblem

$$(6 \quad 1) \begin{pmatrix} y_1 \\ y_2 \end{pmatrix} \to \min$$

$$\begin{pmatrix} 1 & -1 \\ -1 & 1 \end{pmatrix} \begin{pmatrix} y_1 \\ y_2 \end{pmatrix} \geq \begin{pmatrix} 1 \\ -3 \end{pmatrix}$$

$$\begin{pmatrix} y_1 \\ y_2 \end{pmatrix} \geq \begin{pmatrix} 0 \\ 0 \end{pmatrix}$$

beide nicht zulässig:

```
LinearProgramming[{1, -3}, {{1, -1}, {-1, 1}}, {6, 1}]
LinearProgramming[{-6, -1}, {{-1, 1}, {1, -1}}, {-1, 3}]

ConstrainedMin::nsat : The specified constraints cannot be satisfied.

LinearProgramming[{1, -3}, {{1, -1}, {-1, 1}}, {6, 1}]

ConstrainedMin::nsat : The specified constraints cannot be satisfied.

LinearProgramming[{-6, -1}, {{-1, 1}, {1, -1}}, {-1, 3}]
```

Als nächstes werden drei Hilfssätze bewiesen – sogenannte *lemmata of the alternative* – die die Lösungen von Systemen von Gleichungen bzw. Ungleichungen charakterisieren.

Lemma 5.1.1. *Entweder besitzt*

$$A^\top X = B, \quad X \geq 0_m, \tag{5.3}$$

oder

$$AY \leq 0_m, \quad B^\top Y > 0, \tag{5.4}$$

eine Lösung. (Beide zusammen besitzen also keine Lösung).

Beweis: Falls Lösungen X und Y für (5.3) und (5.4) existieren, erhalten wir den Widerspruch:

$$0 \geq X^\top AY = (A^\top X)^\top Y = B^\top Y > 0.$$

Setzen wir voraus, System (5.3) hat nun keine Lösung. Dies bedeutet:

$$B \notin \{Z \mid Z = A^\top X, X \geq 0_m\} =: L.$$

Die Menge L ist offensichtlich konvex und abgeschlossen, also existiert mit Lemma 4.3.1 ein Vektor W, für den gilt:

$$\forall Z \in L: \quad W^\top Z > W^\top B.$$

Äquivalent dazu existiert ein Vektor $Y = -W$, für den gilt

$$\forall X \geq 0_m: \quad Y^\top (A^\top X) < Y^\top B. \tag{5.5}$$

Insbesondere gilt für $X = 0_m$

$$Y^\top B = B^\top Y > 0$$

und es bleibt noch zu zeigen, daß $AY \leq 0_m$ ist. Angenommen dies wäre falsch. Dann existierte ein i, $1 \leq i \leq m$, für das gilt

$$(AY)_i = \lambda > 0.$$

Wir setzen

$$X = \lambda^{-1}(B^\mathsf{T}Y)R_i \geq 0_m,$$

wobei $R_i = (\overbrace{0,0\ldots0,1,0\ldots0}^{i})$ und erhalten einen Widerspruch. Denn:

$$Y^\mathsf{T}(A^\mathsf{T}X) = X^\mathsf{T}AY = \lambda^{-1}(B^\mathsf{T}Y)R_i^\mathsf{T}AY$$
$$= \lambda^{-1}(B^\mathsf{T}Y)(AY)_i = B^\mathsf{T}Y = Y^\mathsf{T}B$$

in Widerspruch zu (5.5). Also ist $AY \leq O_m$ und (5.4) hat eine Lösung. Falls schließlich (5.4) keine Lösung hat, muß (5.3) eine solche besitzen, denn wir haben gerade gezeigt: (5.3) hat keine Lösung $\Rightarrow$ (5.4) hat eine Lösung. $\qquad\square$

Lemma 5.1.2. *Entweder besitzt*

$$A^\mathsf{T}X \geq B, \quad X \geq 0_m, \tag{5.6}$$

oder

$$AY \leq 0_m, \quad B^\mathsf{T}Y > 0, \quad Y \geq 0_n, \tag{5.7}$$

eine Lösung.

Beweis: Die Systeme (5.6) und (5.7) können nicht gleichzeitig Lösungen besitzen, denn daraus folgt der Widerspruch

$$0 \geq X^\mathsf{T}AY = (A^\mathsf{T}X)^\mathsf{T}Y \geq B^\mathsf{T}Y > 0.$$

Nehmen wir an, (5.6) hat keine Lösung. Dann besitzt

$$A^\mathsf{T}X - Z = B, \quad X \geq 0_m, \quad Z \geq 0_n$$

ebenfalls keine Lösung. Dieses System können wir mit der $n \times n$-Identitätsmatrix I_n in der Form

$$(A^\mathsf{T}, -I_n)\begin{pmatrix} X \\ Z \end{pmatrix} = B, \quad \begin{pmatrix} X \\ Z \end{pmatrix} \geq 0_{m+n},$$

schreiben. Mit Lemma 5.1.1 besitzt somit das System

$$\begin{pmatrix} A \\ -I_n \end{pmatrix} Y \leq 0_{m+n}, \quad B^\mathsf{T}Y > 0, \tag{5.8}$$

eine Lösung. Aber (5.8) ist mit (5.7) identisch. $\qquad\square$

Lemma 5.1.3. *Entweder besitzt*

$$AY \leq C, \quad Y \geq 0_n, \tag{5.9}$$

oder

$$A^\top X \geq 0_n, \quad C^\top X < 0, \quad X \geq 0_m, \tag{5.10}$$

eine Lösung.

Beweis: Systeme (5.9) und (5.10) können nicht gleichzeitig Lösungen besitzen, denn daraus folgt der Widerspruch

$$0 \leq Y^\top A^\top X = (AY)^\top X \leq C^\top X < 0.$$

Vorausgesetzt System (5.9) hat keine Lösung. Dann besitzt

$$AY + Z = C, \quad Y \geq 0_n, \quad Z \geq 0_m,$$

bzw.

$$(A, I_{nn}) \begin{pmatrix} Y \\ Z \end{pmatrix} = C, \quad \begin{pmatrix} Y \\ Z \end{pmatrix} \geq 0_{m+n},$$

ebenfalls keine. Mit Lemma 5.1.1 besitzt

$$\begin{pmatrix} A^\top \\ I_{nn} \end{pmatrix} W \leq 0_{m+n}, \quad C^\top W > 0, \tag{5.11}$$

eine Lösung. Mit $X = -W$ ist (5.11) mit (5.10) identisch. $\qquad\square$

5.1.2 Dualität

Theorem 5.1.3. *Falls (5.1) zulässig ist, (5.2) aber nicht, dann ist (5.1) nicht beschränkt, und umgekehrt.*

Beweis: LP (5.2) sei zulässig und (5.1) nicht. Dann existiert ein Vektor $\bar{Y}$, für den gilt:

$$A\bar{Y} \leq C, \quad \bar{Y} \geq 0_n. \tag{5.12}$$

Weil (5.1) nicht zulässig ist, existiert mit Lemma 5.1.2 außerdem ein $\hat{Y} \geq 0$, für den gilt:

$$A\hat{Y} \leq 0, \quad B^\top \hat{Y} > 0. \tag{5.13}$$

Mit $\lambda \geq 0$ ist $\bar{Y} + \lambda\hat{Y} \geq 0$ und wegen (5.12) und (5.13) können wir schreiben:

$$A(\bar{Y} + \lambda\hat{Y}) = A\bar{Y} + \lambda A\hat{Y} \leq C.$$

Demnach ist $\bar{Y} + \lambda\hat{Y}$ zulässiger Vektor für das LP (5.2), und zwar für alle $\lambda \geq 0$. Weil $B^\top \hat{Y} > 0$ ist, wird aber $B^\top(\bar{Y} + \lambda\hat{Y})$ beliebig groß für $\lambda \to \infty$. Also ist (5.2) unbeschränkt. Der Beweis im umgekehrten Fall läuft analog. Er verwendet aber Lemma 5.1.3, um einen zulässigen Vektor $\bar{X} + \lambda\hat{X}$ für LP (5.1) zu erzeugen mit der Eigenschaft: $C^T(\bar{X} + \lambda\hat{X})$ ist beliebig klein. $\qquad\square$

Theorem 5.1.4. (Strenger Dualitätssatz) *Sind* (5.1) *und* (5.2) *beide zulässig, dann besitzen beide optimale zulässige Vektoren X^* bzw. Y^*, und es gilt:*

$$C^\top X^* = B^\top Y^*.$$

Beweis: Wir brauchen nur zu zeigen, daß Vektoren $X^* \geq 0$ und $Y^* \geq 0$ existieren, die den Bedingungen

$$A^\top X^* \geq B$$
$$AY^* \leq C \qquad (5.14)$$
$$C^\top X^* \leq B^\top Y^*$$

genügen. Dann gilt nämlich mit Theorem 5.1.2: $C^\top X^* = B^\top Y^*$ und mit Korollarium 5.1.1: X^* und Y^* sind optimale zulässige Vektoren für (5.1) bzw. (5.2).

Für beliebige X und Y schreiben wir (5.14) in der Form

$$\begin{pmatrix} A^\top & 0_{mn} \\ 0_{nm} & -A \\ -C^\top & B^\top \end{pmatrix} \begin{pmatrix} X \\ Y \end{pmatrix} \geq \begin{pmatrix} B \\ -C \\ 0 \end{pmatrix} \qquad (5.15)$$

und behaupten zunächst, (5.15) habe keine Lösung $\begin{pmatrix} X \\ Y \end{pmatrix} \geq 0_{m+n}$. Dann existiert laut Lemma 5.1.2 ein nichtnegativer Vektor V, für den gilt:

$$\begin{pmatrix} A & 0_{mn} & -C \\ 0_{nm} & -A^\top & B \end{pmatrix} V \leq 0_{m+n}, \quad (B^\top, -C^\top, 0)V > 0. \qquad (5.16)$$

Der Vektor V hat $m + n + 1$ Komponenten, und wir schreiben ihn in der Form

$$V = \begin{pmatrix} Z \\ W \\ a \end{pmatrix},$$

wobei Z und W n bzw. m Komponenten haben und a eine nichtnegative reelle Zahl ist. Dann ist (5.16) äquivalent zu den Gleichungen

$$AZ \leq aC \qquad (5.17)$$

$$A^\top W \geq aB \qquad (5.18)$$

$$B^\top Z > C^\top W. \qquad (5.19)$$

Zunächst sei $a = 0$. Weil (5.1) und (5.2) nach Voraussetzung zulässig sind, existieren $X \geq 0$ und $Y \geq 0$ mit

$$A^\top X \geq B, \quad AY \leq C. \qquad (5.20)$$

Mit (5.17) und (5.20) stellen wir dann fest:

$$B^{\top} Z \leq (X^{\top} A) Z = X^{\top} (AZ) \leq X^{\top} (aC) = 0. \qquad (5.21)$$

Es gilt außerdem mit (5.18):

$$0_n = aB \leq A^{\top} W.$$

Wir multiplizieren von links mit $Y^{\top}$ und erhalten mit (5.20)

$$0 \leq Y^{\top} A^{\top} W \leq C^{\top} W. \qquad (5.22)$$

Die Gleichungen (5.21) und (5.22) besagen, daß $B^{\top} Z \leq C^{\top} W$ ist, in Widerspruch zu (5.19). Nun sei $a > 0$. Aber dann sind mit (5.17) und (5.18) $a^{-1} Z$ und $a^{-1} W$ zulässige Vektoren für (5.2) bzw. (5.1). Aus Theorem 5.1.2 folgt dann:

$$a^{-1} B^{\top} Z \leq a^{-1} C^{\top} W,$$

ebenfalls in Widerspruch zu (5.19). Daraus schließen wir, daß (5.15) und somit (5.14) doch eine Lösung haben muß. $\qquad \Box$

Theorem 5.1.5. (Existenzsatz für Matrixspiele) *Jedes Matrixspiel besitzt mindestens ein Nash-Gleichgewicht.*

Beweis: Wir wollen zeigen, daß für das Matrixspiel mit Auszahlungsmatrix A an Spieler 1 gemischte Strategien P^* und Q^* existieren mit der Eigenschaft

$$\forall P, Q: \quad P^{\top} A Q^* \leq P^{*\top} A Q^* \leq P^{*\top} A Q. \qquad (5.23)$$

Wir setzen o.B.d.A voraus, daß $A > 0$ ist. Nach Theorem 5.1.1 sind die linearen Optimierungsprobleme (4.8) und (4.9) zulässig. Deshalb existieren mit Theorem 5.1.4 optimale zulässige Vektoren $X^* \geq 0_m$ und $Y^* \geq 0_n$, für die gilt:

$$1_m^{\top} X^* = 1_n^{\top} Y^* =: a. \qquad (5.24)$$

Wegen $A^{\top} X \geq 1_n$ muß mindestens eine Komponente von X^* größer null, und somit auch $a > 0$ sein. Ferner gilt:

$$a = 1_m^{\top} X^* \geq (AY^*)^{\top} X^* = Y^{*\top} (A^{\top} X^*) \geq Y^{*\top} 1_n = a,$$

und folglich:

$$a = X^{*\top} A Y^*.$$

Mit den Definitionen $P^* = a^{-1} X^* \geq 0_m$ und $Q^* = a^{-1} Y^* \geq 0_n$ schreiben wir

$$a^{-1} = P^{*\top} A Q^*. \qquad (5.25)$$

Mit (5.24) gilt $1_m^{\top} P^* = 1_n^{\top} Q^* = 1$, d.h., P^* und Q^* sind gemischte Strategien. Aus $A^{\top} X^* \geq 1_n$ folgt

$$P^{*\top} A \geq a^{-1} 1_n^{\top},$$

und für eine beliebige gemischte Strategie Q gilt somit

$$P^{*\top} A Q \geq a^{-1} 1_n^\top Q = a^{-1}. \tag{5.26}$$

Aus $AY^* \leq 1_m$ folgt

$$AQ^* \leq a^{-1} 1_m,$$

und für eine beliebige gemischte Strategie P

$$P^\top A Q^* \leq a^{-1} P^\top 1_m = a^{-1}. \tag{5.27}$$

Die Gleichungen (5.25 – 27) sind zu Gleichung (5.23) äquivalent. $\square$

5.2 Das Simplexverfahren

Bisher ist vieles über optimale zulässige Vektoren eines LP gesagt worden, jedoch recht wenig darüber, wie man sie findet. Das zu diesem Zweck erfundene Simplexverfahren, das sich bekanntlich hinter der *Mathematica*-Funktion `LinearProgramming` versteckt, soll nun der Vollständigkeit halber kurz andiskutiert werden. Auf dieses Material wird auch in Anhang C in Zusammenhang mit den Lemke-Howson- und Avis-Fukuda-Algorithmen bezuggenommen.

5.2.1 Grundsätze

Wir halten uns eng an [Neu75][3] und betrachten insbesondere das LP

$$C^\top X \to \max, \quad X \in L', \tag{5.28}$$

wobei die Matrix A Dimension $m \times q$ hat und der zulässige Bereich L' gegeben ist durch

$$L' = \{X \mid AX \leq B, \ X \geq 0_q\}. \tag{5.29}$$

Die erste Ungleichung in (5.29) kann durch Einführung der Schlupfvariablen $z_1 \ldots z_m$ in eine Gleichung überführt werden. Mit

$$Z = B - AX, \quad X \to \begin{pmatrix} X \\ Z \end{pmatrix}, \quad C \to \begin{pmatrix} C \\ 0_m \end{pmatrix}, \quad A \to (A, I_{mm}), \tag{5.30}$$

ist das LP (5.28) äquivalent zu

$$C^\top X \to \max$$
$$X \in L \tag{5.31}$$
$$L = \{X \mid AX = B, \ X \geq 0_n\}.$$

Die Matrix A besitzt nun Dimension $m \times n$, wobei $n = m + q$ ist. Die ersten q Komponenten eines optimalen zulässigen Vektors von (5.31) stellen einen optimalen zulässigen Vektor des ursprünglichen LP (5.28) dar.

---

[3] Warnung: In [Neu75] werden die beiden Begriffe *unbeschränktes konvexes Polyeder* und *Polytop* durchgehend vertauscht.

Theorem 5.2.1. *Die Menge L ist konvex.*

Beweis: Für $X^1, X^2 \in L$ und $X = \mu_1 X^1 + \mu_2 X^2$, $\mu_1, \mu_2 \geq 0$, $\mu_1 + \mu_2 = 1$ gilt $X \geq 0$ und $AX = A(\mu_1 X^1 + \mu_2 X^2) = \mu_1 B + \mu_2 B = B$. $\qquad\square$

In den nun folgenden Sätzen wird stets davon ausgegangen, daß die m Gleichungen $AX = B$ linear unabhängig sind.

Theorem 5.2.2. *Ein Vektor $X = (x_1 \ldots x_n)^\top \in L$ ist genau dann Extrempunkt von L, wenn in der Darstellung*

$$AX = \sum_{j=1}^{n} x_j (A)_{\cdot j} = B \tag{5.32}$$

die Spaltenvektoren $(A)_{\cdot j}$ mit positiven Koeffizienten x_j linear unabhängig sind.

Beweis: Wir zeigen zunächst, daß die Bedingungen hinreichend sind. Es seien o.B.d.A. $x_1 > 0 \ldots x_r > 0$, $x_{r+1} = 0 \ldots x_n = 0$ und die Spaltenvektoren $(A)_{\cdot 1} \ldots (A)_{\cdot r}$ linear unabhängig. Nehmen wir an, X sei kein Extrempunkt von L. Dann ist X darstellbar als echte Konvexkombination zweier verschiedener Punkte X^1 und X^2, beide in L:

$$X = \alpha X^1 + (1 - \alpha) X^2, \quad 0 < \alpha < 1.$$

Daher gilt: $x_j^1 = x_j^2 = 0$, $j = r + 1 \ldots n$, und folglich

$$0_m = B - B = AX^1 - AX^2 = \sum_{j=1}^{r} (x_j^1 - x_j^2)(A)_{\cdot j}.$$

Aber wegen der linearen Unabhängigkeit der Vektoren $(A)_{\cdot j}$, gilt $x_j^1 = x_j^2$, $j = 1 \ldots r$, bzw. $X^1 = X^2$, in Widerspruch zur Annahme X^1 und X^2 seien verschieden.

Um die Notwendigkeit zu zeigen, sei X Extrempunkt von L. Wir nehmen gegenteilig an, die Spaltenvektoren in (5.32) sind linear abhängig. O.B.d.A. seien die ersten r Komponenten von X positiv. So gilt

$$\sum_{j=1}^{r} x_j (A)_{\cdot j} = B, \tag{5.33}$$

und es existieren Konstanten $\lambda_1 \ldots \lambda_r$, die nicht alle verschwinden, mit

$$\sum_{j=1}^{r} \lambda_r (A)_{\cdot j} = 0_m. \tag{5.34}$$

Mit $x_j > 0$ ist für genügend kleines $\delta > 0$ auch $x_j \pm \delta \lambda_j > 0$, $j = 1 \ldots r$. Somit können wir zwei von X und voneinander verschiedene Vektoren $X^1 \geq 0$ und

$X^2 \geq 0$ im $\mathbb{R}^n$ durch

$$X^1 = (x_1 + \delta\lambda_1 \ldots x_r + \delta\lambda_r, 0 \ldots 0)$$
$$X^2 = (x_1 - \delta\lambda_1 \ldots x_r - \delta\lambda_r, 0 \ldots 0)$$

definieren. Aus (5.33) und (5.34) folgt $X^1, X^2 \in L$:

$$AX^{1(2)} = \sum_{j=1}^{r} (x_j + (-)\delta\lambda_j)(A)_{.j} = B.$$

Aber

$$X = \frac{1}{2}(X^1 + X^2)$$

ist eine echte Konvexkombination von X^1 und X^2 in Widerspruch zur Annahme, X sei ein Extrempunkt von L. $\qquad\square$

Der zulässige Bereich L besitzt somit endlich viele Extrempunkte, da es nur endlich viele verschiedene Teilmengen von linear unabhängigen Spaltenvektoren $(A)_{.j}$, $j = 1 \ldots n$, gibt. Weil es höchstens m linear unabhängige Vektoren im $\mathbb{R}^m$ geben kann, hat jeder Extrempunkt höchstens m positive Komponenten.

Definition 5.2.1. *Ein Extrempunkt von L mit weniger als m positiven Komponenten heißt* entartet.

X sei ein Extrempunkt von L und sei weiter $\zeta = \{1, 2 \ldots n\}$ die Menge der Indizes der Komponenten von X und ζ^+ die Menge der Indizes der positiven Komponenten von X. Nach Theorem 5.2.2 sind die Spaltenvektoren $(A)_{.j}$, $j \in \zeta^+$, linear unabhängig.

Theorem 5.2.3. *Einem Extrempunkt X von L können m linear unabhängige Spaltenvektoren $(A)_{.k}$, $k \in \beta \subset \zeta$, so zugeordnet werden, daß unter diesen $(A)_{.k}$ die $(A)_{.j}$ mit $j \in \zeta^+$ zu finden sind. D.h. es gilt $\zeta^+ \subseteq \beta$.*

Für einen Beweis, siehe [Neu75]. Die Menge β heißt *Basisindexmenge*, und wir bezeichnen den entsprechenden Extrempunkt als X^β.

Definition 5.2.2. Basismatrix *eines Extrempunktes X^β von L heißt die $m \times m$-dimensionale Matrix, deren Spalten aus den m linear unabhängigen Spaltenvektoren $(A)_{.j}$, $j \in \beta$, bestehen, die aufgrund Theorem 5.2.3 dem Extrempunkt X^β zugeordnet werden können.*

Ist der Extrempunkt entartet, dann ist die Zuordnung einer Basisindexmenge bzw. Basismatrix nicht eindeutig. Mit [Neu75] führen wir folgendes Beispiel für einen entarteten Extrempunkt vor: die konvexe Menge $L' = \{X \mid AX \leq B, \ X \geq 0\}$ mit A und B gegeben durch

```
Clear[A, B];
A = {{1 / 2, 1}, {1, 1}, {2, 1}}; B = {3, 4, 6};
{A // MatrixForm, B // MatrixForm}
```

$$\left\{ \begin{pmatrix} \frac{1}{2} & 1 \\ 1 & 1 \\ 2 & 1 \end{pmatrix}, \begin{pmatrix} 3 \\ 4 \\ 6 \end{pmatrix} \right\}$$

Mathematica zeigt uns das Polyeder:

```
<< Graphics`FilledPlot`
```

```
Clear[pl];
pl := FilledPlot[Evaluate[Table[
      x2 /. Solve[(A.{x1, x2})[[i]] == B[[i]], {x2}][[1]], {i, 3}]],
   {x1, 0, 8}, PlotRange -> {{0, 6}, {0, 8}},
    Curves -> Front, Fills -> {{{1, Axis}, GrayLevel[0.5]},
       {{1, 2}, GrayLevel[1]},   {{2, 3}, GrayLevel[1]}}];
pl;
```

Der Extrempunkt $(2, 2)$ ist nach Definition 5.2.1 entartet. Um dies zu sehen, führen wir die Schlupfvariablen $Z = (z_1, z_2, z_3)^\top$ ein. Der den Gleichungen (5.31) entsprechende zulässige Bereich L ist gegeben durch

$$(A, I_3) \begin{pmatrix} X \\ Z \end{pmatrix} = B, \quad X \geq 0_5.$$

`LinearSolve` findet den entarteten Extrempunkt:

```
LinearSolve[BlockMatrix[{{A, IdentityMatrix[3]}}], B]
```

```
{2, 2, 0, 0, 0}
```

Er besitzt nur 2 positive Komponenten. Mögliche Basisindexmengen sind $\beta = \{1, 2, 3\}, \{1, 2, 4\}$ oder $\{1, 2, 5\}$, und es gilt $\zeta^+ = \{1, 2\} \subset \beta$.

Die Entartung verschwindet, wenn z.B. $b_3 = 7$ ist:

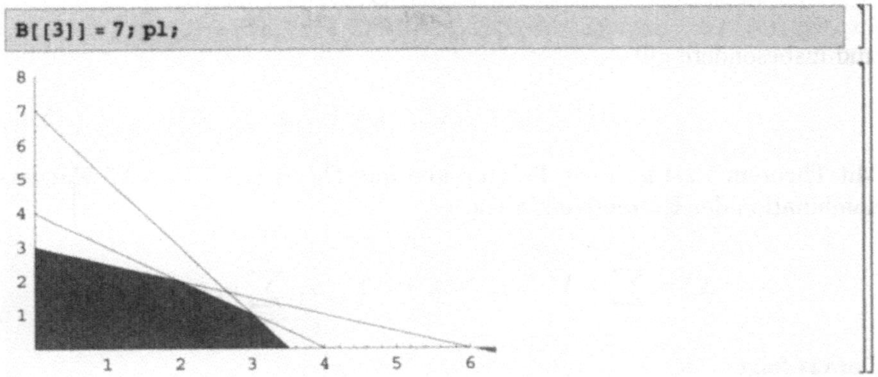

Für das neue System findet `LinearSolve` wieder einen Extrempunkt, dessen Basisindexmenge diesmal aber eindeutig ist:

```
LinearSolve[BlockMatrix[{{A, IdentityMatrix[3]}}], B]
```

$$\{3, 1, \tfrac{1}{2}, 0, 0\}$$

nämlich $\beta = \{1, 2, 3\}$. Wir erhalten den entsprechenden Extrempunkt $(3, 1)$ von L', in dem wir die Schlupfvariablen einfach ignorieren.

Zwei sehr intuitive – aber nicht leicht zu beweisende[4] – Standardergebnisse der Konvexitätstheorie lauten:

Theorem 5.2.4. *Ein beschränktes konvexes Polyeder ist ein Polytop.*

Theorem 5.2.5. *Ein Polytop ist die konvexe Hülle seiner Extrempunkte.*

Dies vorausgesetzt, ist folgender Satz dagegen leicht bewiesen:

Theorem 5.2.6. *Falls der zulässige Bereich L beschränkt ist, nimmt die Zielfunktion $C^\top X$ in (5.31) ihr Maximum in mindestens einem Extrempunkt von L an.*

Beweis Seien $X^1 \ldots X^s$ die Extrempunkte von L. Wir wollen zeigen, daß mindestens ein X^i, $i = 1 \ldots s$, Lösung von (5.31) ist. Die Menge L (wir

---

[4] Siehe z.B. [Zie95], Theorem 1.1, bzw. [Jon80], Theorem 3.10.

gehen davon aus, daß sie nicht leer ist) ist beschränkt und abgeschlossen. Die Zielfunktion $C^\top X$ ist stetig und nimmt folglich auf L ihr Maximum an. LP (5.31) besitzt somit auf jeden Fall mindestens eine optimale Lösung. X^* sei eine solche, d.h.

$$C^\top X^* = \max_{x \in L} C^\top X,$$

und insbesondere gilt

$$C^\top X^* \geq C^\top X^i, \quad i = 1 \ldots s. \tag{5.35}$$

Mit Theorem 5.2.4 ist L ein Polytop und mit Theorem 5.2.5 ist X^* Konvexkombination der Extrempunkte von L:

$$X^* = \sum_{i=1}^{s} \mu_i X^i, \quad \mu_i \geq 0, \ i = 1 \ldots s, \ \sum_{i=1}^{s} \mu_i = 1.$$

Daraus folgt

$$C^\top X^* = \sum_{i=1}^{s} \mu_i C^\top X^i.$$

Nun sei j gegeben durch

$$j \in \arg\max_i C^\top X^i.$$

Dann gilt

$$C^\top X^* \leq \sum_{i=1}^{s} \mu_i C^\top X^j = C^\top X^j. \tag{5.36}$$

Aus (5.35) und (5.36) folgt $C^\top X^* = C^\top X^j$ und die Behauptung. $\qquad\square$

Die Bedeutung von Theorem 5.2.6 liegt darin, daß zur Bestimmung eines optimalen zulässigen Vektors von (5.31) nur die endlich vielen Extrempunkte von L untersucht werden müssen.[5] Beim Simplexverfahren wird eine endliche Folge von Extrempunkten so ausgesucht, daß der Wert der Zielfunktion in (5.31) stets vergrößert wird und der Algorithmus an einem Extrempunkt, der auch optimaler Vektor ist, endet.

Wir verzichten hier auf eine formelle Darstellung der Simplexmethode und verweisen auf die vielen guten Beschreibungen in der Literatur, z.B. [Neu75] oder [Jon80] bzw. auf die detaillierte Diskussion in Anhang C des sehr ähnlichen Algorithmus von Lemke und Howson. Stattdessen werden wir das Prinzip anhand eines einfachen Beispiels verdeutlichen und in *Mathematica* ein rudementäres Simplexprogramm entwickeln.

---

[5] Das Theorem gilt auch für L unbeschränkt, falls (5.31) eine Lösung besitzt.

5.2.2 Simplex per Beispiel

Wir schauen uns folgendes LP von der Form (5.28–9) an [Chv83]:

$$
\begin{aligned}
5x_1 +5x_2 +3x_3 &\to \max \\
x_1 +3x_2 +x_3 &\le 3 \\
-x_1 \qquad +3x_3 &\le 2 \\
2x_1 -x_2 +2x_3 &\le 4 \\
2x_1 +3x_2 -x_3 &\le 2, \quad x_1,x_2,x_3 \ge 0.
\end{aligned}
\tag{5.37}
$$

Die entsprechenden Matrizen A, B und C lauten:

$$
A = \begin{pmatrix} 1 & 3 & 1 \\ -1 & 0 & 3 \\ 2 & -1 & 2 \\ 2 & 3 & -1 \end{pmatrix}, \quad
B = \begin{pmatrix} 3 \\ 2 \\ 4 \\ 2 \end{pmatrix}, \quad
C = \begin{pmatrix} 5 \\ 5 \\ 3 \end{pmatrix},
$$

die wir gleich in *Mathematica* festhalten:

```
Unprotect[C]; Clear[A, B, C];
A = {{1, 3, 1}, {-1, 0, 3}, {2, -1, 2}, {2, 3, -1}};
B = {3, 2, 4, 2};
C = {5, 5, 3};
```

Als erstes führen wir wie in (5.30) Schlupfvariablen

$$
Z = B - AX,
\tag{5.38}
$$

ein und betrachten das konvexe Polyeder

$$
L = \left\{ X \ \middle| \ (A, I_4) \begin{pmatrix} X \\ Z \end{pmatrix} = B, \ \begin{pmatrix} X \\ Z \end{pmatrix} \ge 0_7 \right\},
$$

siehe (5.31).

Mit den Vereinbarungen $Z := (x_4, x_5, x_6, x_7)^{\top}$ und $X \to \begin{pmatrix} X \\ Z \end{pmatrix}$ kann (5.37) in der Form eines sogenannten *Dictionary*

$$
\begin{aligned}
x_4 &= 3 - 1x_1 -3x_2 -x_3 \\
x_5 &= 2 + 1x_1 \qquad -3x_3 \\
x_6 &= 4 - 2x_1 +1x_2 -2x_3 \\
x_7 &= 2 - 2x_1 -3x_2 +1x_3 \\
x_8 &= \qquad 5x_1 +5x_2 +3x_3
\end{aligned}
\tag{5.39}
$$

ausgedrückt werden [Chv83]. Die ersten vier Zeilen stellen die Matrixgleichung (5.38) in ausgeschrieber Form dar, die letzte Zeile ist lediglich die

Zielfunktion von (5.37), die wir aus Bequemlichkeit x_8 genannt haben. Die Variablen $x_4 \ldots x_7$ auf der linken Seite des Dictionary heißen *Basisvariablen*, die auf der rechten Seite *Nichtbasisvariablen*. Wir erhalten einen zulässigen Extrempunkt des LP (5.37), in dem wir die Nichtbasisvariablen einfach gleich Null setzen. Dabei nimmt die Zielfunktion den Wert $x_8 = 0$ an. Die Basisindexmenge des entsprechenden Extrempunktes $X^\beta = (0,0,0,3,2,4,2)^\top$ ist $\beta = \{4,5,6,7\}$, die Basismatrix ist I_4. Das Komplement von β nennen wir η, hier gegeben durch $\eta = \{1,2,3\}$, und halten das ganze wieder in *Mathematica* fest:

```mathematica
Clear[dic, beta, eta, m, n];
dic = Transpose[Append[Transpose[-A], B]];
AppendTo[dic, Join[C, {0}]];
{m, n} = Dimensions[A];
eta = Table[i, {i, n}];
beta = Table[i, {i, n+1, m+n}];
{dic // MatrixForm, beta, eta}
```

$$\left\{ \begin{pmatrix} -1 & -3 & -1 & 3 \\ 1 & 0 & -3 & 2 \\ -2 & 1 & -2 & 4 \\ -2 & -3 & 1 & 2 \\ 5 & 5 & 3 & 0 \end{pmatrix}, \{4, 5, 6, 7\}, \{1, 2, 3\} \right\}$$

Wie man hier sieht, besteht die Matrixvariable `dic` lediglich aus den Koeffizienten auf der rechten Seite des Dictionary (5.39). (Es ist auch zweckmäßig, die erste Spalte rechts in (5.39) in die letzte Spalte von `dic` zu schreiben.)

Jetzt gilt es, einen neuen Extrempunkt zu suchen, der einen größeren Zielfunktionswert x_8 aufweist. In (5.39) sehen wir, daß es drei einfache Möglichkeiten gibt. Wir können *genau eine* von den Nichtbasisvariablen x_1, x_2 oder x_3 positiv werden lassen. Weil deren Koeffizienten in der letzten Dictionary-Zeile alle positiv sind, würde x_8 in allen drei Fällen wünschgemäß zunehmen. Wenn wir diese einfache Strategie verwenden wollen, müssen wir uns aber für eine der drei Alternativen entscheiden. Naheliegend wäre es, die Variable mit dem größten positiven Koeffizienten zu wählen, denn so wächst die Zielfunktion am schnellsten. In unserem Beispiel ist eine solche Vorschrift zweideutig, denn sowohl x_1 als auch x_2 sind Kandidaten. Stattdessen verwenden wir lieber eine eindeutige Vorschrift und wählen diejenige Variable mit positivem Koeffizienten, deren Nichtbasisindex *am kleinsten* ist. Diese Vorschrift ist in der Literatur als *Bland'sche Regel* bekannt.

Unsere Wahl fällt somit auf x_1, und wir nennen sie *Eintrittsvariable* (engl. *entering variable*). Im Laufe des Simplexalgorithmus werden die Basis- und Nichtbasisindexmengen kräftig durchmischt, also will die Bestimmung der Eintrittsvariablen aus einer beliebigen Nichtbasisindexmenge mit etwas Bedacht programmiert werden. Hierfür schreiben wir eine *Mathematica*-Funktion `entering`, die aus dem aktuellen Dictionary `dic` und aus der aktuellen Nichtbasisindexmenge `eta` den korrekten Eintrittsindex ermittelt:

```
Clear[entering];
entering[dic_, eta_] := Module[ {t, p, q},
  t = Drop[Take[dic, -1][[1]], -1];
  p = Flatten[Position[Map[Positive, t], True]];
  If[p == {}, 0, q = eta[[p]];
  Position[eta, Min[q]][[1, 1]]] ];
entering[dic, eta]
```
```
1
```

In dieser Funktion wird zunächst der Variablen t eine Liste der Koeffizienten der Nichtbasisvariablen (aus der letzten Zeile der Matrix dic) übergeben. Die Variable p wird dann mit den Positionen der positiven Koeffizienten in dieser Liste belegt. Falls es keine positiven Elemente in t gibt, kann die Zielfunktion eben nicht mehr vergrößert werden, und eine optimale Lösung des LP liegt schon vor, siehe Theorem 5.2.6. Die Funktion entering liefert in diesem Fall die Zahl 0 zurück. Ansonsten werden in der Variablen q die Nichtbasisindizes mit positiven Koeffizienten aufgenommen, und schließlich die Position in der Liste eta des kleinsten davon ermittelt und zurückgegeben. Diese Zahl, wir nennen sie s, beschreibt dann die sogenannte *Pivotspalte* unseres Dictionary.[6]

Nun haben wir eine Basisvariable zuviel und eine Nichtbasisvariable zu wenig. Um zu einem neuen Extrempunkt zu gelangen, müssen wir eine entsprechende *Austrittsvariable* (engl. *leaving variable*) ausfindig machen. Dies ist sehr einfach. Wir können x_1 nur solange vergrößern, bis der Vektor X gerade noch zulässig ist, d.h. bis eine der Basisvariablen Null wird. Ein Blick auf (5.39) sagt uns sofort, daß x_7 zuerst Null wird, und daß sie deshalb aus der Basis austreten wird. Aber für die allgemeine Bestimmung der Austrittsvariablen ist wieder etwas Programmierfleiß vonnöten:

```
Clear[leaving];
leaving[dic_, beta_, s_] := Module[{m, n, t, p, q},
  {m, n} = Dimensions[dic];
  t = Table[If[dic[[i, s]] < 0,
    -dic[[i, n]] / dic[[i, s]], 1000000], {i, 1, m-1}];
  p = Flatten[Position[t, Min[t]]];
  q = beta[[p]];
  Position[beta, Min[q]][[1, 1]]];
leaving[dic, beta, 1]
```
```
4
```

---

[6] Hier ist $s = 1$.

Die Funktion `leaving` wird mit den Übergabeparametern `dic` und `beta` sowie mit `s`, der mit `entering` ermittelten Pivotspalte, aufgerufen. (Die Elemente der Matrix `dic` bezeichnen wir im folgenden mit d_{ij}.) Die Variable `t` wird zunächst mit der Liste

$$\{-d_{in}/d_{is} \text{ falls } d_{is} < 0, 10^6 \text{ sonst}, \ i = 1 \ldots m - 1\}$$

belegt, wobei m die Zahl der Zeilen in `dic` ist und 10^6 eine beliebig große Zahl darstellen soll. In die Variable `p` werden dann die Positionen des – eventuell mehrfach vorkommenden – Minimumwertes der Liste `t` eingeschrieben. Diese Positionen kennzeichnen dann die Kandidaten für die Austrittsvariable.[7] Um Zweideutigkeiten zu vermeiden, wird wieder die Bland'sche Regel angewandt: Derjenige Kandidat, dessen Basisindex am kleinsten ist, wird als Austrittsvariable auserkoren. Dies geschieht analog zu `entering` in den letzten beiden Zeilen, und die Position in der aktuellen Basisindexmenge `beta` der so ermittelten Austrittsvariablen wird schließlich zurückgegeben.[8] Diese Position, wir nennen sie r, beschreibt die sogenannte *Pivotzeile*.

Die Eintrittsvariable x_1 wird nun auf ihren größtmöglichen Wert $x_1 = 1$ gesetzt, und x_7 wird dadurch Null. Die neuen Basisvariablen (x_4, x_5, x_6, x_1) sowie die Zielfunktion x_8 lassen sich durch einfache Subsitutionen als Funktionen der neuen Nichtbasisvariablen (x_7, x_2, x_3) ausdrücken. So erhalten wir das neue Dictionary

$$
\begin{aligned}
x_4 &= 2 - \frac{1}{2}x_7 - \frac{3}{2}x_2 - \frac{3}{2}x_3 \\
x_5 &= 3 - \frac{1}{2}x_7 - \frac{3}{2}x_2 - \frac{5}{2}x_3 \\
x_6 &= 2 + \ \ x_7 + 4x_2 - 3x_3 \\
x_1 &= 1 - \frac{1}{2}x_7 - \frac{3}{2}x_2 + \frac{1}{2}x_3 \\
x_8 &= 5 - \frac{5}{2}x_7 - \frac{5}{2}x_2 + \frac{11}{2}x_3.
\end{aligned}
\tag{5.40}
$$

Die Zielfunktion hat sich auf den Wert 5 erhöht, und der neu gefundene Extrempunkt von M lautet $X^\beta = (1, 0, 0, 2, 3, 2, 0)^\top$. (Für den Beweis, daß tatsächlich ein Extrempunkt wieder vorliegt, siehe Anhang C, Lemma C.1.1.)

Der Schritt von (5.39) zu (5.40) heißt *Pivotisierung* und kann, bezogen auf Pivotspalte s und Pivotzeile r einer $m \times n$-dimensionalen Matrix `dic`, verallgemeinert werden. Dazu zunächst Dictionary (5.39) in symbolischer Form:

---

[7] Man spricht vom *Minimum-Ratio-Test*, siehe Anhang C.1.

[8] In unserem Beispiel ist es Position 4, d.h. die vierte Basisvariable x_7 tritt aus.

```
Clear[x, dd, d, dic0, dic1];
dd = {x[4] == d[1, 1] x[1] + d[1, 2] x[2] + d[1, 3] x[3] + d[1, 4],
  x[5] == d[2, 1] x[1] + d[2, 1] x[2] + d[2, 3] x[3] + d[2, 4],
  x[6] == d[3, 1] x[1] + d[3, 2] x[2] + d[3, 3] x[3] + d[3, 4],
  x[7] == d[4, 1] x[1] + d[4, 2] x[2] + d[4, 3] x[3] + d[4, 4],
  x[8] == d[5, 1] x[1] + d[5, 2] x[2] + d[5, 3] x[3] + d[5, 5]};
dic0 = {x[4], x[5], x[6], x[7], x[8]} /.
  Solve[dd, {x[4], x[5], x[6], x[7], x[8]}][[1]];
dic0 /. d[i_, j_] -> d_{i,j} // MatrixForm
```

$$
\begin{pmatrix}
d_{1,4} + d_{1,1} x[1] + d_{1,2} x[2] + d_{1,3} x[3] \\
d_{2,4} + d_{2,1} x[1] + d_{2,1} x[2] + d_{2,3} x[3] \\
d_{3,4} + d_{3,1} x[1] + d_{3,2} x[2] + d_{3,3} x[3] \\
d_{4,4} + d_{4,1} x[1] + d_{4,2} x[2] + d_{4,3} x[3] \\
d_{5,5} + d_{5,1} x[1] + d_{5,2} x[2] + d_{5,3} x[3]
\end{pmatrix}
$$

und nach der Pivotisierung um $r = 4, s = 1$:

```
dic1 = {x[4], x[5], x[6], x[1], x[8]} /.
  Solve[dd, {x[4], x[5], x[6], x[1], x[8]}][[1]];
dic1 /. d[i_, j_] -> d_{i,j} // Expand // MatrixForm
```

$$
\begin{pmatrix}
d_{1,4} - \dfrac{d_{1,1} d_{4,4}}{d_{4,1}} + d_{1,2} x[2] - \dfrac{d_{1,1} d_{4,2} x[2]}{d_{4,1}} + d_{1,3} x[3] - \dfrac{d_{1,1} d_{4,3} x[3]}{d_{4,1}} + \dfrac{d_{1,1} x[7]}{d_{4,1}} \\[2ex]
d_{2,4} - \dfrac{d_{2,1} d_{4,4}}{d_{4,1}} + d_{2,1} x[2] - \dfrac{d_{2,1} d_{4,2} x[2]}{d_{4,1}} + d_{2,3} x[3] - \dfrac{d_{2,1} d_{4,3} x[3]}{d_{4,1}} + \dfrac{d_{2,1} x[7]}{d_{4,1}} \\[2ex]
d_{3,4} - \dfrac{d_{3,1} d_{4,4}}{d_{4,1}} + d_{3,2} x[2] - \dfrac{d_{3,1} d_{4,2} x[2]}{d_{4,1}} + d_{3,3} x[3] - \dfrac{d_{3,1} d_{4,3} x[3]}{d_{4,1}} + \dfrac{d_{3,1} x[7]}{d_{4,1}} \\[2ex]
- \dfrac{d_{4,4}}{d_{4,1}} - \dfrac{d_{4,2} x[2]}{d_{4,1}} - \dfrac{d_{4,3} x[3]}{d_{4,1}} + \dfrac{x[7]}{d_{4,1}} \\[2ex]
- \dfrac{d_{4,4} d_{5,1}}{d_{4,1}} + d_{5,5} - \dfrac{d_{4,2} d_{5,1} x[2]}{d_{4,1}} + d_{5,2} x[2] - \dfrac{d_{4,3} d_{5,1} x[3]}{d_{4,1}} + d_{5,3} x[3] + \dfrac{d_{5,1} x[7]}{d_{4,1}}
\end{pmatrix}
$$

Somit lauten die Regeln offensichtlich:[9]

$$
d_{rs} \to \frac{1}{d_{rs}}
$$

$$
d_{rj} \to -\frac{d_{ij}}{d_{rs}}, \quad j \neq s,\ j = 1 \ldots n
$$

$$
d_{is} \to \frac{d_{ij}}{d_{rs}}, \qquad i \neq r,\ i = 1 \ldots m
$$

$$
d_{ij} \to d_{ij} - \frac{d_{rj}}{d_{rs}} d_{is}, \quad i \neq r,\ j \neq s\ i,j = 1 \ldots m, n.
$$

$$(5.41)$$

Wir verzichten auf eine formelle Ableitung dieser Vorschrift. Im Anhang C ist eine zu (5.41) äquivalente Pivotisierung des sogenannten *Simplextableaus* in

---

[9] *Mathematica* schiebt die Pivotspalte (die x_7-Terme) ganz nach rechts.

Zusammenhang mit dem Lemke-Howson-Algorithmus ausführlich beschrieben.

Die Regeln (5.41) lassen sich in *Mathematica* leicht realisieren:

```
Clear[pivot];
pivot[dic_, beta_, eta_, r_, s_] := Module[{m, n, b, e},
  {m, n} = Dimensions[dic];
  {b, e} = {beta, eta};
  b[[r]] = eta[[s]];
  e[[s]] = beta[[r]];
  {Table[
  Which[ (i == r) && (j == s), 1 / dic[[r, s]],
         (i == r) && (j != s), -(dic[[i, j]] / dic[[r, s]]),
         (i != r) && (j == s), dic[[i, j]] / dic[[r, s]],
         True,
            dic[[i, j]] - ((dic[[r, j]] * dic[[i, s]]) / dic[[r, s]])
     ], {i, m}, {j, n}
       ], b, e}];
{dic, beta, eta} = pivot[dic, beta, eta, 4, 1];
{dic // MatrixForm, beta, eta}
```

$$\left\{ \begin{pmatrix} \frac{1}{2} & -\frac{3}{2} & -\frac{3}{2} & 2 \\ -\frac{1}{2} & -\frac{3}{2} & -\frac{5}{2} & 3 \\ 1 & 4 & -3 & 2 \\ -\frac{1}{2} & -\frac{3}{2} & \frac{1}{2} & 1 \\ -\frac{5}{2} & -\frac{5}{2} & \frac{11}{2} & 5 \end{pmatrix}, \{4, 5, 6, 1\}, \{7, 2, 3\} \right\}$$

Die Funktion `pivot[dic,beta,eta,r,s]` erzeugt, wie man sieht, das neue Dictionary (5.40) und die dazugehörigen Basismengen. So können wir endlich unser „simples" Simplexprogramm zusammenstricken:

```
Clear[simplex, beta, eta, m, n, dic];
simplex[C_, A_, B_] := Module[{dic, beta, eta, r, s, m, n, X},
  dic = Transpose[Append[Transpose[-A], B]];
  AppendTo[dic, Join[C, {0}]];
  {m, n} = Dimensions[A];
  eta = Table[i, {i, n}];
  beta = Table[i, {i, n + 1, m + n}];
  s = entering[dic, eta];
  While[s != 0,
        r = leaving[dic, beta, s];
        {dic, beta, eta} = pivot[dic, beta, eta, r, s];
        s = entering[dic, eta]];
  X = Table[0, {i, m + n}];
  Table[X[[beta[[i]]]] = dic[[i, n + 1]], {i, m}];
  {Take[X, n], dic, beta, eta}];
```

Die Funktion `simplex[C,A,B]` erzeugt aus den Matrizen A, B und C ein Anfangsdictionary sowie eine Anfangsbasis und wiederholt dann die oben beschriebenen Ermittlungs- und Pivotisierungsschritte, bis die Zielfunktion nicht mehr verbessert werden kann, d.h. bis die Funktion `entering` den Wert Null erzeugt. Als Ergebnis werden die ersten n Komponenten des Vektors X^β (die Lösung also) sowie das zuletzt ermittelte Dictionary und die zuletzt ermittelten Basis- und Nichtbasisindexmengen zurückgeliefert.[10]

Vergleichen wir unsere Schöpfung mit der eingebauten Prozedur `Linear-Programming`:

```
simplex[C, A, B][[1]]
LinearProgramming[-C, -A, -B]
```

$$\left\{\frac{32}{29},\ \frac{8}{29},\ \frac{30}{29}\right\}$$

$$\left\{\frac{32}{29},\ \frac{8}{29},\ \frac{30}{29}\right\}$$

Sie scheint zu funkionieren! Es gibt aber einige wichtige Gesichtspunkte, die wir noch nicht erwähnt haben.

Unser Beispiel (5.37) ist z.B. insofern untypisch, als $X = 0_3$ schon eine zulässige Lösung darstellt. Man spricht von einem *feasible origin*, und an diesem Ausgangspunkt haben wir unser Simplexverfahren problemlos beginnen können. Wenn der Vektor B negative Komponenten enthält, ist $X = 0_n$ nicht zulässig. Ein zulässiger Extremvektor muß erst gefunden werden, bevor mit der eigentlichen Optimierung der Zielfunktion angefangen werden kann. Eine Prozedur, um zu einem Ausgangspunkt zu gelangen – die sogenannte *Zwei-phasenmethode* – verwendet die künstlichen Variablen des Abschnittes 1.4.4, siehe aber auch [Chv83], Kapitel 3.

Das Problem der Konvergenz des Simplexalgorithmus haben wir ebenfalls nicht angesprochen. Grundsätzlich kann der Algorithmus, falls entartete Extrempunkte vorhanden sind, „kreisen". Allerdings gewährleistet die von uns benutzte Bland'sche Regel zur Ermittlung von den Pivotspalten und Pivotzeilen die unbedingte Konvergenz des Verfahrens in endlich vielen Iterationen [Chv83].

Hinzu kommen Fragen der Effizienz, der numerischen Genauigkeit, usw. Wir wollen die Diskussion aber nicht weiter vertiefen, sondern nach diesen prinzipiellen Ausführungen weiterhin davon ausgehen, daß die *Mathematica*-interne Funktion `LinearProgramming` ihre Sache gut macht und lieber zu neuen Anwendungen schreiten.

---

[10] Diese Zusatzinformationen werden im Anhang C für eine Demonstration des Avis-Fukuda-Algorithmus benötigt.

5.3 Angriff und Verteidigung

In den frühen 50'er Jahren, als noch eine euphorische Stimmung im Hinblick auf die neu erfundene Spieltheorie herrschte und der kalte Krieg sich langsam aufheizte, sind Nullsummenspiele zur Modellierung taktischer und strategischer Kriegsführung intensiv eingesetzt worden.[11] Das folgende Problem, beschrieben von Dresher in seiner Monographie *Games of Strategy* [Dre61], ist ein repräsentatives Beispiel:

Es sind n Ziele eines möglichen Luftangriffes mit Materialwerten

$$a_1 > a_2 > \ldots > a_n > 0$$

und mit nur einem Flugabwehrsystem zu verteidigen. Nur eins der n Ziele, sagen wir das i-te, wird angegriffen. Falls dieses unverteidigt ist, ist seine Zerstörung gewiß, und der Verteidiger, Spieler 2, verliert a_i. Wir gehen von einem Nullsummenspiel aus, d.h. der Angreifer, Spieler 1, gewinnt in diesem Fall a_i. Falls dagegen das verteidigte Ziel angegriffen wird, wird es nur mit Wahrscheinlichkeit $1 - p$ zerstört. $p \in [0, 1]$ soll ein Maß der Effektivität des Abwehrsystems sein. Nun ist die zu erwartende Auszahlung an Spieler 1 $a_i(1 - p)$. (Der Wert des angreifenden Flugzeugs soll vernachlässigbar sein.) Gefragt sind die optimale Angriff- bzw. Verteidigungsstrategien.

Die n reinen Strategien des Angreifers sind: *Ziel i attackieren, i = 1 \ldots n*, die des Verteidigers: *Luftabwehrsystem am Ziel i plazieren, i = 1 \ldots n*. Wir haben also mit einem $n \times n$-Matrixspiel zu tun und erzeugen zunächst eine Auszahlungsmatrix und Substitutionsliste für $n = 4$:

```
Clear[AA, A];
 AA[i_, j_] := If[i == j, (1 - p) a_i, a_i];
A = Array[AA, {4, 4}]; A // MatrixForm
s = Join[{p -> 1/2}, Table[a_i -> 100 - i, {i, 4}]]
```

$$\begin{pmatrix} (1-p)\,a_1 & a_1 & a_1 & a_1 \\ a_2 & (1-p)\,a_2 & a_2 & a_2 \\ a_3 & a_3 & (1-p)\,a_3 & a_3 \\ a_4 & a_4 & a_4 & (1-p)\,a_4 \end{pmatrix}$$

$$\left\{ p \to \frac{1}{2},\ a_1 \to 99,\ a_2 \to 98,\ a_3 \to 97,\ a_4 \to 96 \right\}$$

Weil alle Gleichgewichte äquivalent sind, können wir das Spiel ruhig mit dem schnelleren Lemke-Howson-Algorithmus lösen:

---

[11] Die berühmt-berüchtigte RAND Corporation, beraten von Leuten wie von Neumann, Shapley und Nash, erreichte zu dieser Zeit den Höhepunkt ihres Einflusses. Zur faszinierenden Geschichte der Spieltheorie sei vor allem auf [Pou93] und [Nas98] hingewiesen.

```
Clear[eq];
eq = NashEquilibria[A, Symbolic -> s, Algorithm -> LH]
```

```
NashEquilibria::onlyone : only one solution will be generated
```

$$
\left\{\left\{\left\{\frac{a_2\,a_3\,a_4}{a_2\,a_3\,a_4 + a_1\,(a_3\,a_4 + a_2\,(a_3 + a_4))},\ \frac{a_1\,a_3\,a_4}{a_2\,a_3\,a_4 + a_1\,(a_3\,a_4 + a_2\,(a_3 + a_4))},\right.\right.\right.
$$

$$
\frac{a_1\,a_2\,a_4}{a_2\,a_3\,a_4 + a_1\,(a_3\,a_4 + a_2\,(a_3 + a_4))},\ \frac{a_1\,a_2\,a_3}{a_2\,a_3\,a_4 + a_1\,(a_3\,a_4 + a_2\,(a_3 + a_4))}\right\},
$$

$$
-\frac{(-4 + p)\,a_1\,a_2\,a_3\,a_4}{a_2\,a_3\,a_4 + a_1\,(a_3\,a_4 + a_2\,(a_3 + a_4))},\ \left\{\frac{(-3 + p)\,a_2\,a_3\,a_4 + a_1\,(a_3\,a_4 + a_2\,(a_3 + a_4))}{p\,(a_2\,a_3\,a_4 + a_1\,(a_3\,a_4 + a_2\,(a_3 + a_4)))},\right.
$$

$$
\frac{a_2\,a_3\,a_4 + a_1\,((-3 + p)\,a_3\,a_4 + a_2\,(a_3 + a_4))}{p\,(a_2\,a_3\,a_4 + a_1\,(a_3\,a_4 + a_2\,(a_3 + a_4)))},
$$

$$
\frac{a_2\,a_3\,a_4 + a_1\,(a_3\,a_4 + a_2\,(a_3 - 3\,a_4 + p\,a_4))}{p\,(a_2\,a_3\,a_4 + a_1\,(a_3\,a_4 + a_2\,(a_3 + a_4)))},
$$

$$
\left.\frac{a_2\,a_3\,a_4 + a_1\,(a_3\,a_4 + a_2\,(-3\,a_3 + p\,a_3 + a_4))}{p\,(a_2\,a_3\,a_4 + a_1\,(a_3\,a_4 + a_2\,(a_3 + a_4)))}\right\},
$$

$$
\left.\left.\left.\frac{(-4 + p)\,a_1\,a_2\,a_3\,a_4}{a_2\,a_3\,a_4 + a_1\,(a_3\,a_4 + a_2\,(a_3 + a_4))}\right\}\right\}\right\}
$$

Dies läßt sich mit der Substitution $b_i = 1/a_i$ leicht vereinfachen:

```
eq /. a1_ -> 1 / b1 // Simplify // TableForm
```

$\dfrac{b_1}{b_1 + b_2 + b_3 + b_4}$		$\dfrac{(-3 + p)\,b_1 + b_2 + b_3 + b_4}{p\,(b_1 + b_2 + b_3 + b_4)}$	
$\dfrac{b_2}{b_1 + b_2 + b_3 + b_4}$	$\dfrac{4 - p}{b_1 + b_2 + b_3 + b_4}$	$\dfrac{b_1 + (-3 + p)\,b_2 + b_3 + b_4}{p\,(b_1 + b_2 + b_3 + b_4)}$	$\dfrac{-4 + p}{b_1 + b_2 + b_3 + b_4}$
$\dfrac{b_3}{b_1 + b_2 + b_3 + b_4}$		$\dfrac{b_1 + b_2 - 3\,b_3 + p\,b_3 + b_4}{p\,(b_1 + b_2 + b_3 + b_4)}$	
$\dfrac{b_4}{b_1 + b_2 + b_3 + b_4}$		$\dfrac{b_1 + b_2 + b_3 - 3\,b_4 + p\,b_4}{p\,(b_1 + b_2 + b_3 + b_4)}$	

Wir sehen sofort, daß der Spielwert v_n gegeben ist durch

$$v_n = \frac{n - p}{\sum_{j=1}^{n} \frac{1}{a_j}}$$

und die optimalen Strategien durch

$$p_i^* = \frac{v_n}{a_i(n - p)},$$

$$q_i^* = \frac{1}{p}\left(1 - \frac{v_n}{a_i}\right), \quad i = 1 \ldots n.$$

Diese Lösung kann offensichtlich nur dann gültig sein, wenn $a_n > v_n$ ist, denn sonst wäre q_n^* ja negativ. Wir lassen a_i schneller mit i abnehmen und berechnen das Gleichgewicht erneut:

```
s = Join[{p -> 1 / 2}, Table[a_i -> 100 - 10 i, {i, 4}]];
eq = NashEquilibria[A, Symbolic -> s, Algorithm -> LH];
eq /. a_i_ -> 1 / b_i // Simplify // TableForm
```

```
NashEquilibria::onlyone : only one solution will be generated
```

$$
\begin{array}{cccc}
\dfrac{b_1}{b_1+b_2+b_3} & & \dfrac{(-2+p)\,b_1+b_2+b_3}{p\,(b_1+b_2+b_3)} & \\[2mm]
\dfrac{b_2}{b_1+b_2+b_3} & & \dfrac{b_1+(-2+p)\,b_2+b_3}{p\,(b_1+b_2+b_3)} & \\[2mm]
\dfrac{b_3}{b_1+b_2+b_3} & \dfrac{3-p}{b_1+b_2+b_3} & \dfrac{b_1+b_2+(-2+p)\,b_3}{p\,(b_1+b_2+b_3)} & \dfrac{-3+p}{b_1+b_2+b_3} \\[2mm]
0 & & 0 &
\end{array}
$$

Tatsächlich wird das n-te Ziel von beiden Spielern ignoriert, und die Lösung entspricht der des Spiels mit $n-1$ Zielen. Nun muß aber gelten: $a_{n-1} > v_{n-1}$, usw. Somit lautet die vollständige Lösung wohl:

$$
v_k = \frac{k - p}{\sum_{j=1}^{k} \frac{1}{a_j}}
$$

$$
p_i^* = \frac{v_k}{a_i(k - p)}, \quad i = 1 \ldots k, \quad \text{sonst } 0
$$

$$
q_i^* = \frac{1}{p}\left(1 - \frac{v_k}{a_i}\right), \quad i = 1 \ldots k, \quad \text{sonst } 0,
$$

wobei k bestimmt wird durch die Bedingungen

$$
a_{k+1} \leq v_{k+1}, \; a_k > v_k.
$$

Im Grenzfall $a_{k+1} = v_{k+1}$ gilt $v_{k+1} = v_k$. So können die Bedingungen auch in der Form

$$
a_{k+1} \leq v_k, \; a_k > v_k
$$

geschrieben werden.

Unsere Lösung ist genau das Gleichgewicht, das Dresher [Dre61] aus Indifferenzargumenten zunächst errät und dann bestätigt. Er zeigt im übrigen, daß k auch gegeben ist durch

$$
k = \arg\max_{\ell \leq n} v_\ell.
$$

5.4 Kontrolle mehrerer Standorte

Betrachten wir wieder das Inspektionsproblem des Abschnittes 2.1. Es sollen am Ende des Jahres n Standorte vom Inspektor (Spieler 1) routinemäßig kontrolliert werden, um eine eventuelle Vertragsverletzung eines Inspizierten (Spieler 2) zu entdecken. Wir geben an dieser Stelle den Ehrgeiz auf, die Bewegungsgründe der Beteiligten, d.h. die Nutzungsparameter a, b, c usw., kennen zu wollen. Nehmen wir stattdessen einfach an, der Inspizierte hat sich für eine illegale Aktion entschieden, und wir fragen uns, wie soll er und wie soll der Inspektor sich unter den Umständen am besten verhalten. Als Nullsummenauszahlung bietet sich intuitiv die Entdeckungswahrscheinlichkeit für eine illegale Aktion an. Der Inspektor will sie so groß wie möglich haben, zum Nachteil des sich illegal verhaltenden Inspizierten. Als brauchbares Ergebnis der Analyse erwarten wir eine optimale Kontrollstrategie für den Inspektor.

Im Gegensatz zum früheren Modell, möge der Inspektor nicht nur einmal inspizieren, sondern $k \leq n$ Inspektionen durchführen. Die Zahl k sei außerdem beiden Spielern bekannt. Bei einer konstant gehaltenen Fehlalarmwahrscheinlichkeit von α pro Inspektion und unabhängigen Inspektionsmaßnahmen an den jeweiligen Standorten ergibt sich daraus eine Gesamtfehlalarmwahrscheinlichkeit α_T, die gegeben ist durch

$$\alpha_T = 1 - (1 - \alpha)^k. \tag{5.42}$$

Die Entdeckungswahrscheinlichkeiten der Routineinspektionen, die je nach Standort verschieden sein sollen, bezeichnen wir wie vorhin mit $1 - \beta_i$, $i = 1 \ldots n$, und sortieren die Standorte nach abnehmendem Wert. Für unverfälschte Überwachungsprozeduren gilt also

$$1 - \beta_1 \geq 1 - \beta_2 \geq \ldots 1 - \beta_n > \alpha. \tag{5.43}$$

Diese Werte sollen auch beiden Spielern bekannt sein.

Nun müssen wir uns wieder im klaren sein, wie ein Fehlalarm zu interpretieren ist. Auf der ersten Stufe einer Routinekontrolle sind Fehlalarme und echte Alarme nicht voneinander zu unterscheiden, sondern jeder Alarm verlangt nach einer Aufklärung. Bei einer kleingehaltenen Gesamtfehlalarmwahrscheinlichkeit von, sagen wir, $\alpha_T = 5\%$, erwartet der Inspektor einen Fehlalarm im Schnitt nur einmal in 20 Jahren. So wäre das Auftreten eines Alarms überhaupt ein besonderes Ereignis. Wir nehmen an, daß der Inspektor dann seine "Routine„ fallen läßt und alle n Standorte umkrempelt, um mit Sicherheit festzustellen, ob der Inspizierte eine illegale Aktion durchführte oder nicht. Begibt sich der Inspizierte in das gefährliche Nullsummenspiel, d.h. verhält er sich tatsächlich illegal, so ist die Entdeckungswahrscheinlichkeit, mit der er zu rechnen hat, nicht nur durch die Parameter β_i, sondern auch durch α bestimmt. Die Auszahlung an Spieler 1 bei $R_i =$ Kontrolle der Standortmenge $\{i_1 \ldots i_k\}$ und $S_j =$ illegaler Aktion an Standort j lautet dann:

$$1 - \beta_j(1 - \alpha)^{k-1} = 1 - \beta_j(1 - \alpha_T)^{(k-1)/k} \quad \text{falls } j \in \{i_1 \ldots i_k\},$$
$$1 - (1 - \alpha)^k = \alpha_T \quad \text{sonst.}$$

Findet also die illegale Aktion an einem kontrollierten Standort j statt, setzt sich die Wahrscheinlichkeit der Nichtentdeckung aus dem Produkt der Wahrscheinlichkeiten zusammen, daß vor Ort nicht entdeckt wird (β_j), und daß an keinem der anderen $k-1$ inspizierten Standorte ein Fehlalarm verursacht wird ($(1-\alpha)^{k-1}$). Die Auszahlung an den Inspektor ist das Komplement davon, also $1 - \beta_j(1-\alpha)^{k-1}$. Anderenfalls ist die Entdeckungswahrscheinlichkeit gleich der Gesamtfehlalarmwahrscheinlichkeit α_T.[12]

Mit folgender *Mathematica*-Funktion können beliebige (n, k)-Auszahlungsmatrizen erzeugt werden, beispielsweise für $n = 3$ und $k = 2$:

```mathematica
Off[Clear::ssym];
Clear[genA, β];
genA[n_, k_] := Module[{r, g},
  r = KSubsets[Table[i, {i, n}], k];
  g[i_, j_] := If[MemberQ[r[[i]], j],
        1 - βj (1 - αT) ^ ((k - 1) / k), αT];
  Array[g, {Length[r], n}]];
genA[3, 2] // MatrixForm
```

$$\begin{pmatrix} 1-\sqrt{1-\alpha_T}\,\beta_1 & 1-\sqrt{1-\alpha_T}\,\beta_2 & \alpha_T \\ 1-\sqrt{1-\alpha_T}\,\beta_1 & \alpha_T & 1-\sqrt{1-\alpha_T}\,\beta_3 \\ \alpha_T & 1-\sqrt{1-\alpha_T}\,\beta_2 & 1-\sqrt{1-\alpha_T}\,\beta_3 \end{pmatrix}$$

Hier sind die reinen Kontrollstrategien gegeben durch $R_1 = \{1,2\}$, $R_2 = \{1,3\}$ und $R_3 = \{2,3\}$ sowie die Strategien des Inspizierten: $S_j =$ illegale Aktion am Standort j, $j = 1, 2, 3$.

Weil wir symbolische Lösungen suchen, wollen wir weiterhin mit Nash-Equilibria anstatt mit Minimax arbeiten. Zunächst die repräsentativen Parameter:

```mathematica
Clear[s];
s[n_, k_] :=
 Join[{αT -> 1 - (1 / 100) ^k}, Table[βi -> (100 - i) / 100, {i, 1, n}]];
s[3, 2]
```

$$\left\{\alpha_T \to \frac{9999}{10000},\ \beta_1 \to \frac{99}{100},\ \beta_2 \to \frac{49}{50},\ \beta_3 \to \frac{97}{100}\right\}$$

---

[12] Unter diesen Umständen wäre es optimal für den Inspektor, mit einer Fehlalarmwahrscheinlichkeit von $\alpha = 1$ zu operieren! Wir betrachten α aber nicht als strategische Variable, sondern als exogenen Parameter.

Es ist hier übrigens dafür gesorgt worden, daß $\sqrt[k]{1-\alpha_T}$ eine Rationalzahl ist. Somit bleiben die numerischen Rechnungen in `NashEquilibria` stets exakt. Wir lassen das Gleichgewicht berechnen und schauen uns die Auszahlung an den Inspektor an:

```
Clear[A, eq, ß*, P*, Q*];
A = genA[3, 2];
eq = NashEquilibria[A, Symbolic -> s[3, 2]];
P* = eq[[1, 1]];
ß* = 1 - eq[[1, 2]];
Q* = eq[[1, 3]];
1 - ß*
```

$$\Big(3\,\alpha_T^3 + 2\,\alpha_T^2\left(\sqrt{1-\alpha_T}\,\beta_2 + \sqrt{1-\alpha_T}\,\beta_3 + \beta_2\beta_3 + \beta_1\left(\sqrt{1-\alpha_T}+\beta_2+\beta_3\right)\right) + \alpha_T\Big(-9 + 8\sqrt{1-\alpha_T}\,\beta_2 - 4\beta_2^2 + 8\sqrt{1-\alpha_T}\,\beta_3 - 18\beta_2\beta_3 + 2\sqrt{1-\alpha_T}\,\beta_2^2\beta_3 - 4\beta_3^2 + 2\sqrt{1-\alpha_T}\,\beta_2\beta_3^2 - \beta_2^2\beta_3^2 + \beta_1^2\left(-4 + 2\sqrt{1-\alpha_T}\,\beta_2 - \beta_2^2 + 2\sqrt{1-\alpha_T}\,\beta_3 - 6\beta_2\beta_3 - \beta_3^2\right) + 2\beta_1\left(4\sqrt{1-\alpha_T} - 9\beta_2 + \sqrt{1-\alpha_T}\,\beta_2^2 - 9\beta_3 + 6\sqrt{1-\alpha_T}\,\beta_2\beta_3 - 3\beta_2^2\beta_3 + \sqrt{1-\alpha_T}\,\beta_3^2 - 3\beta_2\beta_3^2\right)\Big) - 2\Big(-3 + 5\sqrt{1-\alpha_T}\,\beta_2 - 2\beta_2^2 + 5\sqrt{1-\alpha_T}\,\beta_3 - 8\beta_2\beta_3 + 3\sqrt{1-\alpha_T}\,\beta_2^2\beta_3 - 2\beta_3^2 + 3\sqrt{1-\alpha_T}\,\beta_2\beta_3^2 - \beta_2^2\beta_3^2 + \beta_1^2\left(-2 + 3\sqrt{1-\alpha_T}\,\beta_2 - \beta_2^2 + 3\sqrt{1-\alpha_T}\,\beta_3 - 4\beta_2\beta_3 + \sqrt{1-\alpha_T}\,\beta_2^2\beta_3 - \beta_3^2 + \sqrt{1-\alpha_T}\,\beta_2\beta_3^2\right) + \beta_1\left(5\sqrt{1-\alpha_T} - 8\beta_2 + 3\sqrt{1-\alpha_T}\,\beta_2^2 - 8\beta_3 + 12\sqrt{1-\alpha_T}\,\beta_2\beta_3 - 4\beta_2^2\beta_3 + 3\sqrt{1-\alpha_T}\,\beta_3^2 - 4\beta_2\beta_3^2 + \sqrt{1-\alpha_T}\,\beta_2^2\beta_3^2\right)\Big)\Big) \Big/ \left(-3 + 3\alpha_T + 2\sqrt{1-\alpha_T}\,\beta_2 + \beta_1\left(2\sqrt{1-\alpha_T} - \beta_2 - \beta_3\right) + 2\sqrt{1-\alpha_T}\,\beta_3 - \beta_2\beta_3\right)^2$$

Nicht geradezu ermutigend. Aber nicht verzweifeln. Wie wäre es mit der Substitution $b_i = 1 - \beta_i - \alpha$ bzw. mit (5.42) $b_i = \sqrt[k]{1-\alpha_T} - \beta_i$? Nun lautet der Spielwert:

```
1 - ß* /. ß_i_ -> (1 - α_T) ^ (1 / 2) - b_i // Simplify
```

$$\frac{b_2\,b_3\,\alpha_T + b_1\left(b_3\,\alpha_T + b_2\left(2\,b_3\sqrt{1-\alpha_T} + \alpha_T\right)\right)}{b_2\,b_3 + b_1\left(b_2 + b_3\right)}$$

eine ziemliche Vereinfachung, aber noch recht kompliziert. Aber vielleicht geht es mit $b_i = 1/(1 - \beta_i - \alpha)$:

```
1 - ß* /. ß_i_ -> (1 - α_T) ^ (1 / 2) - 1 / b_i // Simplify
```

$$\frac{2\sqrt{1-\alpha_T} + b_1\,\alpha_T + b_2\,\alpha_T + b_3\,\alpha_T}{b_1 + b_2 + b_3}$$

Aha! Noch ein Versuch mit $n = 4$ und $k = 3$:

```
eq = NashEquilibria[genA[4, 3], Symbolic -> s[4, 3]];
β* = 1 - eq[[1, 2]];
1 - β* /. β_ -> (1 - αT) ^ (1 / 3) - 1 / bᵢ // Simplify
```

$$\frac{3\,(1-\alpha_T)^{2/3} + b_1\,\alpha_T + b_2\,\alpha_T + b_3\,\alpha_T + b_4\,\alpha_T}{b_1 + b_2 + b_3 + b_4}$$

und wir haben es. Die Gleichgewichtsauszahlung an Spieler 1, verallgemeinert von (3,2), bzw. (4,3) auf (n, k), ist offensichtlich gegeben durch

$$1 - \beta^* = k(1 - \alpha_T)^{(k-1)/k} \cdot \frac{1}{\sum_{i=1}^{n} \frac{1}{(1-\beta_i-\alpha)}} + \alpha_T$$

oder, symmetrischer ausgedrückt, implizit gegeben durch

$$\frac{(1 - \alpha_T)^{(k-1)/k}}{1 - \beta^* - \alpha_T} = \frac{1}{k} \cdot \sum_{i=1}^{n} \frac{1}{(1 - \beta_i - \alpha)}. \tag{5.44}$$

Jetzt können wir uns die entsprechenden Gleichgewichtsstrategien für $n = 3$ und $k = 2$ anschauen, wobei wir uns für die Wahrscheinlichkeit $\tilde{p}_i^*$ einer Kontrolle des i-ten Standortes interessieren:

$$\tilde{p}_i^* = \sum_{i \in \{i_1 \ldots i_k\}} p_i^*, \qquad \sum_i^{n} \tilde{p}^* = k.$$

```
{P*[[1]] + P*[[2]],
 P*[[1]] + P*[[3]],
 P*[[2]] + P*[[3]]} /. β_ -> (1 - αT) ^ (1 / 2) - 1 / bᵢ // Simplify
Q* /. β_ -> (1 - αT) ^ (1 / 2) - 1 / bᵢ // Simplify
```

$$\left\{ \frac{2\,b_1}{b_1 + b_2 + b_3},\ \frac{2\,b_2}{b_1 + b_2 + b_3},\ \frac{2\,b_3}{b_1 + b_2 + b_3} \right\}$$

$$\left\{ \frac{b_1}{b_1 + b_2 + b_3},\ \frac{b_2}{b_1 + b_2 + b_3},\ \frac{b_3}{b_1 + b_2 + b_3} \right\}$$

Die Verallgemeinerungen lauten somit:

$$\tilde{p}_i^* = k q_i^* = \frac{k}{1 - \beta_i - \alpha} \cdot \frac{1}{\sum_{j=1}^{n} \frac{1}{1-\beta_j-\alpha}}, \quad i = 1 \ldots n. \tag{5.45}$$

Die Lösung ist nicht vollständig, denn mit (5.43) und (5.45) falls

$$\frac{k}{1 - \beta_1 - \alpha} > \sum_{j=1}^{n} \frac{1}{1 - \beta_j - \alpha}$$

gilt, ist $\tilde{p}_1^* > 1$, was natürlich unerlaubt ist. Eine weitere Untersuchung des Parameterraums mit *Mathematica*, analog zu denen in den Abschnitten 2.1.4 und 2.2.4, ist noch nötig und wird hiermit kurzerhand dem Leser überlassen.

5.5 Spiele um die Zeit

Auch das Modell von Abschnitt 2.2 bzw. 2.3 läßt sich in ein Nullsummenspiel verwandeln, und zwar in ein sehr interessantes und variantenreiches. Die Spielregeln bleiben in etwa wie gehabt, nur werden der Begriff der kritischen Zeit und damit auch die Nutzenparameter der Spieler fallengelassen. Die Auszahlung ist stattdessen schlichtweg die *Zeit zur Entdeckung* selbst. Der Inspizierte will sie selbstverständlich maximieren. Der Nullsummenbedingung entsprechend ist die Auszahlung des Inspektors die negative Entdeckungszeit. Er will sie auch maximieren, d.h. die Entdeckungszeit minimieren.

Das Referenzintervall habe wieder die Länge 1, beispielsweise ein Kalenderjahr. Außerdem seien die Entdeckungswahrscheinlichkeit für eine illegale Aktion $1 - \beta = 1$ und die Fehlalarmwahrscheinlichkeit $\alpha = 0$ – m.a.W. die Inspektionsmaßnahmen sollen von nun an hundertprozentig effektiv, sowie völlig unmißverständlich sein.

Inspektionen können weiterhin an n vereinbarten, über das Referenzintervall regelmäßig verteilten Zeitpunkten, durchgeführt werden. Wir beschränken uns aber auf zwei Inspektionen insgesamt, wobei die zweite *stets am Ende der Referenzzeit* stattfindet. Die zweite Inspektion modelliert somit eine sogenannte *physikalische Inventur*, eine vorgeschriebene, immer am Ende des Jahres stattfindende Hauptinspektion. Die erste Kontrolle dagegen ist eine *Zwischeninspektion*, die strategisch eingesetzt wird, um eine möglichst rechtzeitige Entdeckung zu erzielen. Abb. 5.1 verdeutlicht die Situation.

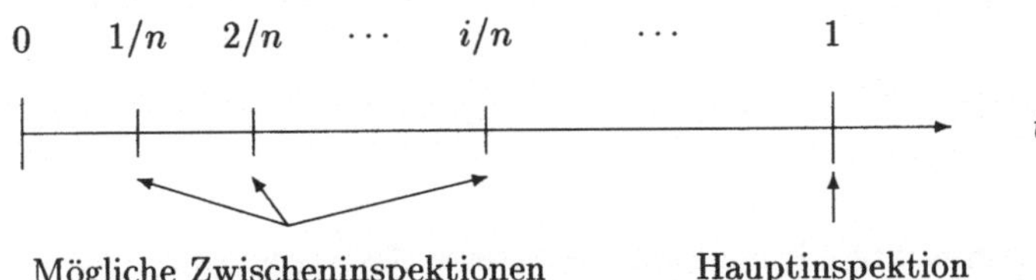

Abb. 5.1. Das Referenzintervall beim Spiel um die Zeit mit n Inspektionsmöglichkeiten.

Offensichtlich kann der Inspektor den Inspizierten auf eine maximale Entdeckungszeit von 1/2 beschränken, indem er seine Zwischeninspektion stets genau in der Mitte des Refenzintervalls plaziert. Falls jedoch der Inspizierte den Zeitpunkt seiner illegalen Handlung vor Beginn des Intervalls festlegen muß, d.h. falls wir – wie im Abschnitt 2.2 – mit einem *nichtsequentiellen* Spiel zu tun haben, kann der Inspektor wesentlich mehr erreichen. Wir betrachten deswegen zuerst ...

5.5.1 Ein nichtsequentielles Spiel

Der Inspizierte wird seine illegale Aktion immer zu Anfang einer der n vereinbarten Perioden durchführen. Die folgende Funktion erzeugt eine Auszahlungsmatrix für den Inspektor, hier für $n = 5$.

```mathematica
Clear[genA];
genA[n_] := Module[{f},
  f[i_, j_] := -If[i >= j, (i - j + 1) / n, (n - j + 1) / n];
  Array[f, {n - 1, n - 1}]];
genA[5] // MatrixForm
```

$$\begin{pmatrix} -\frac{1}{5} & -\frac{4}{5} & -\frac{3}{5} & -\frac{2}{5} \\ -\frac{2}{5} & -\frac{1}{5} & -\frac{3}{5} & -\frac{2}{5} \\ -\frac{3}{5} & -\frac{2}{5} & -\frac{1}{5} & -\frac{2}{5} \\ -\frac{4}{5} & -\frac{3}{5} & -\frac{2}{5} & -\frac{1}{5} \end{pmatrix}$$

Zum Beispiel ist bei illegalem Verhalten zu Anfang der zweiten Periode (zweite Spalte) und bei einer Zwischenkontrolle am Ende der ersten Periode (erste Zeile), die Zeit zur Entdeckung 4/5, die verbleibende Zeit bis zur Hauptinspektion usw. Weil die Auszahlungen nur noch Zahlen sind, können wir anstatt mit `NashEquilibria` effizienter mit `Minimax` arbeiten:

```mathematica
Minimax[genA[5]]
```

$$\left\{\left\{\tfrac{1}{4}, \tfrac{1}{3}, \tfrac{5}{12}, 0\right\}, -\tfrac{13}{30}, \left\{\tfrac{1}{2}, \tfrac{1}{6}, \tfrac{1}{3}, 0\right\}, \tfrac{13}{30}\right\}$$

Die gemischte Gleichgewichtsstrategie des Inspektors,

$$P^* = (1/4, 1/3, 5/12, 0)^\top,$$

reduziert die Entdeckungszeit von 1/2 auf 13/30. Eine randomisierte Kontrollstrategie lohnt sich also. Zwecks späterer Verallgemeinerung schauen wir uns auch das Spiel $n = 20$ an, insbesondere die optimalen Strategien:

```
Clear[eq];
eq = Minimax[genA[20]];
ListPlot[eq[[1]], PlotLabel -> "P'", PlotRange -> {{0, 20}, {0, 0.4}},
Prolog -> AbsolutePointSize[5]];
ListPlot[eq[[3]], PlotLabel -> "Q'", PlotRange -> {{0, 20}, {0, 0.4}},
 Prolog -> AbsolutePointSize[5]];
```

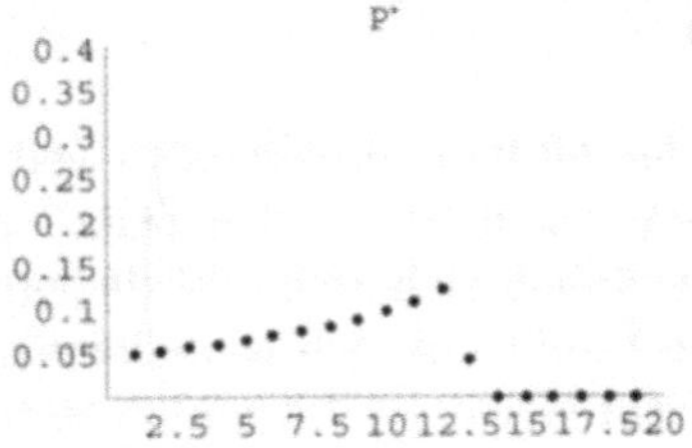

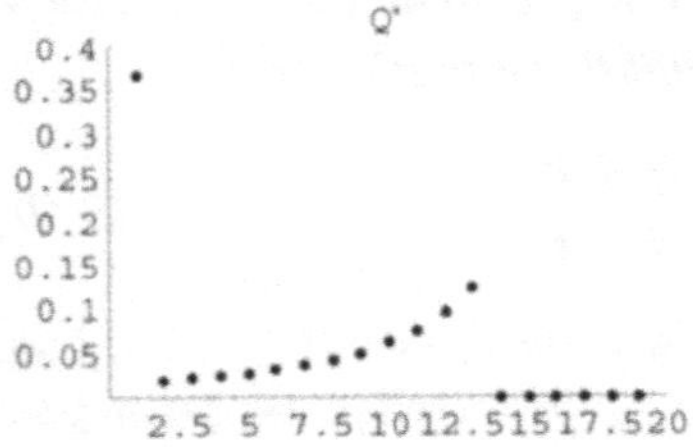

Die Gleichgewichtsstrategien lassen eine interessante Struktur erkennen. Indessen hat sich die zu erwartende Endeckungszeit weiter reduziert:

```
N[eq[[4]]]
```

```
0.384209
```

Je mehr Gelegenheiten zur Kontrolle dem Inspektor gewährt werden, desto besser ist das Ergebnis für ihn. Die Abnahme der Gleichgewichtsauszahlung mit zunehmender Periodenzahl n zeigt ebenfalls Regelmäßigkeiten:

```
ListPlot[Table[Minimax[genA[i]][[4]], {i, 4, 20}],
 PlotRange -> {0.3, 0.5}, Prolog -> AbsolutePointSize[5]];
```

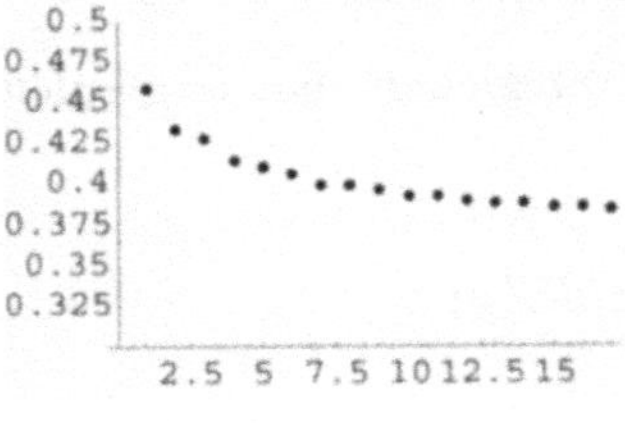

Besonders interessant ist der asymptotische Grenzfall $n \to \infty$. Dort kann der Inspektor seine Zwischenkontrolle durchführen, wann er will. Dies entspricht im wesentlichen einem *unangemeldeten Kontrollregime*; und anstatt eine allgemeine Lösung für endliche n zu suchen, werden wir gleich zum entsprechenden *unendlichen* Spiel schreiten.

5.5.2 Ein Spiel auf dem Einheitsquadrat

Die Zwischenkontrolle und die illegale Aktion finden nun zu beliebigen Zeitpunkten innerhalb des Referenzintervalles statt, sagen wir zu den Zeiten x bzw. y, $0 \le x, y \le 1$. Jeder Spieler hat somit unendlich viele reine Strategien, und jedes reine Strategienpaar beschreibt einen Punkt auf dem Einheitsquadrat. Um negative Werte zu vermeiden, betrachten wir im folgenden stets die Auszahlung an Spieler 2, den Inspizierten. Für gegebene (x, y) wird diese Auszahlung durch einen sogenannten *Auszahlungskern* beschrieben:

$$I_2(x, y) = \begin{cases} x - y & \text{für } y < x \\ 1 - y & \text{für } y \ge x. \end{cases} \tag{5.46}$$

Liegt die illegale Aktion y vor der Zwischenkontrolle x, erhält Spieler 2 als Auszahlung die Entdeckungszeit $x - y$, sonst $1 - y$. Wir stellen zunächst fest: Ein Gleichgewicht in reinen Strategien gibt es nicht, d.h. es existiert kein Punkt (x^*, y^*) auf dem Einheitsquadrat mit der Eigenschaft

$$\forall x, y : \quad I_2(x^*, y) \le I_2(x^*, y^*) \le I_2(x, y^*),$$

wie leicht nachzuprüfen ist. Dies ist auch nicht verwunderlich, denn das diskrete Spiel des vorigen Abschnittes besitzt auch nur gemischte Gleichgewichtsstrategien. Wir müssen hier ebenfalls ein Gleichgewicht unter den gemischten Strategien suchen. Nun stellt sich die Frage, was ist eigentlich eine gemischte Strategie bei einem unendlichen Spiel wie diesem?

Eine gemischte Strategie für Spieler 1 wird als eine *Wahrscheinlichkeitsverteilung* auf dem Intervall $[0, 1]$ definiert, wir nennen sie $F(x)$. $F(x)$ ist die Wahrscheinlichkeit dafür, daß die den Zeitpunkt X der Kontrolle darstellende Zufallsvariable einen Wert annimmt, der kleiner oder gleich x ist, in Formeln

$$F(x) = W(X \le x), \quad F(-\infty) = 0, \quad F(\infty) = 1.$$

Entprechendes gilt für Spieler 2 mit gemischten Strategien $G(y)$:

$$G(y) = W(Y \le y), \quad G(-\infty) = 0, \quad G(\infty) = 1.$$

Die Auszahlung an Spieler 2, wenn gemischte Strategien F und G gespielt werden, ist gegeben durch

$$I_2(F, G) = \int_0^1 \int_0^1 I_2(x, y) \, dF(x) \, dG(y).$$

Wir verwenden hier das sogenannte *Stieltjes'sche Integral*, siehe [Dre61], Kapitel 6, für eine gute Diskussion.

In einem Gleichgewicht suchen wir Verteilungen F^* und G^*, die den Bedingungen

$$\forall F, G: \quad I_2(F^*, G) \le I_2(F^*, G^*) \le I_2(F, G^*) \tag{5.47}$$

genügen. Erfolg ist hierbei gar nicht garantiert, denn Spiele auf dem Einheitsquadrat besitzen nicht notwendigerweise ein Nash-Gleichgewicht. (Theorem 1.3.1 bzw. Theorem 5.1.5 galten ja nur endlichen Spielen.) Nur wenn der Kern stetig ist, ist die Existenz optimaler gemischter Strategien gewährleistet, siehe z.B. [Owe70], Kapitel 4. Der Kern (5.46) ist aber nicht stetig in x und y, sondern springt von $x - y$ bei $y < x$ auf $1 - y$ bei $y \ge x$.

Andererseits wären wir sehr überrascht, wenn es zu diesem Grenzfall eines diskreten Spiels keine Lösung gäbe. Die Suche danach wird jedenfalls erheblich vereinfacht durch die Tatsache, daß (5.47) zu

$$\forall x, y: \quad I_2(F^*, y) \le I_2(F^*, G^*) \le I_2(x, G^*) \tag{5.48}$$

äquivalent ist. Diese Äquivalenz kann folgendermaßen verstanden werden: Die linke Ungleichung in (5.48) impliziert die linke Ungleichung in (5.47), denn:

$$I_2(F^*, G) = \int_0^1 I_2(F^*, y) dG(y) \le \int_0^1 I_2(F^*, G^*) dG(y)$$

$$= I_2(F^*, G^*) \int_0^1 dG(y) = I_2(F^*, G^*).$$

Andersherum impliziert die linke Ungleichung in (5.47) die in (5.48) ganz trivial: man nehme y als Spezialfall von G. Gleiche Argumente gelten für die rechten Ungleichungen.

Die Graphiken für P^* und Q^* beim diskreten Spiel auf Seite 177 lassen folgendes für das unendliche Spiel vermuten: Die Gleichgewichtsverteilung $F^*(x)$ für den Inspektor kann mit einer *Dichtefunktion* $f^*(x)$ beschrieben werden:

$$F^*(x) = \int_0^x f^*(t) dt.$$

Die gemischte Gleichgewichtsstrategie des Inspizierten hingegen verlangt für ihre Beschreibung nicht nur eine Dichtefunktion, sondern auch ein sogenanntes *Atom* bei $y = 0$, d.h. der Inspizierte wird sich mit endlicher Wahrscheinlichkeit genau zu Beginn des Intervalls illegal verhalten:

$$G^*(y) = G^*(0) + \int_0^y g^*(t) dt.$$

Außerdem existiert ein Zeitpunkt $b < 1$ für den gilt

$$f^*(t) = g^*(t) = 0, \quad t \ge b.$$

Der Inspektor wird m.a.W. seine Zwischenkontrolle nicht nach der Zeit b durchführen, sondern die Verantwortung für das Intervall $[b, 1]$ der Hauptinspektion überlassen. Der Inspizierte wird das Intervall $[b, 1]$ deswegen in seiner gemischten Strategie ebenfalls nicht einbeziehen. Somit gilt

$$F^*(b) = G^*(b) = 1.$$

Um diesen Sachverhalt in *Mathematica* zu kodieren, müssen wir zunächst die Definition der `Integrate`-Funktion ein wenig erweitern:

```
Unprotect[Plus, Integrate];

Integrate[a,b] h_[t_] dt_ + Integrate[b_,c] h_[t_] dt_ := Integrate[a,c] h[x] dt;

Integrate[0,b] f*[t_] dt_ := 1;

Integrate[0,y] g*[t_] dt_ := G*[y] - G*[0];

Protect[Plus, Integrate];
```

Spielt nun der Inspizierte die reine Strategie y gegen die vermeintliche Gleichgewichtsstrategie F^* des Inspektors, ist seine zu erwartende Entdeckungszeit gegeben durch

```
I2[F*, y_] := Integrate[0,y] (1-y) f*[x] dx + Integrate[y,b] (x-y) f*[x] dx;
```

Beim ersten Term liegt die Zwischeninspektion vor y, beim zweiten nach y.

Wir haben angenommen, daß der Inspizierte über dasselbe Intervall $[0, b]$ randomisiert wie sein Gegner. Das macht aber nur dann Sinn, wenn seine obige Auszahlung *unabhängig* von y ist, $0 \leq y \leq b$, also wenn gilt

$$\frac{d}{dy} I_2(F^*, y) = 0, \quad y \in [0, b], \tag{5.49}$$

denn er wird nur diejenigen reinen Strategien mischen, die beste Antworten auf F^* sind. Diese reinen Strategien erzielen eine konstante Auszahlung, nämlich die Gleichgewichtsauszahlung des Inspizierten.

Aus diesen Überlegungen erhalten wir sofort die Dichtefunktion $f^*(x)$:

```
Clear[s1];
s1 = Simplify[Solve[∂_y I2[F*, y] == 0, f*[y]] /. y -> x][[1]]

{f*[x] -> 1/(1-x)}
```

Die „Cutoff"-Zeit b folgt aus $\int_0^b f^*(x)dx = 1$:

```
s2 = Solve[ ∫₀ᵇ 1/(1-x) dx == 1, b][[1]]
```

```
{b → 1 - 1/E}
```

und der (negative) Spielwert aus $I_2(F^*, y)$ für beliebige $y \in [0, b]$:

```
I₂[F*, y] /. s1 /. s2 // Simplify
```

```
1/E
```

Die Gleichgewichtsstrategie des Inspektors lautet schließlich

$$F^*(x) = \int_0^x \frac{1}{1-t} dt = -\ln(1-x). \tag{5.50}$$

Uns fehlt noch die Gleichgewichtsstrategie G^* des Inspizierten. Wir erhalten sie auf ähnliche Weise. Spielt der Inspektor eine reine Strategie x gegen die Gleichgewichtsstrategie G^*, ist seine zu erwartende Entdeckungszeit gegeben durch

```
I₂[x_, G*] := G*[0] x + ∫₀ˣ (x - y) g*[y] dy + ∫ₓᵇ (1 - y) g*[y] dy;
```

Bei den ersten beiden Termen liegt die illegale Aktion vor x, beim zweiten liegt sie nach x. Aus der zu (5.49) analogen Bedingung,

$$\frac{d}{dx} I_2(x, G^*) = 0, \quad x \in [0, b], \tag{5.51}$$

folgt

```
s2 = Simplify[Solve[∂ₓI₂[x, G*] == 0, g*[x]] /. x → y][[1]]
```

```
{g*[y] → G*[y]/(1 - y)}
```

Aber $g^*(y) = \frac{d}{dy} G^*(y)$. Daher gilt

$$G^*(y) = \frac{c}{1-y},$$

wobei c eine Integrationskonstante ist. Wegen $G^*(b) = 1$ ist $c = 1/e$. Die Gleichgewichtsstrategie des Inspizierten ist somit gegeben durch

$$G^*(y) = \frac{1}{e} \cdot \frac{1}{1-y}, \tag{5.52}$$

und wir sind fertig. Mit einer einzigen Zwischeninspektion kann der Inspektor durch ein „unangemeldetes" Inspektionsregime die garantierte mittlere Entdeckungszeit von $1/e$ erzielen.

Die hier vorgestellte Lösung hat eine sehr elegante Verallgemeinerung für $k > 1$ Zwischenkontrollen, die wir aber nicht weiter verfolgen wollen. Wir verweisen stattdessen auf [Dia82].

Es stellt sich wieder die Frage, ob sich das Ergebnis aus der Sicht des Inspektors verschlechtert, wenn sich der Inspizierte nicht vor Beginn des Zeitintervalls festlegen muß. Wenn er z.B. immer auf die Zwischenkontrolle wartet, und dann zur Tat schreitet, erwartet der Inspizierte die Auszahlung

$$\int_0^b (1 - x)f^*(x)dx = b = 1 - \frac{1}{e} > 1/2,$$

und der Vorteil des Inspektors ist mehr als hin. Doch $f^*(x)$ wäre natürlich nicht die optimale Strategie des Inspektors in einem solchen Spiel.

Rothenstein [Rot97] fand die allgemeine Lösung für die sequentielle Version dieses Spiels, und zwar für beliebig viele Zwischenkontrollen. Sein Ergebnis wollen wir nun mit *Mathematica* nachvollziehen.

5.5.3 Ein sequentielles Spiel

Auf dem Referenzintervall $[0, 1]$ können zu beliebigen Zeiten k Inspektionen durchgeführt werden. Zusätzlich findet wie gehabt eine Hauptinspektion am Ende des Intervalls statt. Der Inspizierte, dessen Auszahlung nach wie vor die Zeit zur Entdeckung ist, beobachtet die Zwischenkontrollen und kann anhand dieser Informationen den für ihn optimalen Zeitpunkt für seine illegale Aktion bestimmen.

Wir bezeichnen die Zeitpunkte der k möglichen Zwischeninspektionen rückwärtslaufend als

$$0 < x_k < x_{k-1} < \ldots < x_1 < 1.$$

Zum Zeitpunkt x_i, $i = k \ldots 1$, findet eine Kontrolle statt, und danach stehen dem Inspektor noch $i - 1$ Zwischenkontrollen zur Verfügung. Es ist zweckmäßig, den Anfang des Intervalls mit $x_{k+1} = 0$ und das Ende mit $x_0 = 1$ zu bezeichnen, wie in der Abb. 5.2 dargestellt.

Wegen der Gewißheit einer zukünftigen Inspektion wird der Inspizierte entweder gleich zu Beginn des Intervalls, also zur Zeit $x_{k+1} = 0$, agieren oder unmittelbar nach einer Zwischenkontrolle. Wenn er sich bis x_1 legal verhalten

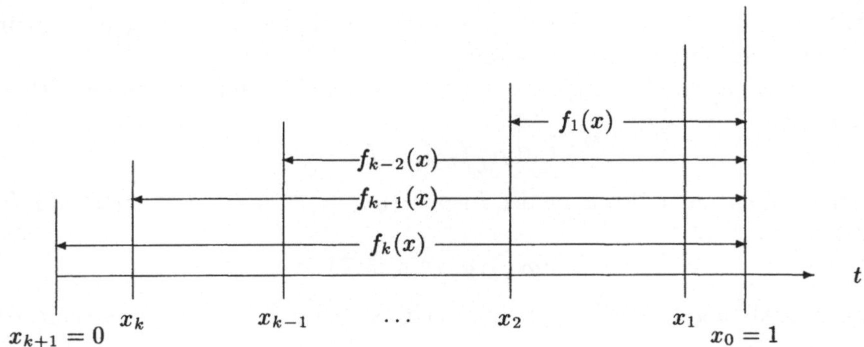

Abb. 5.2. Das Referenzintervall beim sequentiellen Spiel um die Zeit mit k Inspektionen.

hat, dann verhält er sich zu diesem Zeitpunkt mit Sicherheit illegal, denn er weiß, daß keine Zwischenkontrollen mehr kommen.

Wir streben eine rekursive Beschreibung des Spiels an und definieren $v_i(t)$ als die zu erwartende Auszahlung an Spieler 2 bei einer Restzeit von t und bei i verbleibenden Inspektionen unter der Annahme, daß er sich bis dahin legal verhalten hat. Am Spielanfang ist diese Auszahlung – und somit der (negative) Spielwert – gegeben durch

$$v_k(1) = v_k(1 - x_{k+1}).$$
(5.53)

Unmittelbar nach der letzten Zwischenkontrolle gilt

$$v_0(1 - x_1) = 1 - x_1.$$
(5.54)

Für $t \geq x_1$ gilt $v_0(1 - t) = 1 - t$. Wir halten dies in *Mathematica* fest:

```
v0[1-t_] := 1-t;
```

Nach seiner $(k-i+1)$-ten Kontrolle, d.h. unmittelbar nach dem Zeitpunkt x_i, und falls er keine illegale Aktion entdeckt hat, wählt der Inspektor den Zeitpunkt x_{i-1} seiner nächsten Inspektion anhand einer Wahrscheinlichkeitsverteilung F_{i-1}, gegeben durch

$$F_{i-1}(x) = \int_{x_i}^{x} f_{i-1}(t)dt, \quad x \in [x_i, 1],$$

wobei $f_{i-1}(x)$ eine stetige Dichtefunktion ist, siehe Abb. 5.2. Der Inspizierte dagegen verhält sich mit Wahrscheinlichkeit g_i sofort illegal oder wartet mit

Wahrscheinlichkeit $1 - g_i$ die nächste Kontrolle ab, um erneut zu entscheiden. Es gilt allerdings, wie oben erwähnt, $g_1 = 1$.

Eine gemischte Strategie des Inspektors besteht somit aus den k Dichtefunktionen

$$(f_k, f_{k-1} \ldots f_1)$$

und eine gemischte Strategie des Inspizierten aus den $k + 1$ Wahrscheinlichkeiten

$$(g_{k+1}, g_k \ldots g_1 = 1).$$

Die Auszahlung an Spieler 2, falls er sich sofort zur Zeit x_i illegal verhält, ist

$$\int_{x_i}^{1} (t - x_i) f_{i-1}(t) dt.$$

Falls er dagegen die nächste Inspektion zur Zeit x_{i-1} abwartet, ist seine Auszahlung

$$\int_{x_i}^{1} v_{i-2}(1 - t) f_{i-1}(t) dt.$$

Der Inspektor wird seine Gleichgewichtsstrategie f_{i-1}^* so wählen, daß der Inspizierte indifferent ist bzgl. dieser beiden Auszahlungen:

$$\int_{x_i}^{1} (t - x_i) f_{i-1}^*(t) dt = \int_{x_i}^{1} v_{i-2}(1 - t) f_{i-1}^*(t) dt. \tag{5.55}$$

Dann ist (5.55) aber auch die Gleichgewichtsauszahlung an Spieler 2 bei $i - 1$ verbleibenden Zwischeninspektionen und einer Restzeit von $1 - x_i$. Somit können wir schreiben

$$v_{i-1}(1 - x_i) = \int_{x_i}^{1} (t - x_i) f_{i-1}^*(t) dt.$$

In *Mathematica*:

```
v_i_[1 - x_] := Integrate[(t - x) (f_i)'[t], {t, x, 1}];
```

Mit dieser Vereinbarung ist (5.55) für $i = 2$ äquivalent zu:

```
s = v_1[1 - x_2] == Integrate[v_0[1 - t] (f_1)'[t], {t, x_2, 1}];
```

Eine einfache Gleichverteilung für $f_1^*(t)$ erfüllt diese Bedingung:

```
s /. f₁*[t_] -> a
```

```
True
```

Wegen der Normierung $\int_{x_2}^{1} f(t)dt = 1$ muß also gelten

```
f₁*[t_] := 1/(1 - x₂);
```

Der negative Spielwert unmittelbar nach der vorletzten Inspektion zur Zeit x_2 lautet dann

```
v₁[1 - x₂] // Simplify
```

$$\frac{1}{2}(1 - x_2)$$

bzw. für beliebige $t \geq x_2$

```
v₁[1 - t_] := (1 - t)/2;
```

Weil der Inspizierte indifferent ist bzgl. einer sofortigen illegalen Aktion zur Zeit x_2 und des Abwartens, muß seine Gleichgewichtsstrategie g_2^* der Gleichung

$$v_1(1 - x_2) = (x - x_2)g_2^* + v_0(1 - x)(1 - g_2^*)$$

genügen, und zwar für alle x, $x_2 \leq x \leq 1$. Sie lautet somit:

```
Solve[ v₁[1 - x₂] == (x - x₂) g₂* + v₀[1 - x] (1 - g₂*) , g₂*]
```

$$\left\{\left\{(g_2)^* \to \frac{1}{2}\right\}\right\}$$

Schon haben wir die vollständige Lösung des Spiels mit $k = 1$. Für dieses Spiel gilt nämlich $x_2 = x_{k+1} = 0$ und $v_1(1-x_2) = v_1(1) = 1/2$. Der Inspizierte kann sich einer mittleren Entdeckungszeit von $1/2$ immer vergewissern, indem er mit Wahrscheinlichkeit 1/2 seine illegale Aktion gleich am Anfang des Intervalls durchführt, ansonsten sofort nach der Zwischenkontrolle.

Nun ahnen wir auch Schlimmes für den Inspektor im allgemeinen Fall $k > 1$. Für $i = 3$ ist (5.55) äquivalent zu

```
s = v₂[1 - x₃] == ∫₁ₓ₃ (v₁[1 - z]) f₂*[z] dz;
```

Mit einer Gleichverteilung klappt es nicht mehr, dieser Gleichung zu genügen, aber mit einer linearen Dichtefunktion $f_2^*(t) = a + bt$ erhalten wir

```
s /. f₂*[t_] -> a + b t // Simplify

1/4 (a + b) (-1 + x₃)² == 0
```

oder $a = -b$. Wegen der Normierung gilt demnach

```
f₂*[t_] := 2 (1 - t) / (1 - x₃)²;
```

Somit ist der negative Spielwert nach x_3 gegeben durch

```
v₂[1 - x₃] // Simplify

1/3 (1 - x₃)
```

und die Gleichgewichtsstratgie des Inspizierten durch

```
Solve[v₂[1 - x₃] == (x - x₃) g₃* + v₁[1 - x] (1 - g₃*), g₃*]

{{(g₃)* -> 1/3}}
```

Die Lösung für beliebiges k liegt nun auf der Hand (Für einen induktiven

Beweis siehe [Rot97]):

$$f_i^*(t) = i \cdot \frac{(1-t)^{i-1}}{(1-x_{i+1})^i}, \quad i = k \ldots 1$$

$$g_i^* = 1/i, \quad i = k+1 \ldots 1 \tag{5.56}$$

$$v_k(1) = v_k(1 - x_{k+1}) = \frac{1}{k+1}.$$

Die folgenden *Mathematica*-Zeilen stellen die gemischten Gleichgewichtsstrategien des Inspektors für $k = 5$ dar, alle normiert auf dem Intervall $[0, 1]$:

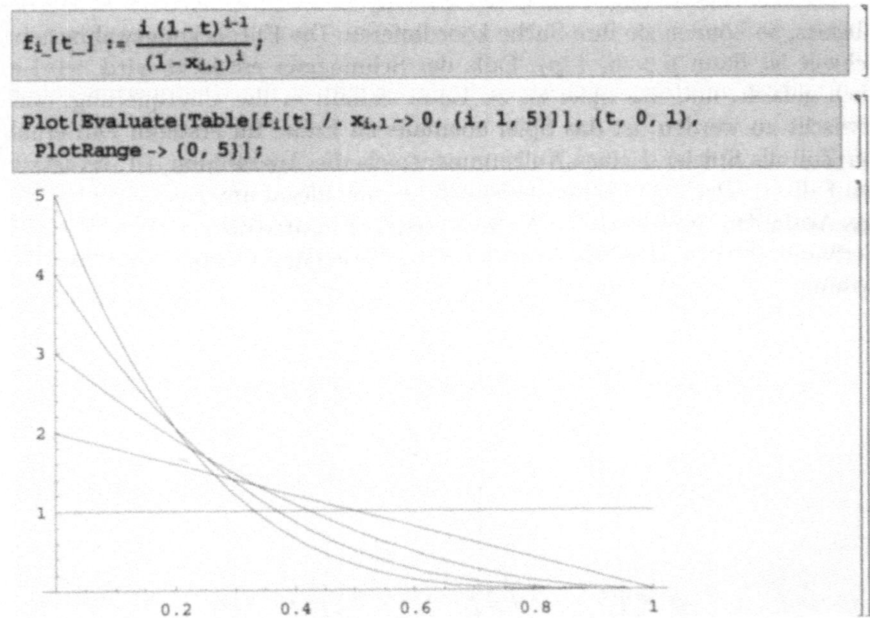

In den Anfangsstadien des Spiels neigt der Inspektor dazu, seine Kontrollen früher durchzuführen. Später, wenn sein Inspektionsvorrat sich allmählich erschöpft, und der listige Inspizierte immer noch abwartet, verteilt er sie über das verbleibende Intervall zunehmend gleichförmig.

Diese raffinierte Kontrollstrategie bringt dem Inspektor jedoch keinerlei Vorteil gegenüber einer einfachen Aufteilung des Referenzintervalls in $k + 1$ Perioden mit sicherer Kontrolle nach jeder Periode. Ein Inspektor, der – vielleicht aus psychologischen Gründen – trotzdem die kompliziertere Strategie bevorzugt, befindet sich in der Situation der weißen Dame in *Alice hinter den Spiegeln*: Er muß sehr schnell laufen, um nur auf der Stelle zu bleiben.

5.6 Zöllner und Schmuggler

Thomas und Nisgav [TN76] und später Baston und Bostock [BB91] sowie Garnaev [Gar94] betrachteten folgendes Spiel:

Ein Schmuggler muß innerhalb von n Tagen seine Ware über eine Meerenge bringen, siehe Abb. 5.3. Er versucht es nur nachts. Der Zoll, mit zwei Wachbooten ausgerüstet, versucht ihn zu fangen. Der Einsatz eines Bootes ist aber teuer, so daß die Boote nicht jede Nacht auslaufen können, sondern nur k_1 bzw. k_2 Male, $1 \leq k_1, k_2 \leq n$. Ist Boot i allein nachts im Einsatz, so ist seine Entdeckungswahrscheinlichkeit p_i, $i = 1, 2$, falls der Schmuggler seinen Versuch in dieser Nacht unternimmt. Außerdem gilt $p_1 > p_2$, d.h., Boot 1 hat die bessere Ausrüstung. Jedoch soll $p_1 + p_2 < 1$ sein. Sind beide Boote im Einsatz, so können sie ihre Suche koordinieren. Die Entdeckungswahrscheinlichkeit ist dann $p > p_1 + p_2$. Falls der Schmuggler entdeckt wird, wird er auch gefasst, und das Spiel ist zu Ende. Schafft er die Überquerung, ohne erwischt zu werden, ist das Spiel ebenfalls zu Ende. Im ersteren Fall erhält der Zoll als Spieler 1 eines Nullsummenspiels die Auszahlung $+1$, im letzteren Fall -1. Der Schmuggler, falls nicht gerade illegal unterwegs, beobachtet das Auslaufen, weiß also jede Nacht, wieviele Einsätze dem Zollamt noch zur Verfügung bleiben. Das Spiel ist somit sequentiell und verlangt eine rekursive Lösung.

Abb. 5.3. Schmuggel und Zoll.

5.6.1 Ein Wachboot

Wir betrachten zuerst die Situation, wenn nur ein Wachboot vorhanden ist und bezeichnen mit $v_1(n, k, p)$ den Wert des Spiels bei n verbleibenden Nächten, k möglichen Einsätzen und Entdeckungswahrscheinlichkeit p. Folgende *Mathematica*-Funktion bestimmt die Spielmatrix für die nächste Nacht:

```
Clear[A1, v1];
A1[n_, k_, p_] := {{v1[n-1, k, p], -1},
                   {v1[n-1, k-1, p], 2p-1}};
A1[n, k, p] // MatrixForm
```

$$\begin{pmatrix} v1[-1+n, k, p] & -1 \\ v1[-1+n, -1+k, p] & -1+2p \end{pmatrix}$$

Hierbei ist die reine Strategienmenge des Zolls (Reihenspieler) {*nicht kontrollieren, kontrollieren*}, die des Schmugglers (Spaltenspieler) {*abwarten, überqueren*}. Die zu erwartende Auszahlung an den Zoll bei der Kombination (*kontrollieren, überqueren*) ist

$$p \cdot (+1) + (1 - p) \cdot (-1) = 2p - 1.$$

Ein rekursives Programm für den Wert des Spiels lautet dann

```
Clear[v1];
v1[n_, 0, _] := -1;
v1[n_, k_, p_] := 2p-1 /; k >= n;
v1[n_, k_, p_] :=
  NashEquilibria[A1[n, k, p], Symbolic -> {p -> 1/2}][[1, 2]];
```

Die erste Regel besagt, daß, falls keine Einsätze mehr möglich sind und falls der Schmuggler noch keinen Versuch gemacht hat, er jetzt unbestraft fahren kann. Die zweite Regel erledigt den Fall $k \geq n$. Dann wird nämlich jede Nacht kontrolliert. Ansonsten – dritte Regel – wird das Spiel mit `NashEquilibria` rekursiv gelöst, wobei p als Symbol behandelt wird.

Zwecks Verallgemeinerung erzeugen wir Spielwerte für $n = 1 \ldots 5$ und $k = 1 \ldots n$:

```
Simplify[Table[Table[v1[n, k, p], {k, 1, n}], {n, 1, 5}]] // TableForm
```

```
-1+2p
-1+p          -1+2p
-1+ 2p/3      -1+ 4p/3     -1+2p
1/2 (-2+p)    -1+p         -1+ 3p/2    -1+2p
-1+ 2p/5      -1+ 4p/5     -1+ 6p/5    -1+ 8p/5    -1+2p
```

Offensichtlich gilt

$$v_1(n,k,p) = \frac{2kp - n}{n}, \qquad (5.57)$$

wie in [TN76] auch bewiesen wurde.

5.6.2 Zwei Wachboote

Nun schreiten wir zum Spiel mit zwei Wachbooten. Die Spielmatrix mit n verbleibenden Nächten und k_i verbleibenden Einsätzen für Wachboot i, $i = 1, 2$, sieht so aus:

```
Clear[A2, v2];
A2[n_, k1_, k2_] = {{v2[n-1, k1, k2], -1},
               {v2[n-1, k1-1, k2], 2 p1 - 1},
               {v2[n-1, k1, k2-1], 2 p2 - 1},
               {v2[n-1, k1-1, k2-1], 2 p-1}};
A2[n, k1, k2] // MatrixForm
```

```
/  v2[-1+n, k1, k2]          -1      \
|  v2[-1+n, -1+k1, k2]     -1+2p1    |
|  v2[-1+n, k1, -1+k2]     -1+2p2    |
\ v2[-1+n, -1+k1, -1+k2]    -1+2p    /
```

Die reinen Strategien des Schmugglers sind natürlich von der Aufrüstung des Zollamtes nicht betroffen, die der Zöllner lauten aber jetzt {*nicht kontrollieren, Boot 1 läuft aus, Boot 2 läuft aus, beide Boote laufen aus*}. Das rekursive Programm für den Spielwert hat nun folgende Form:

```
Clear[v2];
v2[n_, 0, 0] := -1;
v2[n_, k_, 0] := v1[n, k, p1];
v2[n_, 0, k_] := v1[n, k, p2];
v2[n_, k1_, k2_] := 2 p - 1 /; k1 >= n && k2 >= n;
v2[n_, k1_, k2_] := NashEquilibria[A2[n, k1, k2],
    Symbolic -> (p1 -> 2 / 5, p2 -> 1 / 5, p -> 4 / 5)][[1, 2]];
```

Die erste, vierte und fünfte Regel sind analog zu denen des Ein-Boot-Spiels, die zweite und dritte lösen das entsprechende Ein-Boot-Spiel, wenn alle Einsätze eines der beiden Wachboote erschöpft sind. Für $n = 5$ und $1 \le k_2 \le k_1 \le n$ sind die Spielwerte wie folgt:

```
Simplify[Table[Table[v2[5, k1, k2], {k2, 1, k1}], {k1, 1, 5}]] //
   TableForm
```

```
NashEquilibria::degen : degenerate game

NashEquilibria::degen : degenerate game

NashEquilibria::degen : degenerate game

General::stop : Further output of NashEquilibria::degen will be
   suppressed during this calculation.
```

$$
\begin{array}{lllll}
-1+\dfrac{2p}{5} & & & & \\[2ex]
\tfrac{1}{5}(-5+2p+2p1) & -1+\dfrac{4p}{5} & & & \\[2ex]
\tfrac{1}{5}(-5+2p+4p1) & \tfrac{1}{5}(-5+4p+2p1) & -1+\dfrac{6p}{5} & & \\[2ex]
\tfrac{1}{5}(-5+2p+6p1) & \tfrac{1}{5}(-5+4p+4p1) & \tfrac{1}{5}(-5+6p+2p1) & -1+\dfrac{8p}{5} & \\[2ex]
\tfrac{1}{5}(-5+2p+8p1) & \tfrac{1}{5}(-5+4p+6p1) & \tfrac{1}{5}(-5+6p+4p1) & \tfrac{1}{5}(-5+8p+2p1) & -1+2p
\end{array}
$$

Damit gelangt man schnell zur Verallgemeinerung

$$v_2(n, k_1, k_2) = \frac{2k_2 p - 2(k_1 - k_2)p_1 - n}{n}, \tag{5.58}$$

siehe [BB91] für den formellen Beweis. Jetzt können wir die Spielmatrix A_2 mit $k_1 > 0$ und $k_2 > 0$ explizit angeben:

```
Clear[v2];
              2 k2 p + 2 (k1 - k2) p1 - n
v2[n_, k1_, k2_] := ---------------------------- ,
                            n
A2[n, k1, k2] // MatrixForm
```

$$
\begin{pmatrix}
\dfrac{1-n+2\,k2\,p+2\,(k1-k2)\,p1}{-1+n} & -1 \\[2ex]
\dfrac{1-n+2\,k2\,p+2\,(-1+k1-k2)\,p1}{-1+n} & -1+2\,p1 \\[2ex]
\dfrac{1-n+2\,(-1+k2)\,p+2\,(1+k1-k2)\,p1}{-1+n} & -1+2\,p2 \\[2ex]
\dfrac{1-n+2\,(-1+k2)\,p+2\,(k1-k2)\,p1}{-1+n} & -1+2\,p
\end{pmatrix}
$$

und auch symbolisch lösen, um auf die optimalen Strategien zu kommen. Beispielsweise erhalten wir für $n > k_1 + k_2$:

```
NashEquilibria[A2[n, k1, k2],
  Symbolic -> {p1 -> 2 / 5, p2 -> 1 / 5, p -> 4 / 5, n -> 9, k1 -> 6, k2 -> 2}] //
 TableForm
```

```
NashEquilibria::degen : degenerate game
```

$$
\begin{array}{cccc}
\frac{np-k1\,p1+k2\,(-p+p1)}{np} & & & \\
0 & -\frac{n+2\,k2\,p+2\,k1\,p1-2\,k2\,p1}{n} & \frac{-1+n}{n} & \frac{n-2\,k2\,p-2\,k1\,p1+2\,k2\,p1}{n} \\
0 & & \frac{1}{n} & \\
\frac{k2\,(p-p1)+k1\,p1}{np} & & & \\[1ex]
\frac{(-k1+n)\,p1+k2\,(-p+p1)}{np1} & & & \\
\frac{k2\,(p-p1)+k1\,p1}{np1} & -\frac{n+2\,k2\,p+2\,k1\,p1-2\,k2\,p1}{n} & \frac{-1+n}{n} & \frac{n-2\,k2\,p-2\,k1\,p1+2\,k2\,p1}{n} \\
0 & & \frac{1}{n} & \\
0 & & &
\end{array}
$$

Somit entscheidet sich der Schmuggler mit Wahrscheinlichkeit $1/n$ für die
kommende Nacht, und der Zoll mischt zwei seiner vier reinen Strategien in
einem der zwei angegebenen Verhältnissen, wobei das alleinige Auslaufen des
zweiten Bootes in Gleichgewicht nicht vorkommt.

5.7 Poker

Als kleine Entschädigung für diejenigen, die nun wirklich genug von Inspektionsspielen und Ähnlichem haben, wollen wir uns zum Schluß einmal ein
„echtes" Spiel anschauen.

Es wird oft behauptet, daß sich interessante Glücksspiele wie Poker wegen
ihrer großen Komplexität einer spieltheoretischen Analyse weitgehend entzie-
hen. Die für die Analyse unvermeidbaren Vereinfachungen, heißt es, führen
stets zu einem völlig uninteressanten, ja trivialen Überbleibsel, das keine Einsicht in das eigentliche Spiel vermittelt. Morris [Mor94a] beschreibt ein stark
vereinfachtes Pokerspiel, das nach unserer Meinung diese Behauptung wider-
legt. Wir wollen seine Version in *Mathematica* jetzt programmieren.

Wie der Autor aus eigener Erfahrung weiß, macht Poker zu fünft oder
zu sechst am meisten Spaß. Doch mit Hinblick auf den Titel dieses Buches
werden wir uns wohl mit zwei Spielern zufrieden geben müssen. Wir nennen
sie *Efi* und *Emil*, nach James Thurbers Ehefrau und Ehemann auf Seite 1.
Ferner lassen wir das Ehepaar mit einem sehr einfachen Kartenspiel, bestehend aus nur zwei Sorten, H=*High* und L=*Low*, spielen. Beide Spieler setzen
einen Euro[13] und bekommen dann jeweils 2 Karten verdeckt zugeteilt, dürfen
ihre eigenen Karten auch gleich anschauen. Die Wertreihenfolge eines Blattes
lautet HH>LL>HL. Efi , Spieler 1, eröffnet stets das Wetten. Sie kann entweder 2 Euro setzen (engl. *bet*) oder passen (*check*). Ersterenfalls kann Emil

---

[13] Hiermit wird für eine lange Aktualität dieses Buches gesorgt.

mitziehen (*see*), d.h. selbst 2 Euro setzen, um das Blatt seiner Frau zu sehen, oder aufgeben (*fold*) und auf seinen bisherigen Einsatz verzichten. Falls dagegen Efi paßt, darf Emil entweder auch passen, wonach die Blätter sofort verglichen werden, oder selbst 2 Euro setzen. Dann ist Efi wieder an der Reihe und kann entweder mitziehen oder aufgeben. Danach ist die Runde zu Ende. Im Falle eines Vergleiches gleichwertiger Blätter werden die Einsätze geteilt, sonst gewinnt das bessere Blatt.

Efis und Emils Strategien hängen natürlich von ihren eigenen Karten ab. Nach [Mor94a] bezeichnen wir die reinen Stategien der Ehefrau mit einem Tripel, wie z.B. $\{b, s, f\}$. Dieses bedeutet: Falls HH, wetten (*bet*); falls LL, passen und, wenn der Gegner eskaliert, mitziehen (*see*); falls HL, passen, und wenn der Gegner wettet aufgeben (*fold*). Die Strategie $\{b, b, b\}$ heißt dann, wetten auf Teufel komm raus, $\{s, s, s\}$ heißt immer erst passen, dann, falls notwendig, mitziehen, usw. Hier ist die Menge R der reinen Strategien des Spielers 1:

```
Clear[R, b, s, f];
R = Union[Flatten[
    Map[Permutations, KSubsets[{b, b, b, s, s, s, f, f, f}, 3]], 1]]
```

```
{{b, b, b}, {b, b, f}, {b, b, s}, {b, f, b}, {b, f, f}, {b, f, s},
 {b, s, b}, {b, s, f}, {b, s, s}, {f, b, b}, {f, b, f}, {f, b, s}, {f, f, b},
 {f, f, f}, {f, f, s}, {f, s, b}, {f, s, f}, {f, s, s}, {s, b, b}, {s, b, f},
 {s, b, s}, {s, f, b}, {s, f, f}, {s, f, s}, {s, s, b}, {s, s, f}, {s, s, s}}
```

Strategien, bei denen mit dem unschlagbaren Blatt HH gleich aufgegeben wird, sind offensichtlich unsinnig (vornehmer: striktdominiert, siehe Abschnitt 4.4) und können gleich eliminiert werden. Das sind alle Tripel, die mit f anfangen:

```
R = Select[R, #[[1]] =!= f&]
```

```
{{b, b, b}, {b, b, f}, {b, b, s}, {b, f, b}, {b, f, f}, {b, f, s},
 {b, s, b}, {b, s, f}, {b, s, s}, {s, b, b}, {s, b, f}, {s, b, s}, {s, f, b},
 {s, f, f}, {s, f, s}, {s, s, b}, {s, s, f}, {s, s, s}}
```

Es bleiben somit 18 reine Strategien für Efi übrig.

Die reinen Strategien des Ehemannes sind komplizierter. Sein Verhalten hängt nicht allein vom Wert seines Blattes ab, sondern auch davon, ob seine Frau zuerst wettet oder paßt. Wir verwenden hierfür die Schreibweise

$$\{\{s, b\}, \{f, b\}, \{f, c\}\}.$$

Die drei Sublisten entsprechen den Blättern HH, LL bzw. HL, diesmal natürlich des Ehemannes. Die jeweiligen ersten Elemente dieser Listen beschreiben dann Emils Verhalten, falls Efi wettet, nämlich $s = see$ (mitziehen) oder $f = fold$ (aufgeben). Die zweiten Elemente schreiben Emils Antwort vor, falls Efi paßt, entweder $b = bet$ (wetten) oder $c = check$ (auch passen). Insgesamt hat Emil $2^6 = 64$ reine Strategien, die wir mittels

```
Clear[S, c];
S = Union[Flatten[Map[Permutations,
    KSubsets[{{s, b}, {s, b}, {s, b}, {s, c}, {s, c}, {s, c},
      {f, b}, {f, b}, {f, b}, {f, c}, {f, c}, {f, c}}, 3]], 1]];
```

erzeugt, aber aus Platzgründen nicht ausgegeben haben.

Aufgeben bei einem HH-Blatt ist auch eine striktdominierte Strategie für Emil, kann also weggelassen werden. Es bleiben insgesamt 32 übrig:

```
S = Select[S, #[[1, 1]] =!= f&]

{{{s, b}, {f, b}, {f, b}}, {{s, b}, {f, b}, {f, c}}, {{s, b}, {f, b}, {s, b}},
 {{s, b}, {f, b}, {s, c}}, {{s, b}, {f, c}, {f, b}}, {{s, b}, {f, c}, {f, c}},
 {{s, b}, {f, c}, {s, b}}, {{s, b}, {f, c}, {s, c}}, {{s, b}, {s, b}, {f, b}},
 {{s, b}, {s, b}, {f, c}}, {{s, b}, {s, b}, {s, b}}, {{s, b}, {s, b}, {s, c}},
 {{s, b}, {s, c}, {f, b}}, {{s, b}, {s, c}, {f, c}}, {{s, b}, {s, c}, {s, b}},
 {{s, b}, {s, c}, {s, c}}, {{s, c}, {f, b}, {f, b}}, {{s, c}, {f, b}, {f, c}},
 {{s, c}, {f, b}, {s, b}}, {{s, c}, {f, b}, {s, c}}, {{s, c}, {f, c}, {f, b}},
 {{s, c}, {f, c}, {f, c}}, {{s, c}, {f, c}, {s, b}}, {{s, c}, {f, c}, {s, c}},
 {{s, c}, {s, b}, {f, b}}, {{s, c}, {s, b}, {f, c}}, {{s, c}, {s, b}, {s, b}},
 {{s, c}, {s, b}, {s, c}}, {{s, c}, {s, c}, {f, b}}, {{s, c}, {s, c}, {f, c}},
 {{s, c}, {s, c}, {s, b}}, {{s, c}, {s, c}, {s, c}}}
```

So weit so gut. Nun müssen wir aber das Spielmatrix A erzeugen. Die folgende Funktion berechnet das Element $(A)_{ij}$:

```
Clear[AA];
AA[i_, j_] := Module[{Ri, Sj}, Ri = R[[i]]; Sj = S[[j]];
          (1/16) HHHH[Ri[[1]], Sj[[1]]] +
          (1/16) HHLL[Ri[[1]], Sj[[2]]] +
          (1/8) HHHL[Ri[[1]], Sj[[3]]] +
          (1/16) LLHH[Ri[[2]], Sj[[1]]] +
          (1/16) LLLL[Ri[[2]], Sj[[2]]] +
          (1/8) LLHL[Ri[[2]], Sj[[3]]] +
          (1/8) HLHH[Ri[[3]], Sj[[1]]] +
          (1/8) HLLL[Ri[[3]], Sj[[2]]] +
          (1/4) HLHL[Ri[[3]], Sj[[3]]]];
```

Innerhalb des Moduls werden die *i*-ten und *j*-ten reinen Strategien von Efi bzw. Emil als Ri bzw. Sj bezeichnet. Die Funktion HHHH[Ri[[1]],Sj[[1]]] berechnet die Auszahlung an Efi, falls beide Spieler das Blatt HH bekommen und reine Strategien Ri bzw. Sj spielen. Diese Auszahlung wird dann mit der Wahrscheinlichkeit, daß eine solche Kombination zustandekommt, gewichtet, nämlich $1/4 \times 1/4 = 1/16$. Die anderen acht Funktionen sind entsprechend zu interpretieren. Alle neun Funktionen sehen folgendermaßen aus:

```
Clear[HHHH, HHLL, HHHL, LLHH, LLLL, LLHL, HLHH, HLLL, HLHL];
HHHH[b, {s, _}] := 0;
HHHH[b, {f, _}] := 1;
HHHH[s, {_, b}] := 0;
HHHH[s, {_, c}] := 0;
HHHH[f, {_, b}] := -1;
HHHH[f, {_, c}] := 0;
LLLL[r_, s_] := HHHH[r, s]; HLHL[r_, s_] := HHHH[r, s];
HHLL[b, {s, _}] := 3;
HHLL[b, {f, _}] := 1;
HHLL[s, {_, b}] := 3;
HHLL[s, {_, c}] := 1;
HHLL[f, {_, b}] := -1;
HHLL[f, {_, c}] := 1;
HHHL[r_, s_] := HHLL[r, s]; LLHL[r_, s_] := HHLL[r, s];
LLHH[b, {s, _}] := -3;
LLHH[b, {f, _}] := 1;
LLHH[s, {_, b}] := -3;
LLHH[s, {_, c}] := -1;
LLHH[f, {_, b}] := -1;
LLHH[f, {_, c}] := -1;
HLHH[r_, s_] := LLHH[r, s]; HLLL[r_, s_] := LLHH[r, s];
```

Beispielsweise besagt die erste Regel für HHHH: falls Efi wettet (*b*) und Emil mitzieht (*s*), wird geteilt, also geht Efi mit null aus. Bei der zweiten Definition, falls Efi wettet und Emil aufgibt, kassiert Efi Emils Einsatz, einen Euro, usw. Die strategische Lage bei LLLL und HLHL ist die gleiche, also wird die Definition von HHHH einfach übernommen. Die anderen Auszahlungen werden entsprechend kodiert.

Die – aus Platzgründen transponierte – Spielmatrix ist auf der nächsten Seite dargestellt. (Die beträchtlichen Dimensionen dieser Matrix deuten übrigens auf eine grundsätzliche Schwierigkeit bei der Normalformdarstellung. In der Extensivform (siehe Abschnitt 4.1) wäre das Spiel noch ziemlich kompakt darstellbar. Die Normalform wächst dagegen exponentiell mit der Zahl der sich in der Extensivform befindlichen Informationsbezirke. Eine alternative Darstellungsweise – die sogenannte *Sequenzform* [vS96] – wächst nur linear in der Größe des Spielbaumes und erlaubt außerdem die Bestimmung von Nash-Gleichgewichten mit LCP- bzw. LP-Algorithmen ähnlich wie in der Normalform. Für ein echtes Pokerspiel mit $> 10^{25}$ Knoten in seiner Extensivformdarstellung bietet dies zwar auch keinen gangbaren Lösungsweg. Jedoch können mit Hilfe der Sequenzform Spiele mit erheblich mehr Karten und Wettrunden als in unserem Beispiel untersucht werden, siehe [KP97] für eine sehr gute Diskussion.)

```
Clear[A];
A = Array[AA, {Length[R], Length[S]}];
A // Transpose // MatrixForm
```

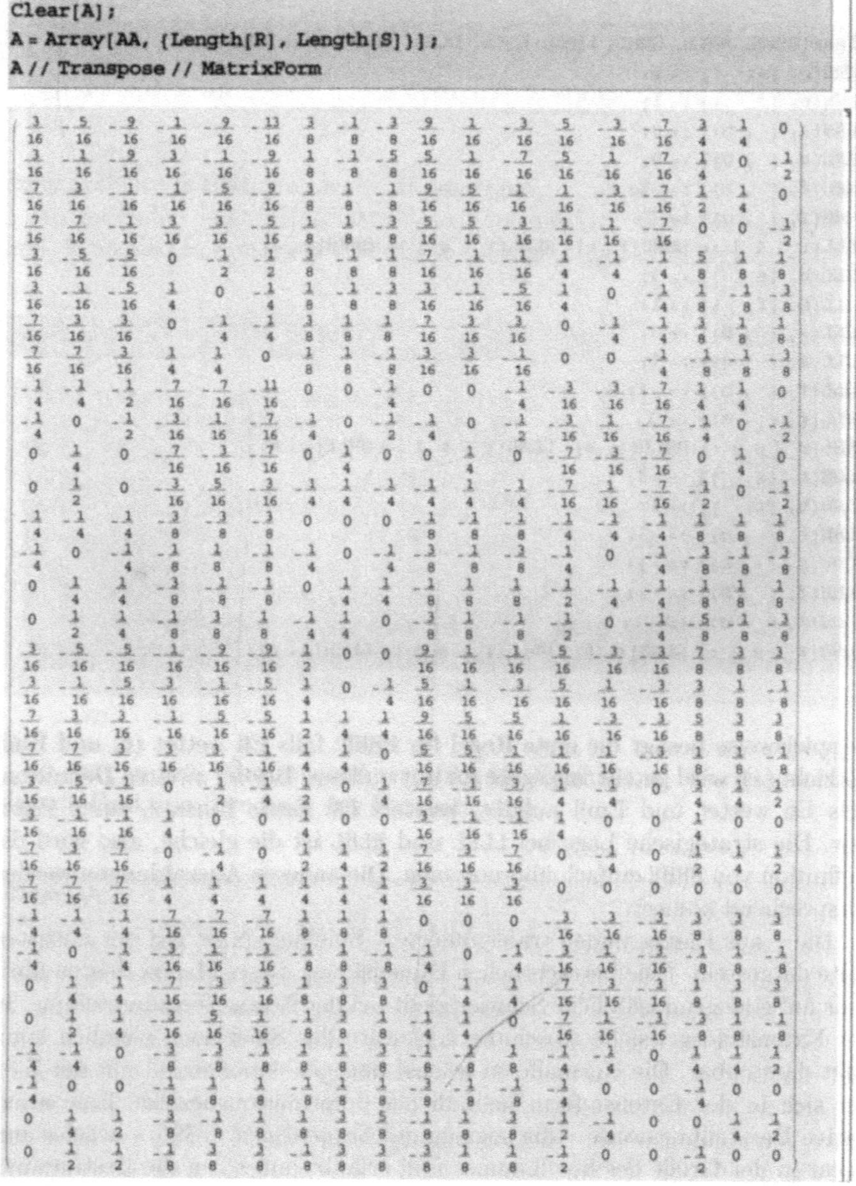

Mit `Minimax` erhalten wir das Gleichgewicht

```
Clear[eq];
eq = Minimax[A]
```

$$\left\{\left\{0, 0, 0, 0, \frac{2}{13}, 0, \frac{3}{13}, \frac{7}{13}, 0, 0, 0, 0, 0, 0, 0, 0, \frac{1}{13}, 0\right\}, -\frac{5}{104},\right.$$
$$\left\{0, 0, 0, 0, 0, \frac{5}{13}, 0, 0, 0, \frac{2}{13}, 0, 0, \frac{3}{13}, \frac{3}{13}, 0, 0, 0, 0, 0, 0, 0, 0, 0, 0, 0, 0, 0, 0, 0, 0, 0, 0, 0\right\},$$
$$\left.\frac{5}{104}\right\}$$

Langfristig lohnt sich das Spiel für die Ehefrau also nicht, denn der Spielwert ist negativ. (Dies erklärt vielleicht auch ihren etwas gereizten Ton.)

Eine interessante Frage, die wir jetzt beantworten können, ist: Soll sie überhaupt bluffen, und wenn ja, wie oft? Bluffen heißt hier, ab und zu beim schlechtesten Blatt HL mit 2 Euro eröffnen, d.h. die Strategien $\{_-, _-, b\}$ einsetzen:

```
Extract[eq[[1]], Position[R, {_, _, b}]]
```

$$\left\{0, 0, \frac{3}{13}, 0, 0, 0\right\}$$

Es ist tatsächlich optimal für Efi, beim Blatt HL zu bluffen, und zwar mit Wahrscheinlichkeit $3/13$. Dasselbe gilt allerdings für Emil:

```
Extract[eq[[3]], Position[S, {_, _, {_, b}}]]
```

$$\left\{0, 0, 0, 0, 0, 0, \frac{3}{13}, 0, 0, 0, 0, 0, 0, 0, 0, 0, 0\right\}$$

Diese Schlußfolgerungen gelten für alle Gleichgewichte dieses Nullsummenspiels. Wir finden beispielsweise eine andere, äquivalente Lösung mit dem Lemke-Howson-Algorithmus:

```
Clear[eq];
eq = NashEquilibria[A, Algorithm -> LH][[1]]
```

```
NashEquilibria::onlyone : only one solution will be generated
```

$$\left\{\left\{0, 0, 0, \frac{2}{13}, 0, 0, \frac{1}{13}, \frac{9}{13}, 0, 0, 0, 0, 0, 0, 0, 0, \frac{1}{13}, 0\right\}, -\frac{5}{104},\right.$$
$$\left\{\frac{2}{13}, 0, 0, 0, \frac{1}{13}, \frac{2}{13}, 0, 0, 0, 0, 0, 0, 0, \frac{8}{13}, 0, 0, 0, 0, 0, 0, 0, 0, 0, 0, 0, 0, 0, 0, 0, 0, 0, 0, 0\right\},$$
$$\left.\frac{5}{104}\right\}$$

Aber die Wahrscheinlichkeit des Bluffens bleibt mit 3/13 die gleiche:

```
Extract[eq[[1]], Position[R, {_, _, b}]]
Extract[eq[[3]], Position[S, {_, _, {_, b}}]]
```

$$\{0, \frac{2}{13}, \frac{1}{13}, 0, 0, 0\}$$

$$\{\frac{2}{13}, 0, \frac{1}{13}, 0, 0, 0, 0, 0, 0, 0, 0, 0, 0, 0, 0, 0\}$$

Eine letzte kleine Einsicht noch in die Kunst des Pokerns: Intuitiv würde man meinen, bei HH sollte immer gewettet werden. Doch die Spieltheorie ist – wie wir schon mal erlebt haben – nicht immer ganz intuitiv:

```
Apply[Plus, Extract[eq[[3]], Position[S, {{_, c}, _, _}]]]
Apply[Plus, Extract[eq[[1]], Position[R, {s, _, _}]]]
```

0

$$\frac{1}{13}$$

Emil paßt nie mit HH, doch im Mittel sollte Efi dies bei jedem dreizehnten HH-Blatt sehr wohl tun! Man dürfte hier natürlich die ernsthafte Frage stellen, ob eine Frau *so* rational sein könnte ...

5.8 Anregungen

1. [Jon80] Ein *lateinisches Quadrat* ist eine $m \times m$-Matrix A, deren Zeilen und Spalten alle Integer zwischen 1 und m aufweisen, z.B.

   ```
   Table[Table[Mod[i,m]+1,{i,j,j+m-1}],{j,1,m}] .
   ```

   Der Wert des entsprechenden Matrixspiels ist $(m + 1)/2$.

2. [Dre61] Es sind n militarische Ziele mit d Einheiten gegen a gleichwertige Einheiten eines Angreifers zu verteidigen. Die Ziele haben die Materialwerte $b_1 < b_2 \ldots < b_n$. Treffen i angreifende auf j verteidigende Einheiten am Ziel k, bekommt der Angreifer als Spieler 1 den Betrag $b_k(i - j)$; der Verteidiger bekommt $b_k(j - i)$. Die Hilfsgröße b sei definiert durch

$$\frac{1}{b} = \sum_{i=1}^{n} \frac{1}{b_i}.$$

(a) „Erraten" Sie folgende Lösung mit `NashEquilibria`: In seiner optimalen, gemischten Strategie greift Spieler 1 stets mit seiner ganzen Streitkraft an. Falls dabei alle Ziele mit positiver Wahrscheinlichkeit infrage kommen, wählt er das i-te Ziel mit Wahrscheinlichkeit b/b_i, $i = 1\ldots n$.

(b) Zeigen Sie, daß der Spielwert in diesem Fall $v = b \cdot (an - d)$ lauten muß, und daß Spieler 2 das i-te Ziel mit $a - v/b_i$ Einheiten verteidigt, $i = 1\ldots n$.

3. Die Auszahlungsmatrix für das Inspektionsspiel des Abschnittes 5.4 mit $k = 1$ aber standortabhängigen Fehlalarmwahrscheinlichkeiten lautet

$$
A = \begin{pmatrix}
1 - \beta_1 & \alpha_1 & \cdots & \alpha_1 \\
\alpha_2 & 1 - \beta_2 & \cdots & \alpha_2 \\
\vdots & \vdots & \vdots & \vdots \\
\alpha_n & \alpha_n & \cdots & 1 - \beta_n
\end{pmatrix}.
$$

(a) Die Verallgemeinerung spezieller Lösungen mit `NashEquilibria` deutet auf folgendes Gleichgewicht: Der Spielwert v ist durch

$$
v = d \left(1 + \sum_{i=1}^{n} \frac{\alpha_i}{1 - \beta_i - \alpha_i} \right)
$$

gegeben, und optimale gemischte Strategien sind

$$
p_i^* = \frac{d}{1 - \beta_i - \alpha_i}, \quad i = 1\ldots n
$$

$$
q_i^* = \frac{v - \alpha_i}{1 - \beta_i - \alpha_i}, \quad i = 1\ldots n.
$$

wobei die Hilfsgröße d definiert ist durch

$$
\frac{1}{d} = \sum_{i=1}^{n} \frac{1}{1 - \beta_i - \alpha_i}.
$$

(b) Unter den Voraussetzungen

$$
\sum_{i=1}^{n} \frac{\max_j \alpha_j - \alpha_i}{1 - \beta_i - \alpha_i} \leq 1,
$$

$$
1 - \beta_i - \alpha_i > 0, \quad i = 1\ldots n,
$$

leiten Sie dieses Ergebnis auch mit Hilfe von Theorem 4.3.3 ab, in dem Sie annehmen, daß die Gleichgewichtsstategien der Spieler vollständig gemischt sind.

(c) Geben Sie einen formellen Beweis dafür, daß diese Lösung ein Nash-Gleichgewicht darstellt.

4. [Owe70] Zwei Duellanten gehen maximal n Schritte aufeinander zu. Jeder besitzt eine Pistole mit einem Schuß. Ein Duellant, der nach dem i-ten Schritt schießt, trifft den Gegner mit Wahrscheinlichkeit i/n. Das Duell ist beendet, sobald einer der Duellanten getroffen ist oder beide Schüsse abgegeben sind. Es gilt als unentschieden, wenn keiner der Duellanten trifft, und auch dann, wenn beide gleichzeitig schießen und treffen. Dann ist die Auszahlung $(0,0)$, sonst $(1,-1)$ oder $(-1,1)$, je nachdem ob der 1. oder 2. Duellant trifft.

(a) Das Spiel hat ein Gleichgewicht in reinen Stategien. Dies gilt auch für das entsprechende unendliche Spiel, in dem die Duellanten sich kontinuierlich auf sich zubewegen, und zu jeder Zeit $x \in [0,1]$ bei Treffwahrscheinlichkeit x geschossen werden kann.

(b) Das Duell gehe nun *lautlos* vor sich, d.h. ein nicht getroffener Duellant weiß nicht, ob sein Gegner schon geschossen hat oder nicht, es sei er hat den n-ten Schritt gemacht. Die optimalen Strategien sind gemischt, aber die Spieler schießen nie, bevor sie $n/3$ Schritte gemacht haben.

(c) Leiten Sie mit den Methoden des Abschnitts 5.5.2 folgende Lösung des entsprechenden unendlichen Spiels ab: Die Duellanten wählen den Zeitpunkt x zum Schießen gemäß der Dichtefunktion

$$f(x) = \begin{cases} 0 & \text{für } 0 \le x < 1/3 \\ 1/(4x^3) & \text{für } 1/3 \le x \le 1. \end{cases}$$

5. Fünf-Finger-Morra: Zwei Spieler zeigen simultan einen bis fünf Finger und nennen gleichzeitig eine Zahl zwischen eins und fünf. Ein Spieler kassiert vom Gegner die Summe der gezeigten Finger (in Euro versteht sich), falls seine genannte Zahl der Zahl der gezeigten Finger des Gegners entspricht. Jeder Finger kommt mit positiver Wahrscheinlichkeit zum Einsatz, wenn die Spieler kein Geld verlieren wollen.

A. Eigensysteme

Die *Eigenwerte* λ_i und *Eigenvektoren* U_i einer quadratischen, $(n \times n)$-dimensionalen Matrix A bestimmen sich aus dem *Eigenwertproblem*

$$AU = \lambda U. \tag{A.1}$$

Wir schreiben (A.1) in der Form

$$(A - \lambda I_{nn})U = 0. \tag{A.2}$$

Diese Gleichung besitzt eine nichttriviale Lösung $U \neq 0$ genau dann, wenn $A - \lambda I_{nn}$ singulär ist, d.h. wenn

$$\det(A = \lambda I_{nn}) = 0. \tag{A.3}$$

(A.3) heißt *charakteristische Gleichung* von A und entspricht der polynomischen Gleichung

$$\lambda^n + a_{n-1}\lambda^{n-1} + \ldots + a_1\lambda + a_0 = 0, \tag{A.4}$$

deren n Wurzeln die Eigenwerte bilden. Für eine reelle Matrix A können die Eigenwerte reell oder komplex sein, d.h. generell gilt

$$\lambda = \mathrm{Re}(\lambda) + i\,\mathrm{Im}(\lambda).$$

Ein auf diese Weise erhaltener Eigenwert λ_i kann in (A.2) eingesetzt werden und bestimmt bis auf eine multiplikative Konstante den entsprechenden Eigenvektor U_i. Die aus den Spaltenvektoren U_i zusammengesetzte Matrix

$$M = (U_1, \ldots U_n)$$

heißt *Eigenvektormatrix*.

Eine Matrix A, deren Eigenwerte alle verschieden sind, läßt sich durch Transformation mit M in die diagonale Form

$$\Lambda = M^{-1}AM = \begin{pmatrix} \lambda_1 & 0 & \ldots & 0 \\ 0 & \lambda_2 & \ldots & 0 \\ \ldots & \ldots & \ldots & \ldots \\ 0 & 0 & \ldots & \lambda_n \end{pmatrix}$$

bringen.

Wir zeigen nun, daß die Eigenvektoren einer symmetrischen Matrix zueinander orthogonal sind. Für zwei Eigenvektoren U_i und U_j einer Matrix A mit entsprechenden Eigenwerten λ_i bzw. λ_j gilt nämlich

$$AU_i = \lambda_i U_i, \quad AU_j = \lambda_j U_j$$

und daher auch

$$U_j^\top AU_i = \lambda_i U_j^\top U_i$$
$$U_i^\top AU_j = \lambda_j U_i^\top U_j.$$

Aber da A symmetrisch ist, gilt

$$U_i^\top AU_j = U_j^\top A^\top U_i = U_j^\top AU_i.$$

Subtrahierend erhalten wir

$$0 = (\lambda_i - \lambda_j)U_i^\top U_j.$$

Falls die Eigenwerte nicht entartet, d.h. alle verschieden sind, folgt die Orthogonalität der Eigenvektoren sofort. Ansonsten können lineare Kombinationen von entarteten Eigenvektoren gebildet werden, die ebenfalls orthogonal zueinander sind.

Die Eigenvektoren einer symmetrischen Matrix stellen somit eine orthogonale Basis dar: Ein beliebiger Vektor V kann als lineare Kombination der Eigenvektoren U_i, $i = 1 \ldots n$, geschrieben werden, z.B.

$$V = \sum_{i=1}^{n} \beta_i U_i.$$

Aber dann gilt

$$V^\top AV = V^\top \sum_i \beta_i \lambda_i U_i = \sum_i \beta_i^2 \lambda_i.$$

Hieraus stellen wir mit Definition 3.2.2 fest, daß die symmetrische Matrix A genau dann negativ definit ist, wenn ihre Eigenwerte alle negativ sind.

B. Nichtlineare Dynamik

Gleichungen (3.19), die die Replikatorendynamik einer Tierpopulation beschreiben, bilden ein System von gewöhnlichen, nichtlinearen Differentialgleichungen erster Ordnung. Ganz allgemein schreiben wir ein solches System in der Form

$$\dot{z}_1(t) = f_1(z_1(t) \ldots z_n(t))$$
$$\vdots \tag{B.1}$$
$$\dot{z}_n(t) = f_n(z_1(t) \ldots z_n(t)).$$

Die abhängigen Variablen $z_1 \ldots z_n$ heißen *Zustandsvariablen*, die unabhängige Variable t ist die Zeit. Die nichtlinearen Funktionen f_i, $i = 1 \ldots n$, sind *homogen* in den abhängigen Variablen, außerdem kommt t nicht explizit vor. Dementsprechend heißt (B.1) *autonomes, homogenes Differentialgleichungssystem*. Gleichung (B.1) kann kompakter als Vektorgleichung geschrieben werden:

$$\dot{Z}(t) = F(Z(t)). \tag{B.2}$$

Einen dynamischen Zustand $Z(t)$ stellt man sich als einen Punkt in einem n-dimensionalen *Zustandsaum* vor und die dynamische Entwicklung des Systems als eine eindeutige *Bahn* in diesem Raum, ausgehend von einem Anfangspunkt $Z(t = 0)$. Jeder Vektor Z^0, für den gilt

$$F(Z^0) = 0, \tag{B.3}$$

ist ein *dynamisches Gleichgewicht* oder ein *Fixpunkt* des Systems. Eine Taylor'sche Reihenentwicklung um einen solchen Fixpunkt ergibt in erster Ordnung

$$F(Z) = F(Z^0) + \left(\frac{\partial F(Z_0)}{\partial Z} \right)^{\top} (Z - Z^0). \tag{B.4}$$

Mit $U := Z - Z^0$ und der Definition der $n \times n$-dimensionalen *Jacobi'schen Matrix*

$$J_0 = \left(\frac{\partial f_i(Z^0)}{\partial z_j} \right)$$

erhalten wir mit (B.2), (B.3) und (B.4) die dynamische Gleichung

$$\dot{U} = J_0 U. \tag{B.5}$$

Die Dynamik in unmittelbarer Nähe eines Gleichgewichts kann somit als linear betrachtet werden.

Falls U mit zunehmender Zeit t gegen Null strebt, ist das Gleichgewicht *asymptotisch stabil*. Wir bekommen eine spezielle Lösung von (B.5) in der Form

$$U(t) = U e^{\lambda t} \tag{B.6}$$

für alle Vektoren U, die der Gleichung

$$J_0 U = \lambda U \tag{B.7}$$

genügen, also für alle Eigenvektoren der Jacobi'schen Matrix J_0, siehe Anhang A. Wir bezeichnen die Eigenvektoren und die entprechenden Eigenwerte mit U_i bzw. λ_i, $i = 1 \ldots n$. Eine allgemeine Lösung für (B.5) lautet dann

$$U(t) = \sum_{i=1}^{n} a_i U_i e^{\lambda_i t}, \tag{B.8}$$

wobei die a_i, $i = 1 \ldots n$, beliebige Konstanten sind. Diese Funktion geht mit zunehmender Zeit t gegen Null, wenn alle Realteile der Eigenwerte λ_i, $i = 1 \ldots n$, negativ sind. Die Realteile heißen *Liapunovexponente*, siehe z.B. [Can95], und bestimmen auf diese Weise die asymptotische Stabilität des Fixpunktes Z^0.

C. Andere Algorithmen

Die in diesem Anhang vorgestellten Themen sind etwas technischer als das Material im Hauptteil des Buches. Es wird vor allem auf die Diskussionen in den Abschnitten 1.4, 4.3, 5.1 und 5.2 Bezug genommen.

Wir fangen mit einer Beschreibung des Algorithmus von Lemke und Howson [LH64] an. Dieser Algorithmus liefert einen zu Theorem 1.3.1 alternativen, konstruktiven Beweis für die Existenz von mindestens einem Gleichgewicht in einem Bimatrixspiel und ist aus diesem Grund von großer historischer Bedeutung. Der Algorithmus ist deswegen im Package GameTheory'Bimatrix' berücksichtigt, weil er wesentlich effizienter ist als die Enumerationsmethode des ersten Kapitels und so in der Lage ist, Lösungen von numerischen Bimatrixspielen mit viel höheren Dimensionen zu finden. Er ist so programmiert worden, daß auch symbolische Gleichgewichte erzeugt werden können. Allerdings ist hier der Geschwindigkeitsvorteil gegenüber der Abzählungsmethode manchmal gering, denn die eigentliche Schwierigkeit besteht oft in der Vereinfachung der symbolischen Gleichgewichtsstrategien mittels Simplify. Der große Nachteil des Lemke-Howson-Algorithmus liegt wie schon erwähnt darin, daß nur ein Gleichgewicht erzeugt wird. Wenn der Algorithmus an neu gefundenen Gleichgewichten wieder gestartet wird (was in unserer Ausführung allerdings nicht vorgesehen ist), kann er eventuell andere finden, im allgemeinen jedoch nicht alle.

Die im ersten Kapitel vorgestellte Methode des Abzählens findet zwar alle Nash-Gleichgewichte eines nichtentarteten Bimatrixspiels, doch nicht alle Extremgleichgewichte im entarteten Fall. Im zweiten Abschnitt dieses Anhangs wird eine Vorgehensweise beschrieben, die durch vollständige Enumeration der Extrempunkte entsprechender konvexer Polyeder, sämtliche Extremgleichgewichte eines beliebigen Bimatrixspiels bestimmt. Die Methode beruht auf einem Vorschlag von Mangasarian [Man64] unter Verwendung eines Algorithmus von Avis und Fukuda [AF92]. Sie ist ebenfalls in GameTheory'Bimatrix' programmiert, auch für symbolische Auszahlungsmatrizen.

C.1 Lemke und Howson

Ausgangspunkt sind die Gleichungen (1.14) und (1.15) auf Seite 20. Wie im ersten Kapitel nehmen wir o.B.d.A an, daß $A > 0$ und $B > 0$ sind, setzen

$k = m + n$ und schreiben sie in der Form

$$\left(P^{*\top}/v^*, Q^{*\top}/u^* \right) \left[\begin{pmatrix} 1_m \\ 1_n \end{pmatrix} - \begin{pmatrix} 0_{mm} & A \\ B^\top & 0_{nn} \end{pmatrix} \begin{pmatrix} P^*/v^* \\ Q^*/u^* \end{pmatrix} \right] = 0_k,$$

$$\left[\begin{pmatrix} 1_m \\ 1_n \end{pmatrix} - \begin{pmatrix} 0_{mm} & A \\ B^\top & 0_{nn} \end{pmatrix} \begin{pmatrix} P^*/v^* \\ Q^*/u^* \end{pmatrix} \right] \geq 0_k.$$

Mit den Definitionen

$$Z = \begin{pmatrix} P^*/v^* \\ Q^*/u^* \end{pmatrix}, \quad E = \begin{pmatrix} 1_m \\ 1_n \end{pmatrix}, \quad M = \begin{pmatrix} 0_{mm} & A \\ B^\top & 0_{nn} \end{pmatrix}$$

sowie den Schlupfvariablen

$$W = E - MZ$$

ergibt sich das lineare Komplementaritätsproblem

$$\boxed{\begin{aligned} MZ + W &= E \\ W \geq 0_k,\; Z &\geq 0_k \\ Z^\top W &= 0_k, \end{aligned}} \qquad \text{(C.1)}$$

siehe (1.22). Jedes Nash-Gleichgewicht des Bimatrixspiels mit Auszahlungsmatrizen A und B entspricht einer Lösung des LCP (C.1). Umgekehrt entspricht jede Lösung des LCP – außer der trivialen Lösung $Z = 0_k$ – einem Nash-Gleichgewicht.

Mit den weiteren Definitionen

$$C = (M, I_k), \quad Y = \begin{pmatrix} Z \\ W \end{pmatrix},$$

beschreibt (C.1) einen beschränkten konvexen Polyeder oder Polytop L, gegeben durch

$$L = \{ Y \mid CY = E,\; Y \geq 0_{2k} \}, \qquad \text{(C.2)}$$

mit der zusätzlichen Komplementaritätsbedingung $Z^\top W = 0$, vergl. (5.30) und Theorem 5.2.1.

Wir betrachten nun die Extrempunkte von L. Laut Theorem 5.2.3 und Definition 5.2.2 gibt es zu jedem Extrempunkt $Y^\beta = (y_1^\beta \dots y_{2k}^\beta)^\top$ eine Basismatrix D^β, bestehend aus genau k linear unabhängigen Spaltenvektoren der $k \times 2k$-dimensionalen Matrix C:

$$D^\beta = \left((C)_{b_1}, \dots (C)_{b_k} \right), \quad 1 \leq b_j \leq 2k.$$

Die Menge $\beta := \{ b_1 \dots b_k \}$ ist die entsprechende Basisindexmenge, und es gilt:

$$\sum_{i=1}^{2k} y_i^\beta (C)_i = \sum_{i \in \beta} y_i^\beta (D^\beta)_i = E \qquad \text{(C.3)}$$

$$\forall i \notin \beta : \quad y_i^\beta = 0.$$

Definition C.1.1. ([vS99], Theorem 2.10) *Das Bimatrixspiel ist genau dann entartet, wenn es einen Extrempunkt Y^β gibt, für den gilt: $y_{b_i}^\beta = 0$ für mindestens einen Index $b_i \in \beta$.*

Definition C.1.2. *Der Extrempunkt Y^β ist*

(a) zulässig, *falls $Y^\beta \in L$,*
(b) komplementär, *falls für $1 \leq j \leq k$ gilt: entweder $j \in \beta$ und $k + j \notin \beta$ oder umgekehrt, und*
(c) i-fast komplementär, *falls für alle Indizes $j \neq i$, $1 \leq j \leq k$ gilt: $j \notin \beta$ oder $k + j \notin \beta$.*

Definition C.1.2(b) ist offensichtlich äquivalent zur Komplementaritätsbedingung in (C.1), nämlich $(Z^\beta)^\top W^\beta = 0$. Um C.1.2(c) zu verdeutlichen, betrachten wir das Beispiel einer 2×2-dimensionalen Bimatrix. Dann ist $k = 4$ und eine komplementäre Basisindexmenge wäre z.B.

$$\beta = \{1, 2, 7, 8\}.$$

Diese Menge ist auch i-fast Komplementär für $i = 1 \dots 4$. Die Basisindexmenge

$$\beta' = \{1, 5, 7, 8\}$$

hingegen ist nicht komplementär, aber sie ist 1-fast komplementär, denn es gilt $2, 3, 4 \notin \beta'$. Bei einem i-fast komplementären Extrempunkt gibt es immer genau einen *fehlenden* Index j, für den gilt: $j \notin \beta'$ und $j + k \notin \beta'$. Hier ist $j = 2$.

Ein Extrempunkt Y^β, der sowohl zulässig als auch komplementär ist, ist eine Lösung des LCP (C.1). Ein Beispiel hierfür ist die triviale Lösung $Z = 0_k$, bzw.

$$Y^{\beta_0} := \begin{pmatrix} 0_k \\ E \end{pmatrix}, \tag{C.4}$$

mit Basisindexmenge $\beta_0 = \{k + 1 \dots 2k\}$ und Basismatrix $D^{\beta_0} = I_k$.

Der Algorithmus von Lemke und Howson, wie wir ihn hier ausführen werden, beginnt am Extrempunkt Y^{β_0} und für gegebenes $s \notin \beta_0$, bewegt sich entlang einer Reihe von zulässigen, s-fast komplementären Extrempunkten, bis ein neuer zulässiger, komplementärer Extrempunkt erreicht wird. Dieser entspricht einem Nash-Gleichgewicht.

Zunächst beschreiben wir, wie man vom Extrempunkt Y^{β_0} ausgehend zu einem anderen Extrempunkt gelangt. Jeder Vektor im $\mathbb{R}^k$ ist als Linearkombination der linear unabhängigen Basisvektoren $(C)_i$, $i \in \beta_0$, darstellbar, insbesondere alle $2k$ Komponenten der Matrix C selbst. Wir schreiben

$$(C)_j = \sum_{b_i \in \beta_0} \gamma_{ij}^0 (C)_{b_i}, \quad j = 1 \dots 2k. \tag{C.5}$$

Somit ist γ_{ij}^0 Element einer $k \times 2k$-dimensionalen Matrix Γ^0.

Trivialerweise gilt

$$\gamma_{ij}^0 = \delta_{ij}, \quad j \in \beta_0.$$

Das Symbol δ_{ij} ist das *Kronecker-Symbol*, das durch

$$\delta_{ij} = \begin{cases} 0 & \text{falls } i \neq j \\ 1 & \text{falls } i = j \end{cases}$$

definiert wird. Wegen $\beta_0 = \{k+1 \ldots 2k\}$ und $C = (M, I_k)$, gilt auch

$$\gamma_{ij}^0 = c_{ij}, \quad j \notin \beta_0,$$

und folglich

$$\Gamma^0 = C. \tag{C.6}$$

Nun bezeichne $s \notin \beta_0$ eine Spalte von C, die nicht zur Anfangsbasis gehört. Wir suchen einen neuen Extrempunkt Y^{β_1} von L, dessen Basisindexmenge β_1 den Index s sowie alle Indizes $j \in \beta_0$ bis auf einen – wir nennen ihn b_r – enthält:

$$\beta_1 = \beta_0 \cup \{s\} \backslash \{b_r\}.$$

Zu diesem Zweck definieren wir folgenden Vektor $Y^{\beta_0}(\delta)$:

$$\begin{aligned}
y_{b_i}^{\beta_0}(\delta) &= y_{b_i}^{\beta_0} - \delta\gamma_{is}^0, \quad b_i \in \beta_0, \\
y_s^{\beta_0}(\delta) &= \delta \\
y_{b_i}^{\beta_0}(\delta) &= 0 \quad b_i \notin \beta_0, \; b_i \neq s.
\end{aligned} \tag{C.7}$$

Dann gilt:

$$CY^{\beta_0}(\delta) = \sum_{j=1}^{2k} y_j^{\beta_0}(\delta)(C)_j = \sum_{b_i \in \beta_0} (y_{b_i}^{\beta_0} - \delta\gamma_{is}^0)(C)_{b_i} + \delta(C)_s.$$

Aus $(C)_s = \sum_{b_i \in \beta_0} \gamma_{is}^0 (C)_{b_i}$ folgt dann für δ beliebig

$$CY^{\beta_0}(\delta) = \sum_{b_i \in \beta_0} y_i^{\beta_0}(C)_{b_i} = E. \tag{C.8}$$

Wir führen jetzt den sogenannten *Minimum-Ratio-Test* durch und bestimmen δ' und b_r gemäß

$$\begin{aligned}
\delta' &= \min_{\substack{b_i \in \beta_0 \\ \gamma_{is}^0 > 0}} \frac{y_{b_i}^{\beta_0}}{\gamma_{is}^0} \\[1em]
b_r &= \arg\min_{\substack{b_i \in \beta_0 \\ \gamma_{is}^0 > 0}} \frac{y_{b_i}^{\beta_0}}{\gamma_{is}^0}.
\end{aligned} \tag{C.9}$$

Wegen $A, B > 0$ wird ein solches δ' und der dazugehörige Index b_r immer existieren, allerdings kann es mehr als einen minimierenden Index b_r geben. Die Menge der positiven Elementen der s-ten Spalte von Γ^0 sei η_0,

$$\eta_0 = \{i \mid \gamma_{is}^0 > 0\}.$$

Wir definieren die Menge ρ_0 gemäß

$$\rho_0 = \arg\min \left\{ \frac{y_{b_i}^{\beta_0}}{\gamma_{is}^0} \;\middle|\; i \in \eta_0 \right\}$$

mit $|\rho_0| \geq 1$.

Beim Minimum-Ratio-Test wählen wir irgendeinen $b_r \in \rho_0$. Dann ist

$$Y^{\beta_0}(\delta) \geq 0 \text{ für } 0 \leq \delta \leq \delta'. \tag{C.10}$$

Aus (C.8) und (C.10) folgt:

$$Y^{\beta_1} := Y^{\beta_0}(\delta') \text{ ist zulässig,}$$

und außerdem gilt

Lemma C.1.1. *Der Vektor Y^{β_1} ist ein Extrempunkt von L.*

Beweis: Wir können mit (C.7) und (C.9) schreiben:

$$y_{b_i}^{\beta_1} \begin{cases} = 0 & \text{für } b_i \notin \beta_0,\ b_i \neq s \\ = 0 & \text{für alle } b_i \in \rho_0 \\ > 0 & \text{für alle } b_i \in \beta_0 \cup \{s\}\backslash\rho_0. \end{cases}$$

Wir behaupten zunächst das Gegenteil: Y^{β_1} ist nicht Extrempunkt von L. Dann sind laut Theorem 5.2.2 die Vektoren $(C)_{b_i}$, $b_i \in \beta_0 \cup \{s\}\backslash\rho_0$, linear abhängig und es existieren λ_{b_i}, $b_i \in \beta_0 \cup \{s\}\backslash\rho_0$, die nicht alle verschwinden, mit

$$0 = \sum_{b_i \in \beta_0 \cup \{s\}\backslash\rho_0} \lambda_{b_i}(C)_{b_i} = \sum_{b_i \in \beta_0 \backslash\rho_0} \lambda_{b_i}(C)_{b_i} + \lambda_s(C)_s.$$

Die erste Summe auf der rechten Seite kann nicht verschwinden, weil alle $(C)_{b_i}$ mit $b_i \in \beta_0$, und erst recht die mit $b_i \in \beta_0\backslash\rho_0$, linear unabhängig sind. Deshalb ist $\lambda_s \neq 0$. Mit (C.5) schreiben wir die obige Gleichung in der Form

$$0 = \sum_{b_i \in \beta_0 \backslash\rho_0} (\lambda_{b_i} + \lambda_s)(C)_{b_i} + \lambda_s \sum_{b_i \in \rho_0} \gamma_{is}^0 (C)_{b_i}.$$

Weil alle $(C)_{b_i}$, $b_i \in \beta_0$, linear unabhängig sind, und $\lambda_s \neq 0$ ist, muß $\gamma_{is}^0 = 0$ sein für alle $b_i \in \rho_0$, in Widerspruch zur Definition von ρ_0. Die Annahme, Y^{β_1} ist nicht Extrempunkt von L, ist somit falsch. $\qquad\square$

Die im Minimum-Ratio-Test bestimmten Variablen

$$y_s^{\beta_1} = y_s^{\beta_0}(\delta') = \delta' = \frac{y_{b_r}^{\beta_0}}{\gamma_{rs}^0} \quad \text{und}$$

$$y_{b_r}^{\beta_1} = y_{b_r}^{\beta_0}(\delta') = 0$$

heißen *Eintritts-* bzw. *Austrittsvariablen.* Falls der Extrempunkt Y^{β_1} nicht entartet ist, ist b_r eindeutig. Falls ferner $b_r = s + k$ ist, sind wir sogar fertig, denn der neue Extrempunkt ist komplementär, d.h. eine Lösung des LCP (C.1) liegt schon vor.

Andernfalls liegt eine s-fast komplementäre Lösung vor. Die eben beschriebene Prozedur wird wiederholt, um zum nächsten (s-fast) komplementären Extrempunkt zu gelangen. Die neue Eintrittsvariable ist hierfür schon prädestiniert. Diese muß nämlich die zur Austrittsvariablen komplementäre Variable $y^{\beta_1}_{b_r - k}$ sein (der fehlende Index ist $b_r - k$), denn die nächste Basisindexmenge β_2 muß ebenfalls s-fast komplementär sein.[1] Um die nächste Austrittsvariable zu bestimmen, d.h., um erneut den Minimum-Ratio-Test durchzuführen, brauchen wir die entsprechenden γ^1_{ij}-Werte in den Linearkombinationen

$$(C)_j = \sum_{b_i \in \beta_1} \gamma^1_{ij}(C)_{b_i}, \quad j = 1 \ldots 2k. \tag{C.11}$$

Hierbei ist zu beachten, daß in der Basisindexmenge β_1 der Index s der Eintrittsvariablen an der früheren Stelle der Austrittsvariable steht, d.h.

$$b_r = s. \tag{C.12}$$

Mit (C.5) schreiben wir für $j = s$ zunächst

$$(C)_s = \sum_{b_i \in \beta_0} \gamma^0_{is}(C)_{b_i} = \gamma^0_{rs}(C)_{b_r} + \sum_{b_i \in \beta_0 \setminus \{b_r\}} \gamma^0_{is}(C)_{b_i}$$

und lösen diese Gleichung nach $(C)_{b_r}$:

$$(C)_{b_r} = \frac{1}{\gamma^0_{rs}} \left[(C)_s - \sum_{b_i \in \beta_0 \setminus \{b_r\}} \gamma^0_{is}(C)_{b_i} \right].$$

So können wir (C.5) in der Form

$$\begin{aligned}
(C)_j &= \sum_{b_i \in \beta_0} \gamma^0_{ij}(C)_{b_i} = \gamma^0_{rj}(C)_{b_r} + \sum_{b_i \in \beta_0 \setminus \{b_r\}} \gamma^0_{ij}(C)_{b_i} \\
&= \frac{\gamma^0_{rj}}{\gamma^0_{rs}}(C)_s + \sum_{b_i \in \beta_0 \setminus \{b_r\}} \left[\gamma^0_{ij} - \frac{\gamma^0_{rj}\gamma^0_{is}}{\gamma^0_{rs}} \right] (C)_{b_i}
\end{aligned} \tag{C.13}$$

schreiben.

Gl. (C.11) schreiben wir zum Vergleich und unter Berücksichtigung von (C.12) in der Form

---

[1] Hierin besteht auch der einzige Unterschied zum Simplex-Algorithmus. Dort werden die Eintrittsvariablen so ausgesucht, daß die Zielfunktion vergrößert (verkleinert) wird, siehe Abschnitt 5.2.2.

$$(C)_j = \gamma_{rj}^1 (C)_s + \sum_{b_i \in \beta_1 \setminus \{s\}} \gamma_{ij}^1 (C)_{b_i}. \tag{C.14}$$

Weil die Mengen $\beta_0 \setminus \{b_r\}$ und $\beta_1 \setminus \{s\}$ identisch sind, erhalten wir durch Vergleich der Faktoren der linear unabhängigen Vektoren $(C)_i$ in (C.13) und (C.14) die folgenden Beziehungen:

$$\gamma_{rj}^1 = \frac{\gamma_{rj}^0}{\gamma_{rs}^0}$$

$$\gamma_{ij}^1 = \gamma_{ij}^0 - \frac{\gamma_{rj}^0 \gamma_{is}^0}{\gamma_{rs}^0}, \quad i \neq r, \tag{C.15}$$

wobei $j \notin \beta_1$. Für $j \in \beta_1$ gilt lediglich

$$\gamma_{ij}^1 = \delta_{ij}.$$

Die Komponenten des neuen Extrempunktes Y^{β_1} werden aus den Komponenten von Y^{β_0} ähnlich gewonnen, siehe (C.7) und (C.9):

$$y_s^{\beta_1} = y_{b_r}^{\beta_1} = \delta' = \frac{y_{b_r}^{\beta_0}}{\gamma_{rs}^0}$$

$$y_{b_i}^{\beta_1} = y_{b_i}^{\beta_0} - \delta' \gamma_{is}^0 = y_{b_i}^{\beta_0} - \frac{y_{b_r}^{\beta_0} \gamma_{is}^0}{\gamma_{rs}^0}, \quad i \neq r. \tag{C.16}$$

Zwecks Buchhaltung führen wir eine spezielle Matrix T – *Tableau* genannt – ein, deren Ausgangsform

$$T^0 = (-E \, , \, C) = \left(-E \, , \, \Gamma^0 \right)$$

ist. In der ersten Spalte stehen mit $-E$ die Komponenten $-y_{b_i}^{\beta_0}$, $b_i \in \beta_0$. Diese werden zweckmäßig mit den Matrixelementen t_{i0}^0 von T^0 identifiziert. Ansonsten gilt $t_{ij}^0 = \gamma_{ij}^0$. Nach Bestimmung der Ein- und Austrittsvariablen s bzw. b_r lassen sich somit beide Transformationen (C.15) und (C.16) als sog. *Pivot-Operationen*

$$t_{rj}^1 = \frac{t_{rj}^0}{t_{rs}^0}, \quad j = 0 \ldots 2k,$$

$$t_{ij}^1 = t_{ij}^0 - \frac{t_{rj}^0 t_{is}^0}{t_{rs}^0}, \quad i = 1 \ldots k, \; i \neq r, \; j = 0 \ldots 2k, \tag{C.17}$$

zusammenfassen, wie leicht nachzuprüfen ist.

Der Lemke-Howson-Algorithmus für ein nichtentartetes Bimatrixspiel lautet dann wie folgt:

1. Setze $\ell := 0$, $k := m + n$, $T^0 := (-E \, , \, C)$, $s := 1$ und $b_i := k + i$, $i = 1 \ldots k$.

2. Bestimme $\eta_\ell = \{i \mid t_{is}^\ell > 0\}$ und den eindeutigen Austrittsindex b_r gemäß

$$r = \arg\min_{i \in \eta_\ell} \frac{-t_{i0}^\ell}{t_{is}^\ell}.$$

Falls $b_r = 1$ oder $b_r = k+1$ setze $b_r := s$, $\ell := \ell+1$ und halt. Der Vektor Y^{β_ℓ} ist komplementär und eine Lösung liegt vor.

3. Setze $\ell := \ell + 1$ und bestimme T^ℓ gemäß

$$t_{rj}^\ell = \frac{t_{rj}^{\ell-1}}{t_{rs}^{\ell-1}},$$

$$t_{ij}^\ell = t_{ij}^{\ell-1} - \frac{t_{rj}^{\ell-1} t_{is}^{\ell-1}}{t_{rs}^{\ell-1}}, \quad i \neq r.$$

4. Setze $b_r := s$. Falls $b_r \geq k$ setzte $s := b_r - k$ sonst $s := b_r + k$ und gehe nach 2.

Ausgehend von der komplementären zulässigen Lösung Y^{β_0} folgt dieser Algorithmus einer Reihe von 1-fast komplementären zulässigen Lösungen bis, mit dem Austritt des Indexes 1 oder $1+k$, eine neue komplementäre zulässige Lösung vorliegt. Schritt 2 ist immer durchführbar, denn mindestens ein $t_{is}^\ell = \gamma_{is}^\ell$, $i = 1 \ldots k$, muß positiv sein. Sonst gelte nämlich

$$(C)_s = \sum_{b_i \in \beta_\ell} \gamma_{is}^\ell (C)_{b_i} \leq 0_k,$$

im Widerspruch zur Definition von C.

Bei einem nichtentarteten Spiel liefert der Lemke-Howson-Algorithmus einen konstruktiven Beweis für die Existenz von mindestens einem Nash-Gleichgewicht. Es stellt sich außerdem heraus, daß die Zahl der Gleichgewichte ungerade ist. Ein informelles Argument lautet wie folgt:

Um die Existenz von mindestens einem Gleichgewicht zu beweisen, bleibt es lediglich zu zeigen, daß der Algorithmus nicht „kreisen" kann. Das Symbol Φ bezeichne die Menge der komplementären Basisindexmengen. Jede einer solchen entspricht einem komplementären Extrempunkt von (C.2), d.h. mit Ausnahme von β_0, einem Nash-Gleichgewicht. Es sei Φ_1 die Menge aller 1-fast komplementären Indexmengen. Weil jede komplementäre Indexmenge auch 1-fast komplementär ist, gilt $\Phi \subset \Phi_1$. Jede $\beta_\ell \in \Phi_1 \setminus \Phi$ ist mit genau 2 anderen Elementen von Φ_1 „benachbart" im Sinne des oben beschriebenen Algorithmus. Diese Nachbarn werden durch Hinzunahme entweder von j oder von $k+j$ erreicht, wobei j der fehlende Index ist. Ist j (bzw. $k+j$) gerade ausgetreten aus der Indexmenge β_ℓ, so erreicht man durch Hinzunahme von $j+k$ (bzw. j) die Indexmenge $\beta_{\ell+1}$. Nimmt man stattdessen j (bzw. $k+j$) wieder hinzu, liegt die Indexmenge $\beta_{\ell-1}$ vor. Jede Indexmenge $\beta^* \in \Phi$ ist dagegen mit nur einem Element von Φ_1 benachbart, und zwar durch Hinzunahme entweder vom Index 1 oder $k+1$, je nachdem welcher dieser beiden in β^* fehlt.

So bilden die Elemente von Φ_1 *Schleifen* und *Ketten*, und die Endpunkte der Ketten sind die Elemente von Φ. Der Ausgangspunkt $\beta_0 \in \Phi$ ist folglich der Anfang einer Kette von Elementen von Φ_1, die zwangsläufig in einem anderen Element β^* von Φ endet. Da es nur endlich viele Extrempunkte bzw. Basisindexmengen gibt, muß der Lemke-Howson-Algorithmus nach endlich vielen Iterationen stets an einer solchen komplementären Basisindexmenge – sprich an einem Nash-Gleichgewicht – halten. Die Komponenten des Lösungsvektors $y_j^{\beta^*}$, $j \in \beta^*$, sind dann aus dem Spaltenvektor $(T^{\beta^*})_0$ ablesbar, die anderen sind Null.

Mit Definition C.1.1 hat jede zulässige Basislösung von (C.1), d.h. jeder Extrempunkt Y^β des zulässigen Bereichs L, genau k positive Komponenten y_j^β, nämlich diejenigen mit $j \in \beta$. Außerdem sind alle Indexmengen β verschieden. Weil L ein konvexes Polytop ist, ist jeder zulässiger Vektor Y darstellbar als eine Konvexkombination von Extrempunkten von L. Ein zulässiger Vektor Y, der nicht Extrempunkt ist – d.h. darstellbar ist als Konvexkombination von zwei oder mehr Extrempunkten – besitzt demnach mehr als k positive Komponenten und kann deshalb nicht komplementär sein. Daraus folgt: Nur die Extrempunkte von L bzw. nur die Elemente der Menge Φ können Nash-Gleichgewichten entsprechen. Die Kardinalität von Φ ist offensichtlich gerade, und β_0 ist eine ihrer Elemente. Die Zahl der Gleichgewichte eines nichtentarteten Bimatrixspiels ist somit endlich und ungerade.

Bei entarteten Spielen bestimmt Schritt 2 des Lemke-Howson-Algorithmus nicht eindeutig die Austrittsvariable b_r; es gibt zwei oder mehr Alternativen, und die Gefahr des Kreisens besteht. Um diese zu umgehen, definieren wir die Zeilenvektoren

$$H_{r'} = \left(t_{i0}^\ell \ldots t_{i2k}^\ell \right) / t_{r's}^\ell, \quad r' \in \rho_\ell,$$

wobei ρ_ℓ gegeben ist durch

$$\rho_\ell = \arg\min \left\{ \frac{-t_{i0}^\ell}{t_{is}^\ell} \mid i \in \eta_\ell \right\}.$$

Ist der Extrempunkt Y^{β_ℓ} entartet, gilt $|\rho_\ell| > 1$. Der Algorithmus bestimmt in diesem Fall das *lexikographische Maximum* der Vektoren $H_{r'}$ im Sinne folgender

Definition C.1.3. *Seien* $G = (g_1 \ldots g_n)$ *und* $H = (h_1 \ldots h_n)$ *n-dimensionale Vektoren. Vektor G heißt* lexikographisch kleiner *als Vektor H genau dann, wenn $g_1 < h_1$ oder wenn $g_i = h_i$, $i = 1 \ldots k < n$, und $g_{k+1} < h_{k+1}$.*

Schritt 2. wird entsprechend durch

$$r = \arg\text{lexmax}\{H_{r'} \mid r' \in \rho_\ell\}$$

ersetzt. Die Wahl der Austrittsvariablen ist eindeutig, und es ist wieder gewährleistet, daß der Algorithmus eine nichttriviale Lösung liefert, siehe [MM96], Theorem 2.

```
    leaving[T_,s_]:= Module[{E,U,So,t,H},
       lexLess[X_,Y_]:= Module[{i},
               i=Position[Map[#==0&,X-Y],False][[1,1]];
               If[X[[i]]<Y[[i]],True,False]];
       lexMax[S_]:= S[[1]] /;Length[S]==1;          (* singleton *)
       lexMax[S_]:= Module[{Vs,Vmax,posmax,ell},  (* degenerate game *)
           Vs=Table[T[[S[[i]]]]/T[[S[[i]]]][[s+1]],{i,1,Length[S]}];
           posmax=S[[1]];
           Vmax=Vs[[1]];
           ell=2;
           While[ell<=Length[S],
               If[lexLess[Vmax,Vs[[ell]]],posmax=S[[ell]];Vmax=Vs[[ell]]];
               ell++];
           posmax];
       E=-Transpose[T][[1]];
       U=Transpose[T][[s+1]];
       t=Table[If[U[[j]]>0,E[[j]]/U[[j]],\[Infinity]],{j,1,Length[T]}];
       So=Flatten[Position[t,Min[t]]];
       lexMax[So]];

  NashEqLH[AA_List,BB_List]:=
    Module[{pivot,A,B,smallest,m,n,k,M,C,T,Y,P,Q,beta,r,br,s},
      pivot[i_,j_]:= If[i==r,T[[r,j]]/T[[r,s+1]],
                          T[[i,j]]-T[[r,j]]T[[i,s+1]]/T[[r,s+1]]];
      Message[NashEquilibria::onlyone];
      smallest=Min[Join[AA,BB]];   (* make positive *)
      A=AA-smallest+1;
      B=BB-smallest+1;
      {m,n}=Dimensions[A];
      k=m+n;                              (* complementarity matrix *)
      M=BlockMatrix[{{ZeroMatrix[m],A},{Transpose[B],ZeroMatrix[n]}}];
      C=BlockMatrix[{{M,IdentityMatrix[k]}}];
      T=BlockMatrix[{{-Transpose[{Table[1,{i,1,k}]}],C}}];
      beta=Table[i+k,{i,k}];          (* initial basis *)
      s=1;                            (* entering variable *)
      br=0;
      While[(br!=1)&&(br!=k+1),      (* complementary pivoting *)
          r=leaving[T,s];
          T=Array[pivot,{k,2*k+1}];
          br= beta[[r]];
          beta[[r]]= s;
          s=If[br>=k+1,br-k,br+k]];
      Y=Table[0,{i,2*k}];
      Table[Y[[beta[[i]]]]=-T[[i,1]],{i,k}];
      P=Take[Y,m];                      (* Nash equilibrium *)
      P=P/Apply[Plus,P];
      Q=Take[Y,{m+1,k}];
      Q=Q/Apply[Plus,Q];
      {{P,P.AA.Q,Q,P.BB.Q}}    ];
```

Listing C.1. Nash-Gleichgewichte mit dem Lemke-Howson-Algorithmus: Auszug aus dem *Mathematica*-Package GameTheory'Bimatrix'.

Listing C.1 zeigt die im Package GameTheory'Bimatrix' programmierte *Mathematica*-Funktion NashEqLH, die den Algorithmus von Lemke und Howson ausführt. Sie wird mittels Option Algorithm->LH mit der Funktion

`NashEquilibria` angestoßen. Eine Version für symbolische Auszahlungsmatrizen ist auch vorhanden, siehe Anhang D.

C.2 Mangasarian, Avis und Fukuda

Wir fassen hier die wesentlichen Ergebnisse des ersten Kapitels zusammen und betrachten zunächst ein lineares Optimierungsproblem in der Standardform

$$C^\top X \to \min$$
$$X \in L \tag{C.18}$$

mit zulässigem Bereich L gegeben durch

$$A^\top X \geq B$$
$$X \geq 0_n. \tag{C.19}$$

Der Bereich L ist nach Definition 1.3.5 ein konvexes Polyeder und, falls beschränkt, ein konvexes Polytop. Nun betrachten wir ein Bimatrixspiel mit Auszahlungsmatrizen A und B. Die Behauptung, daß P eine beste Antwort auf Q ist, ist gleichbedeutend mit:

P ist eine Lösung des LP

$$P^\top AQ \to \max$$
$$1_m^\top P = 1$$
$$P \geq 0_m,$$

bzw.

$$(AQ)^\top P \to \max$$
$$\begin{pmatrix} 1_m^\top \\ -1_m^\top \end{pmatrix} P \leq \begin{pmatrix} 1 \\ -1 \end{pmatrix}$$
$$P \geq 0_m.$$

Dies entspricht der Standardform (5.2) mit

$$B \to AQ, \quad A \to \begin{pmatrix} 1_m^\top \\ -1_m^\top \end{pmatrix}, \quad C \to \begin{pmatrix} 1 \\ -1 \end{pmatrix}.$$

Das entsprechende Dualproblem (5.1) bzw. (C.18) lautet dann, mit $u :=$ $x_1 - x_2$,

$$C^\top X = x_1 - x_2 = u \to \min$$
$$A^\top X = (1_m, -1_m)X = 1_m u \geq AQ$$
$$X \geq 0_2.$$

Laut Theorem 5.1.2 gilt

$$Q^\top A^\top P \leq (1, -1)X = u,$$

woraus folgt: Die Behauptung, $\bar{P}$ ist beste Antwort auf Q, ist gleichbedeutend mit:

$(\bar{P}, \bar{u})$ ist eine Lösung des linearen Optimierungsproblems

$$P^\top AQ - u \to \max$$
$$1_m u \geq AQ$$
$$1_m^\top P = 1, \ P \geq 0_m.$$

Mit einem entsprechenden Argument ist die Behauptung, $\bar{Q}$ ist beste Antwort auf P, gleichbedeutend mit:

$(\bar{Q}, \bar{v})$ ist eine Lösung des linearen Optimierungsproblems

$$P^\top BQ - v \to \max$$
$$1_n v \geq B^\top P$$
$$1_m^\top Q = 1, \ Q \geq 0_n.$$

Nun sei (P^*, Q^*) ein Gleichgewicht des Bimatrixspiels. Dies ist gleichbedeutend mit:

(P^*, Q^*, u^*, v^*) ist eine Lösung des *quadratischen* Optimierungsproblems

$$
\boxed{
\begin{aligned}
&P^\top (A + B)Q - u - v \to \max \\
(B^\top, -1_n) \begin{pmatrix} P \\ v \end{pmatrix} &\leq 0_n, \ (1_m^\top, 0) \begin{pmatrix} P \\ v \end{pmatrix} = 1, \ P \geq 0_m \quad =: L_1 \\
(A, -1_m) \begin{pmatrix} Q \\ u \end{pmatrix} &\leq 0_m, \ (1_n^\top, 0) \begin{pmatrix} Q \\ u \end{pmatrix} = 1, \ Q \geq 0_n \quad =: L_2.
\end{aligned}
}
\tag{C.20}
$$

Außerdem gilt:

$$P^{*\top}(A + B)Q^* - u^* - v^* = 0. \tag{C.21}$$

Definition C.2.1. [Man64] (P^*, Q^*) *ist ein* Extremgleichgewicht, *falls* $\begin{pmatrix} P^* \\ v^* \end{pmatrix}$ *ein Extrempunkt von* L_1 *und* $\begin{pmatrix} Q^* \\ u^* \end{pmatrix}$ *ein Extrempunkt von* L_2 *ist und falls* (P^*, Q^*, u^*, v^*) *Gleichung* (C.21) *genügt.*

Wir brauchen im folgenden einen Grundsatz der linearen Algebra, der lautet (siehe z.B. [Gol56] oder [Chv83], Theorem 16.2):

Theorem C.2.1. *Es sei A eine $m \times n$-dimensionale Matrix. Das konvexe Polyeder $L = \{X \mid AX \leq B\}$ ist die Vektorsumme eines Polytops P und eines konvexen Kegels K:*

$$L = P + K = \{X^1 + X^2 \mid X^1 \in P, X^2 \in K\}.$$

Der Kegel K ist die Menge

$$K = \{X \mid AX \leq O_m\}.$$

Falls A den Rang[2] n hat, ist P die konvexe Hülle der Extrempunkte von L.

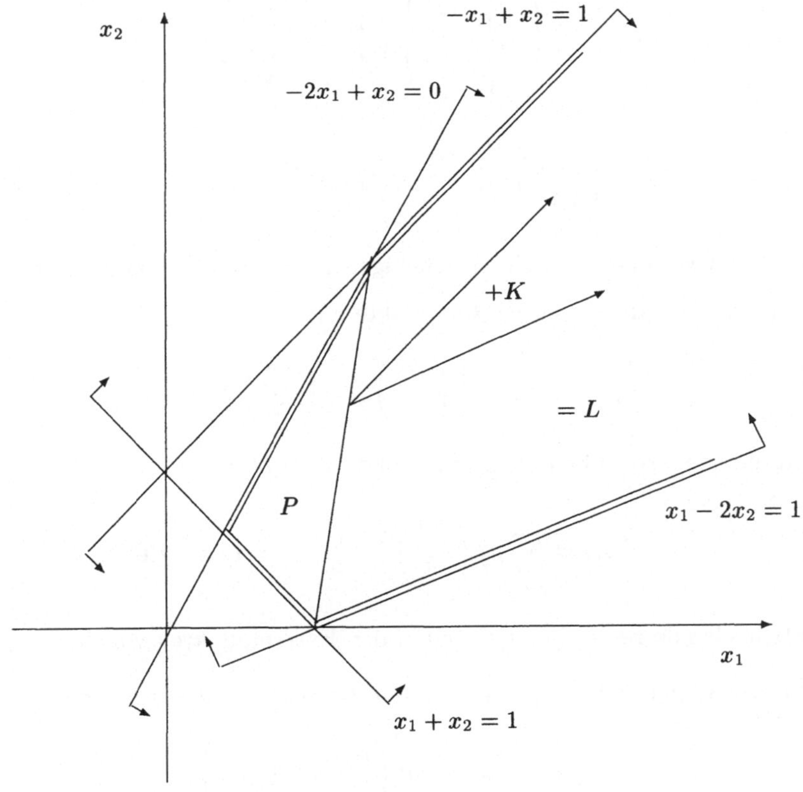

Abb. C.1. Das unbeschränkte Polyeder L ist die Vektorsumme des Polytops P und des Kegels K.

Abb. C.1 verdeutlicht dieses Theorem in zwei Dimensionen. Das dort gezeigte unbeschränkte Polyeder L ist die Vereinigungsmenge von vier Halb-

---

[2] Rang einer Matrix A ist die Dimension der größten invertierbaren, quadratischen Matrix, die durch Streichen von Zeilen und Spalten von A erzeugt werden kann.

räumen und ist gegeben durch

$$L = \{X \mid AX \leq B\} = \left\{ \begin{pmatrix} x_1 \\ x_2 \end{pmatrix} \;\middle|\; \begin{pmatrix} -1 & 1 \\ -2 & 1 \\ 1 & -2 \\ -1 & -1 \end{pmatrix} \begin{pmatrix} x_1 \\ x_2 \end{pmatrix} \leq \begin{pmatrix} 1 \\ 0 \\ 1 \\ -1 \end{pmatrix} \right\}.$$

Die Matrix A hat den Rang 2 und das entsprechende Polytop P ist die konvexe Hülle der drei Extrempunkte von L. Der Kegel K ist die Lösungsmenge des Gleichungssystems

$$\begin{pmatrix} -1 & 1 \\ -2 & 1 \\ 1 & -2 \\ -1 & -1 \end{pmatrix} \begin{pmatrix} x_1 \\ x_2 \end{pmatrix} \leq \begin{pmatrix} 0 \\ 0 \\ 0 \\ 0 \end{pmatrix},$$

d.h.

$$\left\{ \begin{pmatrix} x_1 \\ x_2 \end{pmatrix} \;\middle|\; x_2 \leq x_1,\ x_2 \geq \frac{x_1}{2},\ x_1 \geq 0 \right\}.$$

Wir bezeichnen nun einen beliebigen Extrempunkt von L_1 mit $\begin{pmatrix} P^j \\ v^j \end{pmatrix}$, die (endliche) Menge der Extrempunkte mit

$$L_1^e = \left\{ \begin{pmatrix} P^1 \\ v^1 \end{pmatrix}, \dots \begin{pmatrix} P^k \\ v^k \end{pmatrix} \right\}$$

und die konvexe Hülle der Extrempunkte mit $\langle L_1^e \rangle$:

$$\langle L_1^e \rangle = \sum_{j=1}^{k} \mu_j \begin{pmatrix} P^j \\ v^j \end{pmatrix}, \quad \sum_{j=1}^{k} \mu_j = 1,\ \mu_j \geq 0.$$

Entsprechende Bezeichnungen gelten den Extrempunkten von L_2.

Lemma C.2.1. [Win78] *Der zulässige Bereich L_1 ist gegeben durch*

$$L_1 = \langle L_1^e \rangle + \left\{ \mu \begin{pmatrix} 0_m \\ 1 \end{pmatrix} \;\middle|\; \mu \geq 0 \right\}. \tag{C.22}$$

Beweis: Wir schreiben L_1 in (C.20) in der äquivalenten Form

$$L_1 = \left\{ \begin{pmatrix} P \\ v \end{pmatrix} \;\middle|\; \begin{pmatrix} B^\top & -1_n \\ 1_m^\top & 0 \\ -1_m^\top & 0 \\ -I_{mm} & 0_m \end{pmatrix} \begin{pmatrix} P \\ v \end{pmatrix} \leq \begin{pmatrix} 0_n \\ 1 \\ -1 \\ 0_m \end{pmatrix} \right\}$$

und nennen die Matrix auf der linken Seite der Ungleichheit S. Sie hat die Dimension $(m + n + 2) \times (m + 1)$ und den Rang $m + 1$. (Die erste Zeile bildet zusammen mit den letzten m Zeilen z.B. eine invertierbare quadratische Matrix, siehe Fußnote 2.) So gilt mit Theorem C.2.1:

$$L_1 = \langle L_1^e \rangle + K,$$

wobei

$$K = \left\{ \begin{pmatrix} P \\ v \end{pmatrix} \;\middle|\; S \begin{pmatrix} P \\ v \end{pmatrix} \leq O_{m+n+2} \right\}.$$

Aus den zweiten und dritten Zeilenblöcken von S folgt

$$1_m^\top P + 0 \leq 0, \quad -1_m^\top P + 0 \leq 0,$$

gleichbedeutend mit $P = 0_m$. Aus dem ersten Zeilenblock folgt

$$B^\top P - v \leq 0,$$

oder $v \geq 0$. Die Elemente von K sind somit $\mu \begin{pmatrix} 0_m \\ 1 \end{pmatrix}$, $\mu \geq 0$, und die Behauptung ist bewiesen. $\qquad\square$

Lemma C.2.2. [Win78] *$\bar{Q}$ sei eine Gleichgewichtsstrategie des zweiten Spielers. Dann gilt: Jede optimale Lösung des LP*

$$(\bar{Q}^\top (A+B)^\top, -1) \begin{pmatrix} P \\ v \end{pmatrix} - \bar{u} \to \max, \quad \begin{pmatrix} P \\ v \end{pmatrix} \in L_1 \qquad (C.23)$$

ist eine Konvexkombination von Extrempunkten, die ebenfalls optimale Lösungen sind.

Beweis: Mit der Definition $C := \bar{Q}^\top (A+B)^\top$ schreiben wir (C.23) unter Vernachlässigung des unerheblichen konstanten Terms $-\bar{u}$ in der Form

$$(C, \; -1) \begin{pmatrix} P \\ v \end{pmatrix} \to \max, \quad \begin{pmatrix} P \\ v \end{pmatrix} \in L_1.$$

Mit Lemma C.2.1 kann eine optimale Lösung $\begin{pmatrix} \bar{P} \\ \bar{v} \end{pmatrix}$ dieses LP in der Form

$$\begin{pmatrix} \bar{P} \\ \bar{v} \end{pmatrix} = \sum_{j=1}^{k} \mu_j \begin{pmatrix} P^j \\ v^j \end{pmatrix} + \mu \begin{pmatrix} 0 \\ 1 \end{pmatrix}$$

geschrieben werden. Nun bezeichne $\bar{z}$ den optimalen Wert der Zielfunktion:

$$\bar{z} = (C, \; -1) \begin{pmatrix} \bar{P} \\ \bar{v} \end{pmatrix} = \sum_{j=1}^{k} \mu_j (C, \; -1) \begin{pmatrix} P^j \\ v^j \end{pmatrix} + \mu(C, \; -1) \begin{pmatrix} 0 \\ 1 \end{pmatrix}.$$

Äquivalent dazu gilt

$$0 = \sum_{j=1}^{k} \mu_j \left[(C, \ -1) \begin{pmatrix} P^j \\ v^j \end{pmatrix} - \bar{z} \right] - \mu.$$

Nun ist aber

$$(C, \ -1) \begin{pmatrix} P^j \\ v^j \end{pmatrix} \le \bar{z}, \quad j = 1 \ldots k,$$

und außerdem $-\mu \le 0$. Daraus folgt:

$$\mu_j > 0 \Rightarrow (C, \ -1) \begin{pmatrix} P^j \\ v^j \end{pmatrix} = \bar{z}$$

und die Behauptung. $\qquad\square$

Theorem C.2.2. [Man64] *Alle Gleichgewichte eines Bimatrixspiels können als Konvexkombinationen von Extremgleichgewichten dargestellt werden.*

Beweis: $(\bar{P}, \bar{Q}, \bar{u}, \bar{v})$ sei ein Gleichgewicht des Bimatrixspiels mit Auszahlungsmatrizen A und B. Dann ist $(\bar{P}, \bar{Q}, \bar{u}, \bar{v})$ Lösung von (C.20). Wenn wir $Q = \bar{Q}$ und $u = \bar{u}$ setzen, reduziert sich (C.20) auf das lineare Optimierungsproblem (C.23). Mit Hilfssatz C.2.2 sind alle Lösungen dieses LP, einschließlich $(\bar{P}, \bar{v})$, darstellbar als Konvexkombinationen einer Untermenge U der Extrempunkte von L_1. Entsprechend läßt sich zeigen, daß $(\bar{Q}, \bar{u})$ Konvexkombination einer Untermenge V der Extrempunkte von L_2 ist. Wir müssen nur noch zeigen, daß

$$(P, Q, u, v), \quad \begin{pmatrix} P \\ v \end{pmatrix} \in U \text{ und } \begin{pmatrix} Q \\ u \end{pmatrix} \in V,$$

Extremgleichgewichte sind.

Die Extrempunkte U sind nach Hilfssatz C.2.2 ebenfalls Lösungen von (C.23), also gilt

$$\forall \begin{pmatrix} P \\ v \end{pmatrix} \in U: \quad P^\top (A + B)\bar{Q} - \bar{u} - v = 0. \tag{C.24}$$

Wir schreiben (C.24) in eine äquivalente Form um:

$$\forall \begin{pmatrix} P \\ v \end{pmatrix} \in U: \quad P^\top (A\bar{Q} - \bar{u}1_m) + \bar{Q}^\top (B^\top P - v1_n) = 0. \tag{C.25}$$

Weil sowie $\bar{Q}$ als auch P Gleichgewichtsstrategien sind, gilt:

$$P \ge 0_m, \quad \bar{Q} \ge 0_n, \quad A\bar{Q} - \bar{u}1_m \le 0_m, \quad B^\top P - v1_n \le 0_n,$$

und mit (C.25)

$$\forall \begin{pmatrix} P \\ v \end{pmatrix} \in U: \quad \bar{Q}^\top (B^\top P - v1_n) = 0. \tag{C.26}$$

$\bar{Q}$ ist aber Konvexkombination der Extrempunkte V, also gilt

$$\forall \begin{pmatrix} P \\ v \end{pmatrix} \in U, \; \begin{pmatrix} Q \\ u \end{pmatrix} \in V: \quad Q^\top(B^\top P - v1_n) = 0. \tag{C.27}$$

Mit einem entsprechenden Argument erhalten wir

$$\forall \begin{pmatrix} P \\ v \end{pmatrix} \in U, \; \begin{pmatrix} Q \\ u \end{pmatrix} \in V: \quad P^\top(AQ - u1_m) = 0 \tag{C.28}$$

und daher

$$\forall \begin{pmatrix} P \\ v \end{pmatrix} \in U, \; \begin{pmatrix} Q \\ u \end{pmatrix} \in V: \quad P^\top(A + B)Q - u - v = 0. \tag{C.29}$$

Mit Definition C.2.1 heißt dies, daß

$$(P, Q, u, v), \quad \begin{pmatrix} P \\ v \end{pmatrix} \in U \text{ und } \begin{pmatrix} Q \\ u \end{pmatrix} \in V,$$

ein Extremgleichgewicht ist. $\qquad\square$

Wir nehmen o.B.d.A an, daß $A > 0$ und $B > 0$ ist. Dann lauten die in (C.20) angegebenen zulässigen Bereiche L_1 und L_2 in kanonischer Form:

$$L_1 = \left\{ \begin{pmatrix} P \\ v \end{pmatrix} \; \middle| \; \begin{pmatrix} B^\top & -1_n \\ 1_m^\top & 0 \\ -1_m^\top & 0 \end{pmatrix} \begin{pmatrix} P \\ v \end{pmatrix} \leq \begin{pmatrix} 0_n \\ 1 \\ -1 \end{pmatrix}, \; \begin{pmatrix} P \\ v \end{pmatrix} \geq 0_{m+1} \right\}$$

$$L_2 = \left\{ \begin{pmatrix} Q \\ u \end{pmatrix} \; \middle| \; \begin{pmatrix} A & -1_m \\ 1_n^\top & 0 \\ -1_n^\top & 0 \end{pmatrix} \begin{pmatrix} Q \\ u \end{pmatrix} \leq \begin{pmatrix} 0_m \\ 1 \\ -1 \end{pmatrix}, \; \begin{pmatrix} Q \\ u \end{pmatrix} \geq 0_{n+1} \right\}. \tag{C.30}$$

Man erhält mit Theorem C.2.2 – durch die vollständige Abzählung der Extrempunkte der Polyeder L_1 und L_2 in (C.30) – eine vollständige Charakterisierung der Nash-Gleichgewichte eines Bimatrixspiels, ob entartet oder nicht. Es muß nur geprüft werden, welche Extrempunktpaare (C.21) genügen.

Das Abzählen der Extrempunkte eines konvexen Polyeders ist ein Standardproblem. Ein eleganter und effizienter Algorithmus hierfür wurde 1992 von Avis und Fukuda [AF92] vorgestellt und in *Mathematica* ausgeführt. Die Ausführung ist im Package `GameTheory'VertexEnum'` auf der begleitenden Diskette zu finden. Sie wird beim Laden des Package `GameTheory-'Bimatrix'` automatisch mitgeladen. Die aus diesem Package exportierte Funktion `VE[A,B]` (VE = *vertex enumeration*) liefert (in ihrer ersten Komponente) eine Liste von sämtlichen Extrempunkten eines konvexen Polyeders zurück, beschrieben – wie in (C.30) – in der Form einer Vereinigungsmenge von Halbräumen $L = \{X \mid AX \leq B, \; X \geq 0\}$.

Um das Prinzip zu demonstrieren, wollen wir zunächst die Simplex-Programmbeispiele von Abschnitt 5.2.2 in das aktuelle Notebook aufnehmen:

```
Clear[entering];
entering[dic_, eta_] := Module[ {t, p, q},
  t = Drop[Take[dic, -1][[1]], -1];
  p = Flatten[Position[Map[Positive, t], True]];
  If[p == {}, 0, q = eta[[p]];
  Position[eta, Min[q]][[1, 1]]] ];
```

```
Clear[leaving];
leaving[dic_, beta_, s_] := Module[{m, n, t, p, q},
  {m, n} = Dimensions[dic];
  t = Table[If[dic[[i, s]] < 0,
      -dic[[i, n]] / dic[[i, s]], 1000000], {i, 1, m-1}];
  p = Flatten[Position[t, Min[t]]];
  q = beta[[p]];
  Position[beta, Min[q]][[1, 1]]] ];
```

```
Clear[pivot];
pivot[dic_, beta_, eta_, r_, s_] := Module[{m, n, b, e},
  {m, n} = Dimensions[dic];
  {b, e} = {beta, eta};
  b[[r]] = eta[[s]];
  e[[s]] = beta[[r]];
  {Table[
  Which[ (i == r) && (j == s), 1 / dic[[r, s]],
       (i == r) && (j != s), -(dic[[i, j]] / dic[[r, s]]),
       (i != r) && (j == s), dic[[i, j]] / dic[[r, s]],
       True,
         dic[[i, j]] - ((dic[[r, j]]*dic[[i, s]]) / dic[[r, s]])
     ], {i, m}, {j, n}
       ], b, e}];
```

```
Clear[simplex];
simplex[C_, A_, B_] := Module[{dic, beta, eta, i, r, s, m, n, X},
  {m, n} = Dimensions[A];
  dic = Transpose[Append[Transpose[-A], B]];
  AppendTo[dic, Join[C, {0}]];
  eta = Table[i, {i, n}];
  beta = Table[i, {i, n+1, m+n}];
  s = entering[dic, eta];
  While[s != 0,
        r = leaving[dic, beta, s];
        {dic, beta, eta} = pivot[dic, beta, eta, r, s];
        s = entering[dic, eta]];
  X = Table[0, {i, m+n}];
  Table[X[[beta[[i]]]] = dic[[i, n+1]], {i, m}];
  {Take[X, n], dic, beta, eta}];
```

Nun funktioniert der Avis-Fukuda-Algorithmus wie folgt: Als erstes wird ein optimaler zulässiger Vektor des LP

$$C^\top X \to \max$$
$$AX \le B,\ X \ge 0 \tag{C.31}$$

zusammen mit dem entsprechenden Dictionary und den Basisindexmengen erzeugt. Welche Form die Zielfunktion annimmt, ist eigentlich egal, solange das LP lösbar ist. Wir nehmen als Beispiel das LP des Abschnittes 5.2.2:

```
Unprotect[C]; Clear[A, B, C];
A = {{1, 3, 1}, {-1, 0, 3}, {2, -1, 2}, {2, 3, -1}};
B = {3, 2, 4, 2};
C = {5, 5, 3};
```

Das Optimierungsergebnis lautet:

```
{v, d, b, e} = simplex[C, A, B];
Map[MatrixForm, {v, d, b, e}]
```

$$\left\{ \begin{pmatrix} \frac{32}{29} \\ \frac{8}{29} \\ \frac{30}{29} \end{pmatrix},\ \begin{pmatrix} \frac{28}{29} & \frac{21}{29} & -\frac{3}{29} & \frac{1}{29} \\ -\frac{8}{29} & -\frac{6}{29} & \frac{5}{29} & \frac{8}{29} \\ -\frac{1}{29} & -\frac{8}{29} & -\frac{3}{29} & \frac{30}{29} \\ -\frac{3}{29} & \frac{5}{29} & -\frac{9}{29} & \frac{32}{29} \\ -2 & -1 & -1 & 10 \end{pmatrix},\ \begin{pmatrix} 4 \\ 2 \\ 3 \\ 1 \end{pmatrix},\ \begin{pmatrix} 7 \\ 5 \\ 6 \end{pmatrix} \right\}$$

Ein Extrempunkt von $L = \{X \mid AX \le B,\ X \ge 0\}$ liegt somit schon vor:

$$X^0 = \left(\frac{32}{29}, \frac{8}{29}, \frac{30}{29} \right)^\top .$$

Nun ist jede zulässige Basislösung, d.h. jeder andere Extrempunkt von L, durch eine eindeutige Kette von Bland'schen Pivotisierungsschritten mit dieser optimalen Lösung verbunden. Wir können von ihr ausgehend alle anderen Extrempunkte durch *invertierte Bland'sche Pivotisierungen* erreichen und ausdrucken.

Wir brauchen also eine Funktion, die invertierte Pivotisierung durchführen kann. Hier ist eine solche:

```
Clear[reversePivot];
reversePivot[dic_, beta_, eta_, r_, s_] :=
    Module[{d, b, e, m, n, rl, sl, X, B},
       If[dic[[r, s]] == 0, {Null},
          {m, n} = Dimensions[dic];
          {d, b, e} = pivot[dic, beta, eta, r, s];
          B = Drop[Take[Transpose[d], -1][[1]], -1];
          sl = entering[d, e];
          rl = leaving[d, b, sl];
          If[ Min[B] >= 0 && sl == s && rl == r,
            X = Table[0, {i, m+n-2}];
            Table[X[[b[[i]]]] = d[[i, n]], {i, m-1}];
            {Take[X, n-1], d, b, e},
            {Null}]]];
```

Die Funktion reversePivot[dic,beta,eta,r,s] führt eine Pivotisierung um die Pivotzeile r und die Pivotspalte s mit dem Dictionary dic durch. Wenn das damit erreichte Dictionary zulässig ist und wenn durch nochmalige Pivotisierung um r und s das urspüngliche Dictionary wiederhergestellt wird, ist (r,s) eine zulässige, invertierte Pivotisierung. In diesem Fall liefert reversePivot den neuen Extrempunkt, das neue Dictionary und die entsprechenden Indexmengen in einer Liste zurück. Ansonsten wird die Liste {Null} zurückgegeben.

Wir können mit reversePivot schon schauen, welche Extrempunkte unmittelbar von X^0 aus erreichbar sind:

```
Clear[rp];
rp[i_, j_] := reversePivot[d, b, e, i, j][[1]];
Array[rp, {4, 3}] // MatrixForm
```

$$\begin{pmatrix} \text{Null} & \text{Null} & \{1, \frac{1}{3}, 1\} \\ \{1, 0, 1\} & \{\frac{4}{3}, 0, \frac{2}{3}\} & \text{Null} \\ \text{Null} & \text{Null} & \text{Null} \\ \text{Null} & \text{Null} & \text{Null} \end{pmatrix}$$

Jeder dieser drei Extrempunkte kann zu weiteren Extrempunkten führen; man muß also systematisch vorgehen. Der Avis-Fukuda-Algorithmus verwendet eine *depth-first* Suchstrategie, die wir – frei nach der Beschreibung auf S. 303 in [AF92] – in folgender *Mathematica*-Funktion programmiert haben:

```
Clear[search];
search[dic_, beta_, eta_] :=
 Module[{i, j, m, n, v, d, b, e, rp, b1, stack, increment},
  increment := {++j; If[j == n, j = 1; ++i]};
  stack = {};
  {m, n} = Dimensions[dic];
  {i, j} = {1, 1};
  {d, b, e} = {dic, beta, eta};
(* save the original basis *)
  b1 = b;
(* begin depth first search *)
  While[i <= m,
    While[i < m && (rp = reversePivot[d, b, e, i, j]) == {Null},
         increment];
    If[i < m,
(* feasible dictionary found *)
      {v, d, b, e} = rp;
      Print[v];
      stack = Prepend[stack, {i, j}];
      {i, j} = {1, 1},
(* no feasible dictionary, so backtrack *)
      If[b == b1,
(* we're already at the root dictionary, so halt *)
        i = m + 1,
(* otherwise go back to parent dictionary and continue *)
        {i, j} = stack[[1]];
        stack = Drop[stack, 1];
        {d, b, e} = pivot[d, b, e, i, j];
        increment]
    ] ] ];
```

Die Funktion `search[dic,beta,eta]`, ausgehend von einem optimalen
Dictionary `dic`, verfolgt „depth first" die Ketten der zulässigen, invertierten
Pivotisierungen und druckt jeden unterwegs gefundenen Extrempunkt einmal
aus. Eine einfache Stapel-Datenstruktur (`stack`) wird dabei verwendet, um
das *Backtracking* zu ermöglichen. Die Suche bricht ab, wenn das optimale
Dictionary bzw. die ursprüngliche Basisindexmenge wieder erreicht wird.

In unserem numerischen Beispiel sind keine entarteten Extrempunkte vorhanden, und wir haben uns in `search` auch nicht darum gekümmert. Entartete Extrempunkte werden mit der Suchstrategie mehrmals erreicht, aber
mit Hilfe einer lexikographischen Regel kann man dafür sorgen, daß sie nur
einmal erfaßt werden. Es kann auch vorkommen, daß der Ausgangspunkt
nicht eindeutig ist, d.h., daß (C.31) mehrere Lösung hat. Hier müssen alle optimalen Lösungen erzeugt und die gleiche Strategie auf jede einzelne
angewandt werden. All diese Feinheiten sind selbstverständlich im Package

GameTheory'VertexEnum' in der Funktion VE berücksichtigt. Aber sehen wir mal nach, welche Extrempunkte unsere einfache Kreation findet:

```
search[d, b, e]

{1, 1/3, 1}

{0, 7/9, 2/3}

{0, 5/6, 1/2}

{1, 0, 1}

{0, 0, 2/3}

{4/3, 0, 2/3}

{1, 0, 0}

{0, 0, 0}

{0, 2/3, 0}
```

Diese Liste – um X^0 ergänzt – ist vollständig, wie ein Vergleich mit VE bestätigt:

```
VE[A, B][[1]]

{{0, 0, 0}, {0, 0, 2/3}, {0, 7/9, 2/3}, {1, 0, 1}, {0, 2/3, 0}, {0, 5/6, 1/2},
{1, 1/3, 1}, {1, 0, 0}, {4/3, 0, 2/3}, {32/29, 8/29, 30/29}}
```

Listing C.2 zeigt die Einbindung der Funktion VE in eine interne Funktion NashEqAF, die alle Extremgleichgewichte eines Bimatrixspiels berechnet. Es werden zunächst die zulässigen Bereiche L_1 und L_2 in die kanonische Form (C.30) gebracht, dann die Extrempunkte mit VE bestimmt und schließlich diejenigen Kombinationen, die (C.21) erfüllen, in eine Liste der Nash-Gleichgewichte aufgenommen. Der Algorithmus wird über die von GameTheory'Bimatrix' exportierte Funktion NashEquilibria mit der Option Algorithm->AF dem Benutzer zugänglich gemacht und kann auch mit symbolischen Matrizen umgehen, siehe Anhang D.

Zur Illustration hier noch einmal das entartete Spiel des Abschnittes 1.5.2:

```
Clear[A, B];
A = {{1, 3}, {1, 3}, {3, 1}, {3, 1}, {5/2, 5/2}, {5/2, 5/2}};
B = {{1, 2}, {0, -1}, {-2, 2}, {4, -1}, {-1, 6}, {6, -1}};
```

Die Extremgleichgewichte sind:

```
NashEquilibria[A, B, Algorithm -> AF] // MatrixForm

NashEquilibria::degen : degenerate game
```

$$
\begin{pmatrix}
\{0, 0, 0, 0, \tfrac{1}{2}, \tfrac{1}{2}\} & \tfrac{5}{2} & \{\tfrac{1}{4}, \tfrac{3}{4}\} & \tfrac{5}{2} \\
\{0, 0, 0, 0, \tfrac{1}{2}, \tfrac{1}{2}\} & \tfrac{5}{2} & \{\tfrac{3}{4}, \tfrac{1}{4}\} & \tfrac{5}{2} \\
\{0, 0, 0, \tfrac{7}{12}, \tfrac{5}{12}, 0\} & \tfrac{5}{2} & \{\tfrac{3}{4}, \tfrac{1}{4}\} & \tfrac{23}{12} \\
\{0, 0, 0, 1, 0, 0\} & 3 & \{1, 0\} & 4 \\
\{0, 0, \tfrac{5}{9}, \tfrac{4}{9}, 0, 0\} & \tfrac{5}{2} & \{\tfrac{3}{4}, \tfrac{1}{4}\} & \tfrac{2}{3} \\
\{0, 0, \tfrac{5}{9}, \tfrac{4}{9}, 0, 0\} & 3 & \{1, 0\} & \tfrac{2}{3} \\
\{0, 0, \tfrac{7}{11}, 0, 0, \tfrac{4}{11}\} & \tfrac{5}{2} & \{\tfrac{3}{4}, \tfrac{1}{4}\} & \tfrac{10}{11} \\
\{0, \tfrac{7}{8}, 0, 0, \tfrac{1}{8}, 0\} & \tfrac{5}{2} & \{\tfrac{1}{4}, \tfrac{3}{4}\} & \tfrac{1}{8} \\
\{\tfrac{1}{2}, \tfrac{1}{2}, 0, 0, 0, 0\} & \tfrac{5}{2} & \{\tfrac{1}{4}, \tfrac{3}{4}\} & \tfrac{1}{2} \\
\{\tfrac{1}{2}, \tfrac{1}{2}, 0, 0, 0, 0\} & 3 & \{0, 1\} & \tfrac{1}{2} \\
\{\tfrac{7}{8}, 0, 0, 0, 0, \tfrac{1}{8}\} & \tfrac{5}{2} & \{\tfrac{1}{4}, \tfrac{3}{4}\} & \tfrac{13}{8} \\
\{1, 0, 0, 0, 0, 0\} & 3 & \{0, 1\} & 2
\end{pmatrix}
$$

Die Meldung, es handele sich hier um ein entartetes Spiel, wird zwar auch erzeugt, aber die Liste ist nun vollständig, vgl. das Ergebnis mit dem Enumerationsalgorithmus im Abschnitt 1.5.2. Schließlich können auch die Nash-Komponenten mit Hilfe dieses Algorithmus berechnet werden, siehe Abschnitt D.3:

```
Clear[eq];
eq = NashEquilibria[A, B, Select -> MNS];
{eq[[1]] // MatrixForm, eq[[2]] // MatrixForm}
eq[[3]] // TableForm

NashEquilibria::degen : degenerate game
```

$$
\left\{
\begin{pmatrix}
0 & 0 & 0 & 0 & \tfrac{1}{2} & \tfrac{1}{2} \\
0 & 0 & 0 & \tfrac{7}{12} & \tfrac{5}{12} & 0 \\
0 & 0 & 0 & 1 & 0 & 0 \\
0 & 0 & \tfrac{5}{9} & \tfrac{4}{9} & 0 & 0 \\
0 & 0 & \tfrac{7}{11} & 0 & 0 & \tfrac{4}{11} \\
0 & \tfrac{7}{8} & 0 & 0 & \tfrac{1}{8} & 0 \\
\tfrac{1}{2} & \tfrac{1}{2} & 0 & 0 & 0 & 0 \\
\tfrac{7}{8} & 0 & 0 & 0 & 0 & \tfrac{1}{8} \\
1 & 0 & 0 & 0 & 0 & 0
\end{pmatrix}
,
\begin{pmatrix}
0 & 1 \\
\tfrac{1}{4} & \tfrac{3}{4} \\
\tfrac{1}{4} & \tfrac{1}{4} \\
\tfrac{1}{4} & \tfrac{1}{4} \\
1 & 0
\end{pmatrix}
\right\}
$$

$$
\tfrac{1}{3} \quad 2 \quad 4 \quad 5 \quad \tfrac{1}{2} \quad 6 \quad 7 \quad 8 \quad \tfrac{1}{2} \quad 3 \quad \tfrac{3}{4} \quad 4 \quad \tfrac{4}{3} \quad 4 \quad \tfrac{7}{1} \quad 9 \quad \tfrac{7}{1} \quad 2
$$

```mathematica
NashEqAF[AA_List,BB_List]:= Module[
   {A,B,C,D,m,n,em,en,Xs,Ys,Ps,Qs,us,vs,smallest,ilist,jlist},
   smallest=Min[Join[AA,BB]];
   A=AA-smallest;                       (* ensure nonnegative *)
   B=BB-smallest;
   {m,n}=Dimensions[A];
   em = Transpose[{Table[1,{i,1,m}]}];
   en = Transpose[{Table[1,{i,1,n}]}];
(* Player 1's vertices *)
   C = BlockMatrix[{{Transpose[B],-en},{Transpose[em],{{0}}},
                                       {-Transpose[em],{{0}}}}];
   D = Join[Table[0,{i,1,n}],{1,-1}];
   Xs=VE[C,D][[1]];
(* Player 2's vertices *)
   C = BlockMatrix[{{A,-em},{Transpose[en],{{0}}},
                           {-Transpose[en],{{0}}}}];
   D = Join[Table[0,{i,1,m}],{1,-1}];
   Ys=VE[C,D][[1]];
(* Player 1 *)
   Ps=Transpose[Drop[Transpose[Xs],-1]];
   vs=Transpose[Take[Transpose[Xs],-1]];
(* Player 2 *)
   Qs=Transpose[Drop[Transpose[Ys],-1]];
   us=Transpose[Take[Transpose[Ys],-1]];
   solutions={};
   ilist={};
   jlist={};
   On[NashEquilibria::degen];
   For[ i=1,i<=Length[Ps],i++,
        For[ j=1,j<=Length[Qs],j++,
             If[Ps[[i]].(A+B).Qs[[j]]-vs[[i]]-us[[j]]=={0},
                AppendTo[ilist,i];
                AppendTo[jlist,j];
                AppendTo[solutions,
                     {Ps[[i]],us[[j]][[1]]+smallest,
                      Qs[[j]],vs[[i]][[1]]+smallest}]] ] ];
(* Check for degeneracy *)
   If[Length[Union[ilist]]!=Length[ilist]||
   Length[Union[jlist]]!=Length[jlist],
      Message[NashEquilibria::degen]];
   Union[solutions]  ];
```

Listing C.2. Nash-Gleichgewichte durch Abzählen von Extrempunkten: Auszug aus dem *Mathematica*-Package `GameTheory'Bimatrix'`.

D. GameTheory'Bimatrix'

Das Funktionspaket `GameTheory'Bimatrix'` faßt sämtliche, im Text entwickelten Algorithmen zur Bestimmung bzw. Auswahl von spieltheoretischen Gleichgewichten zusammen. Es wird mit dem Befehl

$$\texttt{<<GameTheory'Bimatrix'}$$

in ein *Mathematica*-Notebook geladen.

Im ersten Abschnitt dieses Anhangs geben wir eine kurze „Gebrauchsanweisung" für die exportierten Funktionen. Im zweitenen Abschnitt wird erklärt, wie die Programme Gleichgewichte in symbolischer Form berechnen. Die Bestimmung der Nash-Komponenten wird im letzten Abschnitt diskutiert.

D.1 Funktionen

`BimatrixForm[A,B]` erzeugt aus den Auszahlungsmatrizen A und B eine zweidimensionale Bimatrix zum Zweck der Darstellung in einem *Mathematica*-Notebook.

`Bimatrix[A,B]` erzeugt aus den Auszahlungsmatrizen A und B eine Bimatrixstruktur von der Form `{{{a11,b11},...}}`.

`Undominated[P,A]` liefert `True` zurück, falls die gemischte Strategie P des ersten Spielers in einem Bimatrixspiel mit Auszahlungsmatrizen A und B nichtdominiert ist, sonst `False`. Mit `Undominated[Q,Transpose[B]]` können gemischte Strategien des zweiten Spielers für Nichtdominanz getestet werden.

`Minimax[A]` berechnet mit dem Simplexalgorithmus ein Gleichgewicht des Matrixspiels mit numerischer Auszahlungsmatrix A an Spieler 1. Das Ergebnis wird in der Form einer Liste `{{P*,I1*,Q*,I2*}}` zurückgegeben.

`NashEquilibria[A,B,Options]` berechnet die Nash-Gleichgewichte eines Bimatrixspiels mit numerischen oder symbolischen Auszahlungsmatrizen A und B an Spieler 1 bzw. 2 und gibt sie als Liste `{{P*,I1*,Q*,I2*},...}` zurück. Wird B weggelassen, wird von einem Matrixspiel (Nullsummen-Bimatrixspiel) ausgegangen und B gleich `-A` gesetzt. Numerische Matrixelemente müssen in der Form von Rationalzahlen (Integerzahlen oder Brüchen) eingegeben werden. Die Optionen sind `Algorithm`, `Select` und `Symbolic`.

`Algorithm->Automatic` (default): Aufzählung der Basislösungen des äquivalenten LCP. Im Falle eines nichtentarteten Spiels ist die erzeugte Liste der Nash-Gleichgewichte vollständig. Im Zusammenhang mit `Select->MNS` wird der Mangasarian/Avis-Fukuda-Algorithmus verwendet, siehe unten.

`Algorithm->LH`: Bestimmung von genau einem Gleichgewicht mit dem Lemke-Howson-Algorithmus.

`Algorithm->AF`: Verwendung der Methode von Mangasarian mit dem Enumerationsalgorithmus von Avis und Fukuda. Alle Gleichgewichte eines nichtentarteten Spiels und alle Extremgleichgewichte im entarteten Fall werden zurückgegeben.

`Select->Automatic` (default): Keine Gleichgewichtsauswahl.

`Select->QS`: Quasistrikte Nash-Gleichgewichte werden zurückgegeben.

`Select->ESS`: Evolutionsstabile Nash-Gleichgewichte, die das Haigh'sche Kriterium erfüllen, werden zurückgegeben. Es wird stets von einem symmetrischen Spiel ausgegangen, d.h. die Matrix B wird der Matrix `Transpose[A]` gleichgesetzt. Sie kann deshalb auch weggelassen werden.

`Select->Perfect`: Perfekte Nash-Gleichgewichte werden zurückgegeben.

`Select->MNS`: Die Nash-Komponenten (*maximal Nash subsets*) werden erzeugt, siehe Abschnitt D.3.

`Symbolic->Automatic` (default): In den Auszahlungsmatrizen dürfen nur Rationalzahlen vorkommen.

`Symbolic->List`: Die Auszahlungsmatrizen können sowohl Rationalzahlen als auch Symbole beinhalten. `List` muß dann eine Liste von Substitutionen sein mit repräsentativen Rationalzahlen für alle verwendeten Symbole, siehe Abschnitt D.2.

Die Option `Select->` ... ist in Verbindung mit `Algorithm->LH` aus naheliegenden Gründen nicht sinnvoll, und diese Kombination führt zu einer Fehlermeldung und zur Rückgabe der leeren Liste. Ansonsten können die Optionen beliebig eingesetzt werden. Beispielsweise, um alle perfekten Extremgleichgewichte eines Spiels mit numerischen Auszahlungsmatrizen A und B zu erzeugen, gibt man *Mathematica* den Befehl

```
NashEquilibria[A,B,Algorithm->AF,Select->Perfect].
```

D.2 Symbolische Lösungen

Listing D.1 zeigt den Code für die Verarbeitung von symbolischen Spielmatrizen im Falle der LCP-Enumerationsmethode.

Aus der Substitutionsliste werden zunächst numerische Auszahlungsmatrizen erzeugt. Der darauf folgende Aufbau einer positiven, numerischen Komplementaritätsmatrix wird mit den symbolischen Matrizen nachgeahmt. Findet `LinearSolve` eine zulässige numerische Lösung, so wird diese auch in symbolischer Form durch einen erneuten Aufruf von `Linearsolve` mit der symbolischen C-Matrix berechnet. Falls die zulässige Lösung aus einer singulären Matrix C stammt, wird gar nicht versucht, die symbolische Entsprechung zu erzeugen. Dies vermeidet eventuelle Fehlermeldungen aus `Linearsolve`.

```
NashEq[AAS_List,BBS_List,subs_List]:=
  Module[
     {M,MS,E,k,m,n,smallest,smallestS,A,B,AB,AS,BS,ABS,
      N,combs,i,C,CS,X,XS,ZS,r,c,PS,QS,I1S,I2S,solutions},
     A=AAS/.subs; B=BBS/.subs; (* numerical *)
     AS= AAS; BS = BBS;          (* symbolic *)
     {m,n}=Dimensions[A];
     k=m+n;
     AB = Join[A,B];  (* make positive *)
     ABS = Join[AS,BS];
     smallest=Min[AB];
     {r,c} = Position[AB,smallest,2][[1]];
     smallestS = Part[ABS,r,c];
     A=A-smallest+1;
     B=B-smallest+1;
     AS=AS-smallestS+1;
     BS=BS-smallestS+1;
     M=BlockMatrix[{{ZeroMatrix[m],A},{Transpose[B],ZeroMatrix[n]}}];
     MS=BlockMatrix[{{ZeroMatrix[m],AS},{Transpose[BS],ZeroMatrix[n]}}];
     E=Table[1,{k}];
     combs=Drop[Subsets[Range[k]],1];
     solutions={};
     Off[LinearSolve::nosol];
     On[NashEquilibria::degen];
     For[i=1,i<=Length[combs],i++,    (* loop on combinations *)
         C=CC[M,combs[[i]]];
         X=LinearSolve[C,E];
         If[ VectorQ[X],               (* possible solution *)
             N=NullSpace[C];
             If[ Length[N]>0,          (* possibly many solutions *)
                   X=-E ];             (* so don't pass it on *)
              If[ Min[X]>=0,           (* there exists a solution *)
                  If[Min[X]==0,        (* game is degenerate *)
                     Message[NashEquilibria::degen];
                     Off[NashEquilibria::degen]];
                 CS = CC[MS,combs[[i]]]; (* get the equivalent *)
                 XS = LinearSolve[CS,E];
                 If[ VectorQ[XS]&&Min[XS/.subs]>=0,
                     ZS = ZZ[XS,combs[[i]]];
                     PS = Take[ZS,m];
                     QS = Take[ZS,-n];
                     PS=PS/Apply[Plus,PS]//Simplify;
                     QS=QS/Apply[Plus,QS]//Simplify;
                     I1S = PS.AAS.QS//Simplify;
                     I2S = PS.BBS.QS//Simplify;
                     AppendTo[solutions,{PS,I1S,QS,I2S}] ] ] ] ];
      On[LinearSolve::nosol];
      Union[solutions] ];      (* remove duplicates *)
```

Listing D.1. Symbolische Nash-Gleichgewichte mit der Enumerationsmethode: Auszug aus dem *Mathematica*-Package `GameTheory'Bimatrix'`.

Beim Lemke-Howson-Algorithmus, Listing D.2, ist die Strategie ähnlich, aber einfacher. So bald die numerische Lösung vorliegt, wird die entsprechende Basisindexmenge verwendet, um die Lösung in symbolischer Form zu erzeugen. Die geschieht in den Zeilen

```
YS=Table[0,{i,2*k}];          (* symbolic solution *)
DS= Transpose[Transpose[CS][[beta]]];
ES= LinearSolve[DS,Table[1,{i,k}]];
Table[YS[[beta[[i]]]]=ES[[i]],{i,k}];
```

Die Variable DS ist die symbolische Basismatrix D^β des gefundenen komplementären Extrempunktes. Die dritte Zeile erzeugt die positiven Komponenten des Lösungsvektors gemäß

$$E^\beta = (D^\beta)^{-1} E^{\beta_0} = (D^\beta)^{-1} 1_k,$$

siehe (C.3), aus denen in der vierten Zeile der Lösungsvektor Y^β rekonstruiert wird.

Schließlich zeigt Listing D.3 die Erzeugung symbolischer Lösungen mit dem Avis-Fukuda-Algorithmus. Zusammen mit der Liste der Extrempunkte von L_1 bzw. L_2, gibt die Funktion VE auch eine Liste der entsprechenden Basisindexmengen zurück, und zwar in ihrer zweiten Komponente. Beispielsweise für L_1:

```
ve=VE[C,D1];
Xs=ve[[1]];'
(* Basis index`sets *)
 bvs1=ve[[2]];
```

Für diejenigen Extrempunktkombinationen, die einem numerischen Nash-Gleichgewicht entsprechen, werden wie beim Lemke-Howson-Algorithmus die symbolischen Basismatrizen erzeugt und daraus die Extremvektoren in symbolischer Form berechnet, z.B. bei L_1:

```
beta=bvs1[[i]];
E = Transpose[Transpose[MS1][[beta]]];  (* Basis matrix *)
X = Table[0,{k,m+n+3}];
sol = LinearSolve[E,D1];
Table[X[[beta[[k]]]]=sol[[k]],{k,Length[beta]}];
P=Simplify[Take[X,m]];
v=Simplify[X[[m+1]]+smallestS];
```

Die Variable P enthält somit die Gleichgewichtsstrategie des ersten Spielers, und v die Auszahlung an Spieler 2.

```
NashEqLH[AAS_List,BBS_List,subs_List]:=
  Module[{pivot,A,B,AB,AS,BS,ABS,DS,smallest,smallestS,rr,cc,
          m,n,k,M,MS,C,CS,T,ES,YS,P,Q,I1,I2,beta,r,s},
    pivot[i_,j_]:= If[i==r,T[[r,j]]/T[[r,s+1]],
                      T[[i,j]]-T[[r,j]]*T[[i,s+1]]/T[[r,s+1]]];
    Message[NashEquilibria::onlyone];
    A=AAS/.subs;              (* numerical *)
    B=BBS/.subs;
    {m,n}=Dimensions[A];
    k=m+n;
    AB=Join[A,B];            (* make positive *)
    ABS = Join[AAS,BBS];
    smallest=Min[AB];
    {rr,cc} = Position[AB,smallest,2][[1]];
    smallestS = Part[ABS,rr,cc];
    A=A-smallest+1;
    B=B-smallest+1;
    AS=AAS-smallestS+1;
    BS=BBS-smallestS+1;            (* complementarity matrices *)
    M=BlockMatrix[{{ZeroMatrix[m],A},
                   {Transpose[B],
                    ZeroMatrix[n]}}];
    MS=BlockMatrix[{{ZeroMatrix[m],AS},
                    {Transpose[BS],
                     ZeroMatrix[n]}}];
    C=BlockMatrix[{{M,IdentityMatrix[k]}}];
    CS=BlockMatrix[{{MS,IdentityMatrix[k]}}];
    T=BlockMatrix[{{-Transpose[{Table[1,{i,1,k}]}],C}}];
    beta=Table[i+k,{i,k}];        (* initial basis *)
    s=1;                          (* entering variable *)
    br=0;
    While[(br!=1)&&(br!=k+1),     (* complementary pivoting *)
        r=leaving[T,s];
        T=Array[pivot,{k,2*k+1}];
        br= beta[[r]];
        beta[[r]]= s;
        s=If[br>=k+1,br-k,br+k]];
    YS=Table[0,{i,2*k}];          (* symbolic solution *)
    DS= Transpose[Transpose[CS][[beta]]];
    ES= LinearSolve[DS,Table[1,{i,k}]];
    Table[YS[[beta[[i]]]]=ES[[i]],{i,k}];
    P=Take[YS,m];                 (* Nash equilibrium *)
    P=P/Apply[Plus,P]//Simplify;
    Q=Take[YS,{m+1,k}];
    Q=Q/Apply[Plus,Q]//Simplify;
    I1=P.AAS.Q//Simplify;
    I2=P.BBS.Q//Simplify;
    {{P,I1,Q,I2}}  ];
```

Listing D.2. Symbolische Nash-Gleichgewichte mit dem Lemke-Howson-Algorithmus: Auszug aus dem *Mathematica*-Package GameTheory`Bimatrix`.

```
NashEqAF[AAS_List,BBS_List,subs_List]:= Module[
    {A,B,AS,BS,AB,ABS,MS1,MS2,C,D1,D2,E,m,n,em,en,ve,sol,i,j,
    bvs1,bvs2,beta,X,Y,Xs,Ys,Ps,Qs,us,vs,P,Q,u,v,
    smallest,ilist,jlist,solutions},
    A=AAS/.subs;
    B=BBS/.subs;
    AB=Join[A,B];
    ABS = Join[AAS,BBS];
    smallest=Min[AB];
    {rr,cc} = Position[AB,smallest,2][[1]];
    smallestS = Part[ABS,rr,cc];
    A=A-smallest;
    B=B-smallest;
    AS=AAS-smallestS;
    BS=BBS-smallestS;
    {m,n}=Dimensions[A];
    em = Transpose[{Table[1,{i,1,m}]}];
    en = Transpose[{Table[1,{i,1,n}]}];
(* Symbolic matrices *)
    C = BlockMatrix[{{Transpose[BS],-en},{Transpose[em],{{0}}},
                                    {-Transpose[em],{{0}}}}];
    MS1 = BlockMatrix[{{C,IdentityMatrix[n+2]}}];
    C = BlockMatrix[{{AS,-em},{Transpose[en],{{0}}},
                              {-Transpose[en],{{0}}}}];
    MS2 = BlockMatrix[{{C,IdentityMatrix[m+2]}}];
(* Player 1's vertices *)
    C = BlockMatrix[{{Transpose[B],-en},{Transpose[em],{{0}}},
                                    {-Transpose[em],{{0}}}}];
    D1 = Join[Table[0,{i,1,n}],{1,-1}];
    ve=VE[C,D1];
    Xs=ve[[1]];
(* Basis index sets *)
    bvs1=ve[[2]];
(* Player 2's vertices *)
    C = BlockMatrix[{{A,-em},{Transpose[en],{{0}}},
                            {-Transpose[en],{{0}}}}];
    D2 = Join[Table[0,{i,1,m}],{1,-1}];
    ve=VE[C,D2];
    Ys=ve[[1]];
(* Basis index sets *)
    bvs2=ve[[2]];
(* Player 1's strategies and payoffs *)
    Ps=Transpose[Drop[Transpose[Xs],-1]];
    vs=Transpose[Take[Transpose[Xs],-1]];
(* Player 2's strategies and payoffs *)
    Qs=Transpose[Drop[Transpose[Ys],-1]];
    us=Transpose[Take[Transpose[Ys],-1]];
    solutions={};
    ilist={};
    jlist={};
    On[NashEquilibria::degen];
(* Loop on vertex combinations for symbolic equilibria *)
    For[ i=1,i<=Length[Ps],i++,
        For[ j=1,j<=Length[Qs],j++,
            If[Ps[[i]].(A+B).Qs[[j]]-vs[[i]]-us[[j]]=={0},
                AppendTo[ilist,i];
                AppendTo[jlist,j];
                beta=bvs1[[i]];
                E = Transpose[Transpose[MS1][[beta]]];(* basis matrix *)
                X = Table[0,{k,m+n+3}];
```

```
              sol = LinearSolve[E,D1];
              Table[X[[beta[[k]]]]=sol[[k]],{k,Length[beta]}];
              P=Simplify[Take[X,m]];
              v=Simplify[X[[m+1]]+smallestS];
              beta=bvs2[[j]];
              E = Transpose[Transpose[MS2][[beta]]];
              Y = Table[0,{k,m+n+3}];
              sol = LinearSolve[E,D2];
              Table[Y[[beta[[k]]]]=sol[[k]],{k,Length[beta]}];
              Q=Simplify[Take[Y,n]];
              u=Simplify[Y[[n+1]]+smallestS];
              AppendTo[solutions,{P,u,Q,v}]]]];
  (* Check for degeneracy *)
    If[Length[Union[ilist]]!=Length[ilist]||
    Length[Union[jlist]]!=Length[jlist],
        Message[NashEquilibria::degen]];
    Union[solutions]  ];
```

Listing D.3. Symbolische Nash-Gleichgewichte mit dem Avis-Fukuda-Algorithmus: Auszug aus dem *Mathematica*-Package GameTheory`Bimatrix`.

D.3 Die Nash-Komponenten

Nash-Komponenten wurden im Abschnitt 1.5.2 angesprochen. Mit der Option Select->MNS (MNS=*maximal Nash subsets*) erzeugt NashEquilibria eine vollständige Liste der Nash-Komponenten eines beliebigen Bimatrixspiels. Wir erklären die Methode anhand des Versteigerungsspiels auf S. 140 unten. Spielmatrizen und Lösungen lauteten:

```
A =
  {{5/2, 0, 0, 0}, {4, 2, 0, 0}, {3, 3, 3/2, 0}, {2, 2, 2, 1}, {1, 1, 1, 1}};
B =
  {{1, 1, 0, -1}, {0, 1/2, 0, -1}, {0, 0, 0, -1}, {0, 0, 0, -1/2}, {0, 0, 0, 0}};
NashEquilibria[A, B, Algorithm -> AF] // MatrixForm

NashEquilibria::degen : degenerate game
```

$$\begin{pmatrix}
\{0, 0, 0, 0, 1\} & 1 & \{0, 0, 0, 1\} & 0 \\
\{0, 0, 0, 1, 0\} & 2 & \{0, 0, 1, 0\} & 0 \\
\{0, 0, 0, 1, 0\} & 2 & \{0, \frac{1}{3}, \frac{2}{3}, 0\} & 0 \\
\{0, 0, 0, 1, 0\} & 2 & \{\frac{1}{3}, 0, \frac{2}{3}, 0\} & 0 \\
\{0, 0, 1, 0, 0\} & 2 & \{0, \frac{1}{3}, \frac{2}{3}, 0\} & 0 \\
\{0, 0, 1, 0, 0\} & 2 & \{\frac{1}{3}, 0, \frac{2}{3}, 0\} & 0 \\
\{0, 0, 1, 0, 0\} & \frac{12}{5} & \{\frac{3}{5}, 0, \frac{2}{5}, 0\} & 0 \\
\{0, 0, 1, 0, 0\} & 3 & \{0, 1, 0, 0\} & 0 \\
\{0, 0, 1, 0, 0\} & 3 & \{\frac{1}{2}, \frac{1}{2}, 0, 0\} & 0
\end{pmatrix}$$

Zunächst werden die Extremgleichgewichte in der Form eines sog. *paaren Graphen* (engl. *bipartite graph*) kodiert, siehe Abb. D.1.

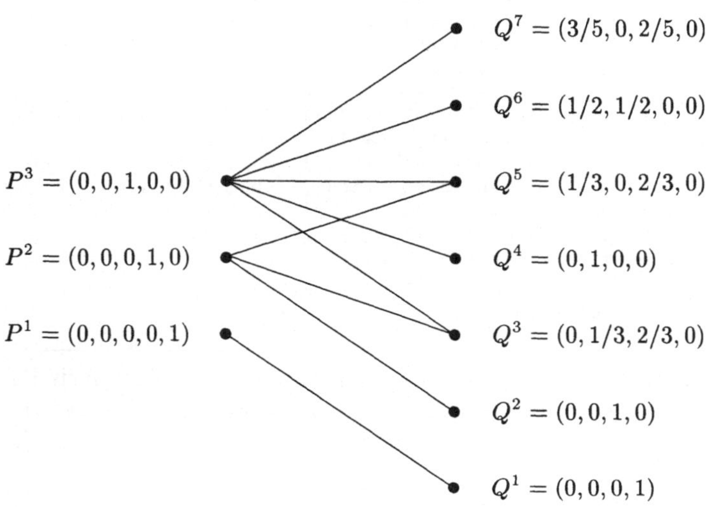

Abb. D.1. Paarer Graph für das Versteigerungsspiel. Die linken Knoten sind die extremen Gleichgewichtsstrategien des ersten Spielers, die rechten Knoten sind die des zweiten Spielers; die Kanten bezeichnen die Extremgleichgewichte.

Die *Cliquen* dieses paaren Graphen bestimmen die möglichen Konvexkombinationen der Gleichgewichte. Cliquen sind Mengen von linken und rechten Knoten, die vollständig miteinander verbunden sind. Die *maximalen* Cliquen sind solche, die in keinen größeren Cliquen enthalten sind. Sie entsprechen dann den Nash-Komponenten. `NashEquilibria` mit der Option `Select->MNS` liefert eine Liste, deren ersten beiden Elemente die extremen Gleichgewichtsstrategien in lexikographischen Reihenfolge beinhalten:

```
Clear[mns];
mns = NashEquilibria[A, B, Select -> MNS];
{mns[[1]] // MatrixForm, mns[[2]] // MatrixForm}
```

NashEquilibria::degen : degenerate game

$$\left\{ \begin{pmatrix} 0 & 0 & 0 & 0 & 1 \\ 0 & 0 & 0 & 1 & 0 \\ 0 & 0 & 1 & 0 & 0 \end{pmatrix}, \begin{pmatrix} 0 & 0 & 0 & 1 \\ 0 & 0 & 1 & 0 \\ 0 & \frac{1}{3} & \frac{2}{3} & 0 \\ 0 & 1 & 0 & 0 \\ \frac{1}{3} & 0 & \frac{2}{3} & 0 \\ \frac{1}{2} & \frac{1}{2} & 0 & 0 \\ \frac{3}{5} & 0 & \frac{2}{5} & 0 \end{pmatrix} \right\}$$

Das dritte Element ist eine Liste der *zusammenhängenden Komponenten* (engl. *connected components*) des paaren Graphen, wobei jede Komponente eine Liste der darin enthaltenen maximalen Cliquen ist:[1]

```
mns[[3]]

{{{{1}, {1}}}, {{{2, 3}, {3, 5}}, {{2}, {2, 3, 5}}, {{3}, {3, 4, 5, 6, 7}}}}
```

Die Zahlen geben die Positionen der Extremgleichgewichte in der lexikographischen Reihenfolge an, auch Abb. D.1 entsprechend. Mit `TableForm` machen wir die Struktur übersichtlicher:

```
mns[[3]] // TableForm

1
1
2  3      2           3
3  5      2  3  5      3  4  5  6  7
```

Es gibt somit ein isoliertes Gleichgewicht, nämlich $\{P^1\} \times \{Q^1\}$, und drei zusammenhängende Nash-Komponenten:

$$\langle P^2, P^3 \rangle \times \langle Q^3, Q^5 \rangle, \quad \{P^2\} \times \langle Q^2, Q^3, Q^5 \rangle, \quad \{P^3\} \times \langle Q^3, Q^4, Q^5, Q^6, Q^7 \rangle.$$

Das eindeutige perfekte Gleichgewicht des Versteigerungsspiels übrigens ist (P^3, Q^4), siehe Abschnitt 4.5.2, und versteckt sich in einer Ecke der letzten Nash-Komponente.

Falls die Option `Select->MNS` in Kombination mit der Option `Symbolic->s_List` verwendet wird, werden nur numerische Strategien erzeugt, da es ja um die Struktur der Gleichgewichtsmenge geht.

---

[1] Ein Algorithmus von Bron und Kerbosch [BK73] wird verwendet, um die maximalen Cliquen zu bestimmen.

Mathematische Symbole

$:=$	definitionsgemäß gleich
$\Leftrightarrow$	gleichbedeutend
$\Rightarrow$	impliziert
$\neg$	logische Negation
$\vee$	logisches Oder
$\wedge$	logisches Und
o.B.d.A.	ohne Beschränkung der Allgemeinheit
$\mathbb{R}^m$	m-dimensionaler euklidischer Raum
$P, Q, X \ldots$	Spaltenvektoren mit Komponenten $p_i, q_i, x_i \ldots$
$(P)_i$	i-te Komponente des Vektors P
$P^\top$	transponierte Form des Vektors P (Zeilenvektor)
P^*	gemischte Gleichgewichtsstrategie
R_i	Einheitsvektor $(0 \ldots 1 \ldots 0)^T$ mit 1 an der i-ten Stelle
$P^\top Q$	inneres Produkt
1_m	Einservektor mit m Komponenten $(1 \ldots 1)^\top$
0_m	Nullvektor mit m Komponenten $(0 \ldots 0)^\top$
$A, B \ldots$	Matrizen mit Komponenten $a_{ij}, b_{ij} \ldots$
$\|A\|$	Norm der Matrix A
$(A)_{i\cdot}$	i-te Zeile der Matrix A
$(A)_{\cdot j}$	j-te Spalte der Matrix A
$(A)_{ij}$	(i, j)-tes Element der Matrix A
$P^\top A Q$	quadratische Form
$a, b, c \ldots$	Auszahlungsparameter
α	Wahrscheinlichkeit eines Fehlers erster Art
β	Wahrscheinlichkeit eines Fehlers zweiter Art
I_k	$k \times k$-dimensionale Identitätsmatrix
$\{X\}$	Menge mit Elementen X
$\in$	Mengenzugehörigkeit
$\subseteq$	Teilmenge
$\subset$	echte Teilmenge
$\setminus$	Mengendifferenz
$\cap$	Mengendurchschnitt
$\cup$	Mengenunion

$\times$	kartesisches Produkt zweier Mengen
$\lvert M \rvert$	Kardinalität einer endlichen Menge M
$\arg\max_x f(x)$	die Menge der x, für die $f(x)$ maximiert wird
$\forall X :$	für alle X gilt:
Δ^m	Simplex im $\mathbb{R}^m$
R	Menge der reinen Strategien des 1. Spielers
S	Menge der reinen Strategien des 2. Spielers
I_i	zu erwartende Auszahlung an Spieler i, $i = 1, 2$
Γ_{12}	Bimatrixpiel $\langle R, S, I_1, I_2 \rangle$
Γ	Matrixspiel $\langle R, S, I \rangle$
$v(\Gamma)$	Wert (Gleichgewichtsauszahlung) des Matrixspiels Γ
$C_i(P)$	Träger der gemischten Strategie P des i-ten Spielers in Γ_{12}
$\dot{P}$	Differentialkoeffizient bzgl. der Zeit
$\frac{\partial V}{\partial X}$	Gradient einer Skalarfunktion V
J	Jacobi'sche Matrix
$\binom{n}{k}$	Binomialkoeffizient
$\langle X^1, X^2 \ldots \rangle$	konvexe Hülle der Vektoren $X^1, X^2 \ldots$
$\square$	Ende eines Beweises

Literatur

[Aba80] A. Abakuks. Conditions for evolutionarily stable strategies. *Adv. Appl. Prob.*, 17:559–562, 1980.

[AC96] R. Avenhaus and M. J. Canty. *Compliance Quantified, an introduction to data verification.* Cambridge University Press, 1996.

[AF92] D. Avis and K. Fukuda. A pivoting alogrithm for convex hulls and vertex enumeration of arrangements and polyhedra. *Discrete Computational Geometry*, 8:295–313, 1992.

[AvSZ99] R. Avenhaus, B. von Stengel, and S. Zamir. Inspection games, in R. J. Aumann and S. Hart (Eds.) *Handbook of Game Theory*, Vol 3. North Holland, 1999.

[Bal61] M. L. Balinski. An algorithm for finding all vertices of convex polyhedral sets. *J. Soc. Indust. Appl. Math.*, 9(1):72–88, 1961.

[BB91] V. J. Baston and F. A. Bostock. A generalized inspection game. *Naval Research Logistics*, 38:171–182, 1991.

[BJPT93] P. Borm, M. Jansen, J. Potters, and S. Tijs. On the structure of the set of perfect equilibria in bimatrix games. *OR Spektrum*, 15:17–20, 1993.

[BK73] C. Bron and J. Kerbosch. Finding all cliques of an undirected graph. *Communications of the ACM*, 16(9):575–577, 1973.

[Bom92] I. M. Bomze. Detecting all evolutionarily stable strategies. *Journal of Optimization Theory and Applications*, 75(2):17–20, 1992.

[Can95] M. J. Canty. *Chaos und Systeme.* Vieweg, 1995.

[Chv83] V. Chvátal. *Linear Programming.* W. H. Freeman, 1983.

[Cre92] R. Cressman. *The Stability Concept of Evolutionary Game Theory.* Springer-Verlag, 1992.

[Dia82] H. Diamond. Minimax policies for unobservable inspections. *Mathematics of Operations Research*, 7(1):139, 1982.

[DK91] J. Dickhaut and T. Kaplan. A program for finding nash equilibria. *The Mathematica Journal*, 1(4):87–93, 1991.

[Dre61] M. Dresher. *Games of Strategy, Theory and Applications.* Prentice Hall, 1961.

[FT91] D. Fudenberg and J. Tirol. *Game Theory.* MIT Press, 1991.

[Gar94] A. Y. Garnaev. A remark on the customs and smuggler game. *Naval Research Logistics*, 41:287–293, 1994.

[Gol56] A. J. Goldman. Resolution and separation theorems for polyhedral convex sets, in H. W. Huhn and A. W. Tucker (Eds.) *Linear Equalities and Related Systems.* Princeton University Press, 1956.

[Hai75] J. Haigh. Game theory and evolution. *Adv. Appl. Prob.*, 7:8–11, 1975.

[HR80] J. Haigh and M. R. Rose. Evolutionary game auctions. *J. theor. Biol.*, 85:381–397, 1980.

[HS88] J. C. Harsanyi and R. Selten. *A General Theory of Equilibrium Selection in Games.* MIT Press, 1988.

[Jon80] A. J. Jones. *Game Theory, Mathematical models of conflict.* Ellis Horwood, 1980.

[Kap91] T. Kaplan. An observation about perfect equilibria of two-person normal form games. http://www.econ.umn.edu/ todd/paper.html, 1991.

[KP97] D. Koller and A. Pfeffer. Representations and solutions for game-theoretic problems. *Artificial Intelligence,* 94(1):167–215, 1997.

[LH64] C. E. Lemke and J. T. Howson. Equilibrium points of bimatrix games. *SIAM Journal on Applied Mathematics,* 12:413–423, 1964.

[Mae96] R. Maeder. *Programming in Mathematica,* 3rd edition. Addison-Wesley, 1996.

[Man64] O. L. Mangasarian. Equilibrium points of bimatrix games. *J. Soc. Indust. Appl. Math.,* 12(4):778–780, 1964.

[McK98] R. D. McKelvey. *GAMBIT: An interactive extensive form game program.* California Institute of Technology, http://www.hss.caltech.edu/ gambit/, 1998.

[MM96] R. D. McKelvey and A. McLennan. Computation of equilibria in finite games, in H. M. Amman et al. (Eds.) *Handbook of Computational Economics,* Vol 1. Elsevier Science, 1996.

[Mor94a] P. Morris. *Introduction to Game Theory.* Springer-Verlag, 1994.

[Mor94b] J. D. Morrow. *Game Theory for Political Scientists.* Princeton University Press, 1994.

[MS82] J. Maynard-Smith. *Evolution and the Theory of Games.* Cambridge University Press, 1982.

[MSP73] J. Maynard-Smith and G. R. Price. The logic of animal conflicts. *Nature,* 246:15–18, 1973.

[Mye91] R. B. Myerson. *Game Theory, Analysis of conflict.* Harvard University Press, 1991.

[Nas51] J. F. Nash. Non-cooperative games. *Annals of Maths.,* 54:286–295, 1951.

[Nas98] S. Nasar. *A Beautiful Mind.* Simon and Schuster, 1998.

[Neu75] K. Neumann. *Operations Research Verfahren, Band 1.* Carl Hanser Verlag, 1975.

[Owe70] G. Owen. *Spieltheorie.* Springer-Verlag, 1970.

[Pou93] W. Poundstone. *The Prisoners' Dilemma.* Anchor Books, 1993.

[RCA98] D. Rothenstein, M. J. Canty, and R. Avenhaus. Timely inspection and deterrence. Report Jül-3603, Forschungszentrum Jülich, Nov. 1998.

[Rot97] D. Rothenstein. Imperfect inspection games over time. Discussion Paper 151, Center for Rationality and Interactive Decision Theory, The Hebrew University of Jerusalem, 1997.

[Sel65] R. Selten. Spieltheoretische Behandlung eines Oligopolmodells mit Nachfrageträgheit. *Zeitschrift für die gesamte Staatswissenschaft,* 121:301–324, 1965.

[Sel75] R. Selten. Reexamination of the perfectness concept for equilibrium points in extensive games. *International Journal of Game Theory,* 4:25–55, 1975.

[Ski90] S. Skiena. *Implementing Discrete Mathematics: Combinatorics and Graph Theory with Mathematica.* Addison-Wesley, 1990.

[Tho86] L. C. Thomas. *Game, Theory and Applications.* Ellis Horwood, 1986.

[TJ78] P. D. Taylor and L. B. Jonker. Evolutionarily stable strategies and game dynamics. *Math. Biosc.,* 40:145–156, 1978.

[TN76] M. U. Thomas and Y. Nisgav. An infiltration game with time dependent payoff. *Naval Research Logistics,* 23:297–320, 1976.

[Tod78] M. J. Todd. Bimatrix games: an addendum. *Mathematical Programming,* 14:112–115, 1978.

[vD91] E. van Damme. *Stability and Perfection of Nash Equilibria.* Springer-Verlag, 1991.

[Vor77] N. N. Vorob'ev. *Game Theory, Lectures for economists and systems scientists.* Springer-Verlag, 1977.

[vS96] B. von Stengel. Efficient computation of behavior strategeis. *Games and Economic Behavior,* 14:220–246, 1996.

[vS97] B. von Stengel. New maximal numbers of equilibria in bimatrix games. Technical Report 264, Dept. of Computer Science, ETH Zürich, 1997.

[vS99] B. von Stengel. Computing equilibria for two-person games, in R. J. Aumann and S. Hart (Eds.) *Handbook of Game Theory,* Vol. 3. North Holland, 1999.

[Win78] H.-M. Winkels. Die Menge aller Gleichgewichtspunkte eines Bimatrixspiels: Ihre Struktur und ihre Berechnung. Arbeitsbericht 14, Institut für Unternehmensführung und Unternehmensforschung der Ruhr-Universität Bochum, 1978.

[Wol99] S. Wolfram. *The Mathematica Book,* 4th edition. Cambridge University Press, 1999.

[Zee80] E. C. Zeeman. Population dynamics from game theory, in *Global Theory of Dynamical Systems.* Springer Lecture Notes on Mathematics, 1980.

[Zee81] E. C. Zeeman. Dynamics of the evolution of animal conflicts. *J. Theor. Biol.,* 89:249–270, 1981.

[Zie95] G. M. Ziegler. *Lectures on Polytopes.* Spinger-Verlag, 1995.

Sachverzeichnis